...AINE

...ES FRANÇAISES

L'ÉTUDE

...INDOCHINE

Faune des Colonies Françaises

FAUNE DES COLONIES FRANÇAISES

CONTRIBUTION A L'ÉTUDE

SYSTÉMATIQUE ET BIOLOGIQUE

DES TERMITES DE L'INDOCHINE

par Jean BATHELLIER

Docteur ès-Sciences, Agrégé de l'Université

TABLE DES MATIÈRES

PREMIÈRE PARTIE

CATALOGUE DES ESPÈCES DE TERMITES OBSERVÉES EN INDOCHINE.

— — — —

DEUXIÈME PARTIE

OBSERVATIONS SUR LES MŒURS DES TERMITES INDOCHINOIS, LEURS HABITATIONS, MOYENS DE DÉFENSE, ETC.

    Fréquence (p. 187). Aspect de la termitière (p. 188).
      Mur (p. 189).
    Chambres à parois minces (p. 190). Amande centrale (p. 190).
      Les chambres vides (p. 193).
    Nature, origine, rôle des meules à champignons et des myco-
      têtes (p. 197).
    Envol des sexués (p. 206).

<h1 style="text-align:center">TROISIÈME PARTIE</h1>

ÉTUDE DU DÉVELOPPEMENT DES TERMITES DE L'INDOCHINE· LA DÉTERMINATION DES CASTES.

QUATRIÈME PARTIE

LES CULTURES MYCÉLIENNES
DES TERMITES DE L'INDOCHINE.

PREMIÈRE PARTIE

CATALOGUE DES ESPÈCES DE TERMITES OBSERVÉES EN INDO-CHINE

Introduction.

Les Termites constituent, pour le classificateur, l'ordre des *Isoptères* que l'on peut définir, d'après DESNEUX, par les caractères suivants :

Insectes à métamorphoses incomplètes, sociaux, à polymorphisme très marqué, formant des colonies composées de deux catégories d'individus répartis en trois sortes de castes ; les uns sexués et féconds, formes imaginales ailées dans leur jeune âge, les autres sexués, stériles et aptères toute leur vie : castes des soldats et castes des ouvriers.

Tête libre, les trois segments du thorax entièrement distincts. Imago présentant quatre grandes ailes membraneuses, superposées horizontalement sur le dos au repos, primitivement différentes de forme et de nervation, mais le plus souvent, à peu près semblables par atrophie du champ anal. Pattes toutes semblables disposées pour la course, Tarsés de 4 à 5 articles. Cerci toujours présents Tubes de Malpighi en petit nombre.

Nous suivrons, dans le reste de ce travail, la classification de

Holmgren, tant parce que cet auteur paraît avoir groupé le plus naturellement les divers genres de termites connus, que parce qu'il a fait une étude spéciale de ceux qui habitent la région orientale. Il reconnaît, dans l'ordre des *Isoptera*, quatre familles sur lesquelles nous allons porter notre attention.

1° — Famille des MASTOTERMITIDÉS Silvestri

Ce groupe est caractérisé par des sexués possédant des ailes postérieures à grand champ anal, rappelant celui des blattes. Les pattes sont munies d'un tarse, formé de cinq articles et portent un onychium (1).

Il ne comprend qu'un seul genre, réduit lui-même à une seule espèce : le *Mastotermes Darwiniensis* Froggatt de l'Australie. Il n'existe donc pas de *Mastotermitidé* en Indochine.

2° — Famille des PROTERMITIDÉS Holmgren

Dans cette catégorie, l'aile des sexués possède un champ anal réduit, le tarse montre 4 articles ou, faussement, 5. Il n'y a pas de fontanelle, les sutures céphaliques sont le plus souvent visibles ; les ailes paraissent réticulées. Les soldats ont des yeux composés et leur pronotum est habituellement plat. Les ouvriers possèdent, comme les sexués, des mandibules du type *Leucotermes* ou *Hodotermes* : ils sont aussi dépourvus de fontanelle. Leur pronotum est plat et leur abdomen muni de styli.

J'ai rencontré, en Indo-Chine, un termite commun de cette famille. Il appartient au genre suivant.

Genre **Calotermes** Hagen que l'on définit ainsi.

Imago. Tête peu bombée, ovale, habituellement à côtés parallèles. Sutures céphaliques nettes. Yeux de taille variables, ronds.

---

(1) Je désignerai par ce mot, non pas le dernier article du tarse, mais une petite pièce supplémentaire insérée entre les deux griffes terminales.

Ocelles rapprochés des yeux. Clypeus petit, plat. Labre assez petit. Mandibules variant du type *Leucotermes* au type *Hodotermes*. Antennes de 13 à 23 articles. Pronotum grand, large, plat, à bord antérieur concave. Écailles alaires antérieures grandes, membrane alaire toujours réticulée, champ anal de l'aile postérieure pourvu de veines nettes en dehors de l'écaille. Pattes courtes, tibias pourvus de 3 ou 4 épines pointues, aiguillons latéraux manquant le plus souvent.

Tarses à 4 articles, onychium habituellement présent. Cerci courts, à deux articles. Styli présents chez le mâle.

Soldat. Yeux composés très faiblement développés. Lèvre supérieure courte. Mandibules variables, habituellement puissantes, du type *Hodotermes*. Antennes de 10 à 20 articles. Pronotum grand, plat, large, concave en avant. Pattes courtes. Tibias avec 2 à 4 aiguillons apicaux. Cerci courts à deux articles. Styli le plus souvent présents.

Ouvrier. Tête arrondie, avec des yeux à facettes rudimentaires. Mandibules variant du type *Leucotermes* au type *Hodotermes*. Antennes à nombre d'articles variable. Pronotum large, plat. Pattes, cerci, styli comme chez les soldats.

Holmgren a divisé ce genre en sous-genres, qui sont :

Calotermes s., str.	Rugitermes	Eucryptotermes
Proneotermes	Cryptotermes	Glyptotermes
Neotermes	Procryptotermes	Lobitermes

Nous retiendrons le sous-genre *Cryptotermes* Banks dont voici les caractères.

Sexué. Ailes irisées. La médiane s'unit pour la première fois, au secteur radial au delà du milieu de l'aile. Antennes de 14 à 16 articles.

Soldat. Tête courte, très épaisse, fortement bilobée en avant. La partie frontale est verticale. Mandibules courtes, non dentées. Antennes à 13 articles, le troisième n'étant pas spécialement long.

Pronotum fortement concave en avant, à bords antérieurs non dentés. Styli réduits.

J'ai rencontré fréquemment, le *Cryptotermes domesticus* HAVI-
LAND dont HOLMGREN donne la diagnose suivante :

Imago. Brun jaunâtre. Face inférieure plus claire. Ailes hyalines,
irisées avec des veines antérieures brunes. Poils clairsemés. Tête
allongée, rectangulaire-ovale, à peine rétrécie en avant. Yeux composés petits, peu saillants. Ocelles petits touchant les yeux. Sutures
céphaliques invisibles. Bande frontale (1) pourvue d'une tache claire
en forme de V. Clypeobasal très petit. Labre fortement incliné.
Antennes assez longues, de 15 ou 16 articles, le deuxième article
étant aussi long ou un peu moins long que le troisième, le quatrième un peu plus court que le troisième.

Pronotum transversal, rectangulaire, à coins arrondis, un peu concave en avant, bombé transversalement. Méso et métanotum découpés droit, larges en arrière. Membrane alaire fortement noduleuse
Subcosta rudimentaire. Radius s'étendant sur le premier quart de
l'aile antérieure. Secteur radial pourvu de 7 ou 8 branches, desquelles
la première commence dans le quart interne de l'aile. Médiane et
cubitale très faiblement marquées. La médiane s'unit habituellement au secteur radial au niveau de l'insertion de la troisième
branche de ce secteur, c'est-à-dire au milieu, ou un peu au delà du
milieu de l'aile. Cubitale ayant à peu près 12 ou 13 branches. Cerci
courts. Styli chez le mâle.

Longueur avec les ailes	7^{mm} 50 (2)
Longueur sans les ailes	5^{mm}
Longueur de l'aile antérieure	6^{mm} 00
Largeur de la tête	0^{mm} 79
Largeur du pronotum	0^{mm} 17
Longueur du pronotum	0^{mm} 47

(1) HOLMGREN désigne sous ce nom l'espace compris, sur la tête des termites,
en arrière du clypeus et en avant de la suture en Y.

(2) Ces dimensions ont des valeurs d'échantillons. Pour les adultes, sexués
ou neutres, elles se rapportent à un animal complétement développé. J'indi-
querai, par la suite, des mesures de larves. Elles sont, alors, relatives à des
insectes éloignés des mues, car la taille varie un peu avant et surtout après
chaque hypnose.

Soldat. Tête presque noire, rougeâtre en arrière. Antennes blanches ou blanc jaunâtre. Mandibules brun rouge, les autres parties buccales blanchâtres. Corps blanchâtre ou jaunâtre. Poils clairsemés. Tête courte, très épaisse, paraissant, vue par en-dessus, presque aussi longue que large, avec des angles arrondis. Front très inégal, plus que vertical, formant ainsi un angle aigu avec les mandibules. Bord antérieur de la surface horizontale de la tête très nettement échancré au milieu. Celle-ci est donc un peu bilobée. Angles antérieurs de la tête tuberculeux, fortement saillants. Mandibules courtes, larges, non dentées. Bord externe de celles-ci courbé angulairement, muni d'une petite protubérance, au point de courbure. Antennes courtes, à 12 articles, le troisième un peu plus court et plus étroit que le deuxième, le quatrième plus court que le troisième.

Pronotum plus étroit que la tête, fortement relevé en avant, bombé au milieu. Bord antérieur profondément échancré, avec une petite proéminence angulaire en avant des angles antérieurs arrondis. Bords latéraux très fortement rétrécis vers l'arrière. Plaques jugulaires de la peau du cou très fortes. Cerci courts. Styli rudimentaires.

Longueur du corps	4^{mm}
Longueur de la tête (depuis le bord occipital jusqu'à la pointe du bord antérieur de la surface horizontale)	$1^{mm}25$ à $1^{mm}53$
Largeur de la tête	$1^{mm}14$ à $1^{mm}28$
Largeur du pronotum	$1^{mm}03$
Longueur du pronotum	$0^{mm}53$ à $0^{mm}61$

Dans cette espèce, comme dans tout le groupe, il n'y a pas de caste ouvrière ; on ne trouve, en dehors des soldats, que des nymphes plus ou moins développées.

3° — Famille des MÉSOTERMITIDÉS Holmgren

On la caractérise par les traits suivants :

Imago. Ailes à champ anal réduit. Tarses faussement à 5 articles ou pourvu de 4 articles. Fontanelle (1) et glande frontale. Mandibules du type *Leucotermes* ou *Serritermes*. Écailles alaires antérieures grandes ; ailes souvent réticulées. Pas d'onychium.

Soldat. Tarse à 4 articles ou faussement à 5 articles. Glande frontale et fontanelle. Pronotum plat, sans lobes antérieurs nettement délimités. Styli le plus souvent présents.

Ouvrier. Tarse à 4 articles ou faussement à 5 articles. Fontanelle et plaque frontale glandulaire. Pronotum plat. Mandibules du type *Leucotermes* ou *Serritermes*. Styli le plus souvent présents.

Plusieurs genres de cette famille nous intéresseront.

Genre **Leucotermes** SILVESTRI.

Imago. Tête ovale, peu bombée, Clypeus plat, court, et large avec une petite partie apicale. Labre large et convexe. Taches antennales placées assez loin en arrière. Ocelles petits, manquant très rarement. Yeux composés petits, proéminents. Fontanelle punctiforme, reculée en arrière. Glande frontale grande, tubuleuse. Sutures céphaliques plus ou moins visibles. La bande frontale présente le maximum de longueur en son milieu. Antennes de 15 à 17 articles. Mandibules présentant l'armature *Leucotermes* typique.

Pronotum plat, concave en avant et en arrière. Écailles alaires antérieures plus grandes que les postérieures ; membrane alaire réticulée, habituellement poilue. La subcostale de l'aile antérieure ne sort pas de l'écaille ; le radius s'approche, dans son parcours, du bord antérieur de l'aile, avec lequel il se fusionne très rapidement. Secteur radial simple, parallèle au bord antérieur auquel il est relié apicalement par de courts rameaux transverses. Médiane le plus souvent simple, placée plus près du cubitus que du secteur

---

(1) La fontanelle des termites — comme celle des autres insectes — est une surface où la chitine se trouve plus mince, plus claire et souvent déprimée.

L'hypoderme est souvent épaissi à son voisinage, transformé en une couche glandulaire monocellulaire, couche dépourvue d'appareil excréteur. Il se forme, ainsi, une « plaque frontale ». Cette couche peut se développer beaucoup, s'enfoncer dans la tête, en même temps que la chitine mince qui la recouvre. Elle constitue alors une poche close, munie d'un canal excréteur plus ou moins large : c'est une « glande frontale ».

radial. Cubitus muni, au bord postérieur de l'aile, de 8 à 12 rameaux. Champ anal rudimentaire. La subcostale de l'aile postérieure est rudimentaire ; radius séparé du bord antérieur seulement à l'intérieur de l'écaille. Secteur radial, médiane et cubitus comme dans l'aile antérieure. Tibias avec trois aiguillons apicaux. Cerci à deux articles. Styli seulement chez le mâle.

Soldat. Tête rectangulaire, front assez fortement incliné, nettement déprimé en gouttière au milieu. Clypeus court, Labre assez long, en forme de langue, avec une pointe hyaline courte. Pas d'yeux. Fontanelle assez antérieure, placée sur la partie horizontale de la tête. Glande frontale grande. Antennes de 12 à 17 articles. Mandibules en forme de sabre, étroites ; la gauche avec une grande dent basale et parfois, de plus, 3 ou 4 saillies en forme de crochet, la droite avec une petite dent basale et parfois l'indication d'au moins deux autres.

Pronotum plat, concave en avant et en arrière, assez petit. Tibias et tarses comme chez l'imago. Cerci présents.

Ouvrier. Tête arrondie, ovale, un peu plus grosse que chez l'imago. Clypeus comme chez ce dernier. Yeux composés fortement rudimentaires, à peine visibles extérieurement. Labre grand, large. Fontanelle et plaque glandulaire frontale. Sutures céphaliques invisibles. Antennes de 13 à 15 articles. Mandibules comme chez l'imago.

Pronotum plat, plus ou moins concave en avant. Tibias, tarses et cerci comme chez l'imago. Styli présents.

Holmgren a divisé ce genre en deux sous-genres, de la façon suivante :

Imago.

Ailes fortement réticulées, peu poilues, pas ponctuées.........
Ss. G. *Reticulitermes.*

Ailes peu nettement réticulées, fortement poilues et ponctuées
.................................Ss. G. *Leucotermes* s. str.

Soldat.

Labre en forme de langue, parfois terminé en pointe, mais celle-ci n'est pas très aiguë. Point hyaline à peine indiquée. Mandibules plus courtes et plus puissantes ....Ss. G. *Reticulitermes.*

Labre terminé en pointe très aiguë. Pointe hyaline étroite.....
. . . .   Ss. G. *Leucotermes* s. str..

J'ai trouvé une forme de termite qui, d'après l'aspect du soldat, se rapporte au sous-genre *Reticulitermes*. C'est le *Leucotermes (Reticulitermes) Magdalenae* Silvestri, espèce nouvelle dédiée, par l'auteur, à la mémoire d'un de mes enfants mort au Tonkin. En attendant la description qu'il en publiera bientôt, je vais en tracer ici une courte diagnose.

Imago. Inconnu.

Soldat. Tête jaune passant au brun sur la partie latérale antérieure et la crête sus-antennaire. Mandibules brunes, corps jaune-blanchâtre.

Quelques soies éparses sur la tête : on en remarque sgécialement quatre paires, aux environs de la glande frontale. L'une de ces paires est un peu en arrière de l'orifice glandulaire, les trois autres sont en avant ; les deux soies de la plus antérieure sont insérées sur le tubercule, qui, de chaque côté, paraît faire légèrement saillie quand on regarde l'animal de profil.

Soies plus serrées sur les bords latéraux de la tête, entre le plan d'insertion des antennes et la base des mandibules.

Pro, méso et métanotum bordés de soies raides. Les premiers tergites abdominaux sont bordés, de même, d'une simple rangée de poils. Ceux-ci deviennent ensuite plus nombreux ; à partir du troisième, chaque tergite porte sur sa moitié postérieure, des soies non disposées en rangées nettes.

L'extrémité de chaque tibia montre, en dessous, deux aiguillons disposés à l'extrémité d'un paquet de soies épaisses.

Tête cylindrique, aplatie dans l'ensemble. Glande frontale placée dans le tiers antérieur de la capsule céphalique. En avant de cet organe, le front, vu de profil, est légèrement saillant et forme, de chaque côté, un bombement portant un poil à son sommet. Le profil se raccorde assez doucement à celui du labre.

Clypeobasal très court. Labre en forme de langue orné, près de son extrémité, de deux fortes soies dirigées en avant.

Mandibules relativement fortes et larges, peu recourbées. La droite présente, à sa base, une partie renflée montrant une indication de dent. La partie moyenne et terminale possède un bord interne rectiligne qui dessine une concavité en se raccordant à la partie basale. Au sommet de celle-ci se trouve une très légère indication de protubérance ; on est alors à peu près à égale distance du tiers et de la moitié de la mandibule.

La mandibule gauche possède une partie basale munie d'une forte dent conique, émoussée, dirigée vers l'intérieur et l'avant. En avant de celle-ci, le bord interne montre une saillie extrêmement basse, puis deux autres plus brusques, un peu plus hautes, occupant, réunies, la même longueur que la première sur le bord mandibulaire. La dernière se termine presque à la moitié de la mandibule. Au-delà, le bord interne forme une courbe très régulière.

Antennes à 16 articles, le troisième bien plus petit que le deuxième, le quatrième égal au deuxième.

Pronotum plus étroit que la tête, trapézoïdal, légèrement échancré en avant et en arrière.

Cerci nets, Styli bien développés.

Longueur totale	6^{mm} 93
Longueur de la tête, avec les mandibules.....	3^{mm} 36
Longueur de la tête sans les mandibules......	2^{mm} 81
Largeur de la tête	1^{mm} 37
Largeur du pronotum	0^{mm} 97
Longueur du pronotum	0^{mm} 56

Ouvrier. Blanc jaunâtre.

Pilosité du corps plus forte que chez le soldat, mais disposée de même. Tête et segments thoraciques fortement poilus.

Tête arrondie en arrière, angles antérieurs nettement marqués. Modérément bombée. Clypeus très peu saillant ; le clypeobasal est court.

Antennes à 16 articles, le deuxième assez long, équivalent sensiblement au troisième et quatrième réunis. Le quatrième est très court, le cinquième presque égal au troisième.

Pronotum moins large que la tête, échancré faiblement en avant et en arrière, tendant vers le contour de celui des *Métatermitidés*.

Le troisième article du tarse porte inférieurement un assez long prolongement, arrondi à son extrémité, qui est munie de deux soies.

Longueur du corps (abdomen et thorax)..... $4^{mm}08$
Largeur de la tête .... $1^{mm}21$
Largeur du pronotum .... $1^{mm}00$

Genre **Coptotermes** WASMANN.

Imago. Tête large, oviforme. Clypeus habituellement très petit, plat. Antennes de 18 à 23 articles. Pronotum un peu moins large que la tête. Membrane alaire poilue, très faiblement réticulée. La médiane de l'aile antérieure provient de l'écaille, celle de l'aile postérieure de la base du secteur radial.

Soldat. Tête nettement rétrécie vers l'avant. Pas d'yeux composés. Fontanelle reportée en avant, à l'extrémité d'un tube frontal. La glande frontale est énorme et s'étend jusque dans l'abdomen. Mandibule avec ou sans indication de dents aiguës.

Ouvrier. Clypeus petit. Pas d'yeux composés.

HOLMGREN a séparé dans ce genre, de nombreuses espèces orientales, difficiles à distinguer, voisines du *Coptotermes travians* HAVILAND. Je me demande parfois, si ce ne sont pas là seulement des variations géographiques.

J'ai trouvé souvent le *Coptotermes ceylonicus* HOLMGREN qui serait identique au *Coptotermes travians* HAVILAND tel que l'entendent BUGNION et POPOFF.

Voici la description de la première forme par son auteur.

Imago. Semblable à ceux de *Coptotermes Heimi* et *Coptotermes travians*, n'en différant guère que par de plus grandes dimensions. Articles des antennes sphériques à partir du neuvième. Ailes blanchâtres, transparentes, nullement brunâtres. Médiane fourchue à la pointe. Cubitus pourvu d'environ dix rameaux.

Longueur, avec les ailes .... 13^{mm} à 14^{mm}
Longueur sans les ailes .... 7^{mm}

Longueur de l'aile antérieure ..   10 mm
Longueur de la tête ....   1mm 52 à   1mm 57
Largeur de la tête ....   1mm 44 à   1mm 53
Largeur du pronotum ....   1mm 33 à   1mm 44
Longueur du pronotum........   0mm 81

Soldat. Très semblable aux soldats des *Coptotermes Heimi* et *travians*. Antennes à 14 articles. Tergites abdominaux garnis de deux rangées de petits poils, desquelles l'antérieure est très faible et ne se compose que de quelques éléments.

Longueur du corps 4mm 50
Tête avec les mandibules 1mm 94
Tête sans les mandibules ......   1mm 14 à   1mm 33
Largeur de la tête ....   1mm 06 à   1mm 19
Largeur du pronotum ....   0mm 68 à   0mm 91
Longueur du pronotum 0mm 37

Ouvrier. Très semblable aux ouvriers des *Coptotermes Heimi* et *travians*, mais avec des tergites abdominaux garnis de poils clairsemés. Antennes à 13 ou 14 articles, dont le troisième est à peu près égal au second et plus long que le quatrième.

Longueur du corps ....   4mm   à 4mm 50
Largeur de la tête 1mm 25
Largeur du pronotum 0mm 68

Voici, en outre, la description de *Coptotermes travians* HAVILAND qui est le type de ce groupe d'espèces.

Imago. Brun jaunâtre, tête jaunâtre en avant. Clypeobasal blanc-jaunâtre. Antennes, pattes, face inférieure du corps jaune rougeâtre. Ailes blanchâtres avec une très légère teinte jaune. Poils assez serrés.

Tête presque circulaire. Fontanelle petite, cernée d'une teinte claire, placée relativement un peu en arrière. Bande frontale plus longue au milieu que sur les côtés. Yeux composés de taille moyenne, quelque peu proéminents. Ocelles moyens, presque au contact des yeux. Antennes à 19 articles, les troisième et quatrième courts.

Pronotum plus long que sa demi-largeur, un peu concave en avant, non échancré en arrière. Méso et métanotum extrêmement peu échancrés en arrière. Écaille alaire antérieure grande. Membrane alaire faiblement réticulée, couverte de poils serrés. Médiane proche du cubitus, simple. Cubitus pourvu de 8 branches très peu marquées, se prolongeant fort loin.

Soldat. Tête jaune passant au brun en avant. Mandibules brunes. Corps blanchâtre. Tête munie de poils très rares, ovale, faiblement bombée, rétrécie et quelque peu comprimée en avant. Fontanelle grande, ronde, tubulaire, dirigée en avant. Clypeobasal très court Labre dépassant la moitié des mandibules, rétréci en triangle et muni d'une petite pointe hyaline. Antennes à 13 ou 14 articles, le second étant égal au quatrième et, le plus souvent, un peu plus long que le troisième. Sixième article sphérique.

Pronotum un peu plus court que sa demi-largeur, faiblement échancré en avant et en arrière.

Ouvrier. Tête jaunâtre clair. Corps blanchâtre, laissant apercevoir le contenu intestinal. Tête assez poilue. Tergites abdominaux recouverts de poils répartis uniformément. Tête rectangulaire-ovale un peu plus longue que large. Pas d'yeux composés. Sutures céphaliques et fontanelle invisibles. Clypeobasal court, quelque peu saillant. Antennes à 13 ou 14 articles, les troisième et quatrième sensiblement égaux, sphériques, un peu plus courts que le deuxième.

Pronotum petit, plat, un peu échancré en avant.

J'ai rencontré, en outre, une forme du même genre complétement différente : c'est le *Coptotermes curvignathus* HOLMGREN identique au *Coptotermes Gestroi* HAVILAND. En voici la diagnose.

Imago. Inconnu.

Soldat. Tête jaune clair. Mandibules brunes. Corps jaune paille. Tête munie de poils rares. Corps couvert de poils assez serrés. Tête assez plate, ovale, large, un peu plus longue que large. Fontanelle dirigée obliquement vers le haut. Clypeobasal court. Labre dépassant la moitié des mandibules, en forme de langue, rétréci triangulairement, avec une pointe hyaline arrondie. Mandibules relativement fortement recourbées. Antennes de 14 à 16 articles, le troisième plus court que le second.

Pronotum large, très nettement échancré en avant et en arrière. Abdomen muni de deux bandes sombres longitudinales, faiblement visibles.

Longueur du corps .... 5^{mm}
Tête, avec les mandibules........ 2^{mm} 51
Tête sans les mandibules .... 1^{mm} 56
Largeur de la tête .... 1^{mm} 44
Largeur du pronotum .... 0^{mm} 99 à 1^{mm} 06
Longueur du pronotum........... 0^{mm} 53

Ouvrier. Tête jaunâtre. Corps blanchâtre, laissant apercevoir le contenu intestinal par transparence. Poils assez serrés. Tête épaisse, Antennes à 15 articles, le deuxième aussi long que le troisième et le quatrième réunis ou un peu plus court. Pronotum très nettement échancré en avant et faiblement en arrière. Abdomen épais.

Longueur du corps .... 5^{mm} à 6^{mm}
Largeur de la tête .... 1^{mm} 52
Largeur du pronotum .... 0^{mm} 95

Genre **Rhinotermes** HAGEN.

Imago. Tête à peu près circulaire. Clypeus plus ou moins fortement saillant, avec une gouttière médiane. Fontanelle en forme d'ouverture, placée assez largement en avant. Antennes de 20 à 22 articles, le troisième plus long que le second.

Soldat. Deux catégories séparées par la taille. Mandibules des gros soldats épaisses et très puissantes. La gauche possède deux grosses dents, la droite une seule. Partie basale jamais finement dentée. Chez les petits soldats, les mandibules sont relativement plus longues, plus étroites, moins courbées et les dents plus fines, plus aiguës. Les mandibules peuvent même devenir rudimentaires. Labre relativement court et large chez les grands soldats ; il dépasse les mandibules chez les petits. Il est alors divisé en deux à l'extrémité, déprimé en gouttière, relativement large ou très étroit. Antennes de 14 à 17 articles. Pronotum assez petit, bien plus étroit que la tête. Styli présents.

Ouvrier. Antennes de 16 à 18 articles, le troisième plus long que le deuxième. Pronotum en forme de selle.

Ce genre est divisé par HOLMGREN en deux sous-genres : RHINOTERMES s. str. et SCHEDORHINOTERMES SILVESTRI. Ce dernier groupe possède les caractères suivants :

Imago. Clypeus peu étiré en avant, parfois seulement fortement bombé.

Petit soldat. Labre relativement large, aussi long que les mandibules ou un peu plus court, les dépassant rarement. Mandibules armées de dents.

J'ai trouvé l'espèce *Rhinotermes (Schedorhinotermes) malaccensis,* ainsi définie par HOLMGREN :

Imago. Inconnu.

Grand soldat. Ressemble au grand soldat de *Rh. translucens,* mais est nettement plus grand. Partie postérieure de la tête nettement rétrécie vers l'avant. Glande frontale paraissant sombre par transparence. Antennes à 16 articles, le troisième à peu près double du second.

Pronotum petit, convexe en avant, un peu échancré en arrière. Méso et métanotum à peine plus larges que le pronotum.

Longueur du corps	8^{mm} 00
Tête, avec les mandibules	3^{mm} 08
Tête, sans les mandibules	2^{mm} 28 à 2^{mm} 32
Largeur de la tête	2^{mm} 14 à 2^{mm} 20
Largeur du pronotum	1^{mm} 22
Longueur du pronotum	0^{mm} 67 à 0^{mm} 68

Petit soldat. Ressemble à celui de *Rhinotermes translucens,* mais est un peu plus gros. Antennes à 16 articles, le troisième à peu près égal au second ou un peu plus long. Le labre n'atteint pas les mandibules jointes. Pronotum fortement convexe en avant, faiblement échancré en arrière.

Longueur du corps 5ᵐᵐ 00
Tête avec les mandibules 1ᵐᵐ 67
Tête sans les mandibules .... 1ᵐᵐ 18 à 1ᵐᵐ 26
Largeur de la tête .... 0ᵐᵐ 91 à 1ᵐᵐ 02
Largeur du pronotum .... 0ᵐᵐ 67 à 0ᵐᵐ 73
Longueur du pronotum .... 0ᵐᵐ 44 à 0ᵐᵐ 48

Ouvrier. Antennes à 15 articles.

Longueur du corps.............. 4ᵐᵐ 50
Largeur de la tête.............. 1ᵐᵐ 52
Longueur du pronotum.......... 0ᵐᵐ 72

4° — Famille des MÉTATERMITIDÉS Holmgren

Elle réunit les *Isoptères* présentant les conditions suivantes :

Imago. Aile postérieure dépourvue de champ anal. Tarses à 4 articles ou faussement à 5 articles. Fontanelle munie d'une plaque frontale glandulaire. Mandibules jamais du type *Leucotermes* ou *Serritermes*. Écailles alaires antérieures toujours petites. Pas d'onychium aux griffes. Ailes jamais fortement réticulées.

Soldat. Tarses à 4 articles ou faussement à 5 articles. Fontanelle pourvue d'une glande frontale. Pronotum en forme de selle, avec des lobes antérieurs bien individualisés. Styli seulement dans les formes inférieures.

Ouvrier. Tarses à 4 articles ou faussement à 5 articles. Fontanelle et plaque frontale glandulaire. Pronotum plus ou moins en forme de selle. Mandibules jamais du type *Leucotermes* ou *Serritermes* Styli le plus souvent absents.

Cette famille est très largement représentée en Indochine ; nous allons étudier les genres que j'ai rencontrés, non pas exactement dans l'ordre systématique suivi par Holmgren, mais plutôt dans celui qu'indiquerait la spécialisation progressive de leurs constructions.

Genre **Termes** SMEATHMAN.

Imago. Tête large, en forme d'œuf. Yeux composés de taille variable. Fontanelle nette, un peu relevée. Plaque frontale. Ocelles plus ou moins éloignés des yeux, assez grands, à bord interne un peu relevé, de telle sorte qu'ils semblent regarder un peu latéralement. Clypeus de longueur sensiblement égale à sa demi-largeur. Partie basilaire saillante, convexe en arrière, droite en avant. Partie terminale habituellement relativement petite. Labre plus long que large, muni d'une bande transverse plus chitinisée. Mandibules du type *Termes*. Antennes à 19 articles, le troisième plus long que le second.

Pronotum de largeur variable ; Méso et métanotum assez faiblement découpés, en forme d'arc, en arrière. Le radius s'étend un peu en dehors de l'écaille. La médiane de l'aile antérieure sort de l'écaille, celle de l'aile postérieure provient de la partie basale du secteur radial. Tibias antérieurs avec 3 aiguillons apicaux, les suivants avec seulement 2. Cerci courts. Styli réduits ou nuls. Téguments latéraux de l'abdomen des reines ridés, dépourvus de trichomes à exsudat.

Soldat. Ils montrent deux tailles. Tête plus ou moins rétrécie vers l'avant, quelquefois à bords à peu près parallèles. Fontanelle et glande frontale toujours présentes. Yeux toujours indiqués par des taches plus claires. Front plat. Clypeobasal assez étroit, rectangulaire, peu nettement limité vers l'arrière. Clypeoapical très court, hyalin. Labre présentant sa largeur maxima à sa moitié ou en avant, pourvu d'une pointe hyaline bien développé. Mandibules de longueur un peu variable, courbées, en sabre ; la gauche crénelée trois fois à la base et pourvue d'une dent basale nette, la droite ne possédant que la dent basale. Antennes à 17 articles, le troisième plus long que le deuxième. Submentum étroit, rectangulaire, rétréci à la moitié.

Pronotum de taille variable, relativement étroit ou atteignant la largeur de la tête. Partie antérieure peu fortement courbée, plus ou moins nettement échancrée en avant et en arrière. Tergites du thorax plus fortement chitinisés que ceux de l'abdomen. Pattes relativement longues ; tibias antérieurs à 3 aiguillons apicaux, moyens et postérieurs avec 2. Cerci à 2 articles. Styli petits ou rudimentaires.

Ouvrier. Deux tailles. Tête vaguement pentagonale, arrondie. Fontanelle très distincte, circulaire, blanche. Yeux composés présents, en arrière des antennes, sous forme de points clairs distincts. Clypeobasal court, relativement fortement saillant. Clypeoapical grand, hyalin. Labre plus long que large muni d'une bande transversale plus chitinisée. Mandibules du type *Termes*. Antennes de 17 à 20 articles, le troisième de taille variable. Pronotum en forme de selle, bien plus étroit que la tête. Pattes, cerci, styli, comme chez les soldats.

HOLMGREN a divisé ce genre en deux sous-genres, très voisins comme on va le voir.

Imago.

Pronotum grand et large... Sous-genre MACROTERMES.
Pronotum plus étroit et plus
   court .... Sous-genre TERMES. s., str.

Soldat.

Tête très nettement rétrécie vers l'avant,
   pronotum habituellement petit...... MACROTERMES.
Tête à bords latéraux à peu près paral-
   lèles, pronotum relativement large... TERMES, s., str.

J'ai trouvé avec une extrême abondance, le *Macrotermes gilvus* HAGEN, dont voici la description tirée de HOLMGREN :

Imago. De couleur châtain clair, plus clair à la face inférieure. Clypeobasal jaune. Montrent une couleur variant de jaune rouille à brunâtre : les antennes, une tache peu nette en forme de T et deux taches scapulaires sur le pronotum, les parties antérieures du méso et du métanotum. Ailes faiblement dégradées du jaunâtre au brunâtre, avec un trait subcostal jaunâtre, à pilosité peu dense. Membrane claire revêtue de poils serrés. Tête largement ovale, rétrécie en avant. Yeux composés de taille moyenne, fortement proéminents.

Ocelles grands, séparés des yeux par une distance à peine égale à leur demi-diamètre. Fontanelle entourée d'une partie jaunâtre. Clypeosabal un peu plus court que sa demi-largeur, fortement saillant. Antennes à 19 articles, le troisième égal au deuxième ou légèrement plus long, le quatrième un peu plus court que le troisième.

Pronotum semi-lunaire, très faiblement échancré en arrière. Méso et métanotum nettement et largement échancrés en arrière. Médiane se divisant seulement dans le tiers apical, en 2 ou 3 rameaux. Cubitus pourvu d'environ 12 longues branches.

Longueur avec les ailes	23^{mm}	à 30^{mm}
Longueur sans les ailes	14^{mm}	
Longueur de l'aile antérieure	20^{mm}	à 25^{mm}
Longueur de la tête	2^{mm} 66	
Largeur de la tête	2^{mm} 28	
Largeur du pronotum	2^{mm} 36	
Longueur du pronotum	1^{mm} 33	

Grand soldat. Tête rouge brun. Corps jaune brun. Pilosité très rare. Tête faiblement rétrécie en avant. Fontanelle très nette, un peu en avant du milieu de la tête. Clypeobasal court, plat, Labre court, en forme de langue, avec une courte pointe hyaline. Mandibules courtes et épaisses, peu courbes. Antennes plus courtes que la tête, à 17 articles, le deuxième étant égal au quatrième et un peu plus court que le troisième.

Pronotum large, court, très nettement et profondément échancré en avant et en arrière. Méso et métanotum aussi larges que le pronotum, avec des côtés arrondis et un bord postérieur largement échancré. Pattes assez longues.

Longueur du corps	8^{mm}	à 9^{mm}
Longueur de la tête avec les mandibules	5^{mm}	
Longueur de la tête sans les mandibules	3^{mm} 61	
Largeur de la tête	3^{mm} 04	
Largeur du pronotum	2^{mm} 43	
Longueur du pronotum	1^{mm} 01	

Petit soldat. Plus clair et beaucoup plus petit que le grand soldat. Tête ovale, rétrécie en avant. Labre long, assez étroit, avec une pointe triangulaire. Mandibules étroites, assez longues et droites. Antennes à 17 articles, le troisième article un peu plus long que le quatrième et égal au deuxième.

Pronotum beaucoup plus étroit que la tête, plus long que sa demi-largeur, échancré en avant et en arrière. Méso et métanotum plus étroits que le pronotum, à côtés anguleux atténués. Pattes longues.

Longueur du corps...................	5^{mm}	à 6^{mm}
Longueur de la tête avec les mandibules	3^{mm} 12	
Longueur de la tête sans les mandibules	2^{mm} 01	
Largeur de la tête	1^{mm} 56	
Largeur du pronotum	1^{mm} 14	
Longueur de la tête	0^{mm} 61	

Grand ouvrier. Tête brun clair, corps jaune blanchâtre. Pilosité assez rare. Tête pentagonale-arrondie. Fontanelle circulaire. Taches oculaires présentes. Clypeobasal blanchâtre, beaucoup plus long que sa demi-largeur, un peu saillant. Antennes à 18 articles, le troisième un peu plus long que le deuxième, le quatrième très court. Pronotum échancré en avant et en arrière.

Longueur du corps	6^{mm}
Largeur de la tête	1^{mm} 79
Largeur du pronotum	0^{mm} 95

Petit ouvrier. Plus clair que le grand. Antennes à 18 articles, le troisième aussi long que le deuxième et plus long que le quatrième.

Longueur du corps	4^{mm} 50 à 5^{mm}
Largeur de la tête	1^{mm} 25
Largeur du pronotum	0^{mm} 80

Cette forme a été décrite de Singapour, Malacca, Sarawak, Java, Sumatra, Celebes, Timor, les Philippines.

Holmgren ajoute cette remarque :

« *Macrotermes gilvus* est très variable en taille et coloration ; il est possible que cette espèce se compose de plusieurs formes légèrement différentes. Je ne puis, cependant, tracer entre elles de démarcation et suis obligé de les réunir. Je remarque seulement que les formes de Celebes et de Sumatra paraissent plus grandes que celles de Java. Les exemplaires de Sumatra ont des ailes plus fortement teintées de jaune, tandis que les échantillons de Java et de Bornéo seraient peut-être plus brunâtres. Ceux de Timor sont plus petits et ont une tête plus rougeâtre. *Macrotermes gilvus* est donc très variable et il semble que, des îles de l'Inde orientale, proviennent autant d'espèces différentes. »

Je ne partage pas la conception de l'espèce qu'a Holmgren et je dirais seulement que la forme dont il parle est variable. Les types que j'ai recueillis en Indochine, se rapportaient, d'après M. Bugnion, à la sous-espèce *malayanus* de Haviland. Ils correspondaient à peu près aux indications de coloration que donne Holmgren ; j'ai trouvé, le plus souvent, le petit ouvrier muni seulement de 17 articles antennaires.

Voici la description de *Termes malayanus* par son auteur.

« Mâle. 14 millimètres de long. Chatain en dessus, ocreux en dessous. L'épistome, une tache en forme de phalène sur le pronotum, la moitié antérieure du méso et du métanotum, testacés. Pattes ocreuses. Ocelles larges, séparés des yeux par leur demi-diamètre. Fontanelle petite. Antennes à 19 articles, le troisième n'atteignant pas, en longueur, le double du second. Épistome saillant.

Pronotum pourvu d'une marge postérieure légèrement concave, bords latéraux et postérieur légèrement arrondis, les bords latéraux convergents, le bord postérieur bilobé. Écailles alaires antérieures seulement un peu plus grandes que les postérieures. Ailes de 25 millimètres sur 7, fauves. Une ligne de couleur plus foncée est parallèle et contiguë à la subcostale dans la moitié distale de l'aile. La médiane est d'abord à mi-chemin entre la subcostale et la submédiane, mais elle s'approche bientôt de cette dernière, se divise une ou deux fois au milieu de l'aile, ou un peu au-delà. A cet endroit, la submédiane donne naissance à 6 ou 7 veines épaisses et 4 à ou 5 minces, ces dernières étant fourchues. Pattes postérieures dépassant l'abdomen. Styli petits, leurs aires basales sont confluentes.

La septième plaque ventrale de la femelle est longue de 1^{mm} 3 et large de 3^{mm} 2. L'abdomen de la reine atteint 50 millimètres.

Soldats. Le grand a 10 millimètres de long. Sa tête mesure 3^{mm} 3 de longueur totale et 2^{mm} 9 de large, de teinte ferrugineuse. Vague tache plus claire à la place des yeux. Fontanelle en forme d'orifice. Antennes de 17 articles, le troisième n'atteignant pas le double du second. Labre ovale, blanc à l'extrémité, obtus, n'atteignant pas la moitié des mandibules. Celles-ci sont longues, mesurant 1 ^{mm} 8, incurvées à l'extrémité, le bord tranchant dépourvu de dents. Gula de 8 millimètres de large, à peu près uniforme. Bords antérieur et postérieur du pronotum lobés ; bords latéraux arrondis. Méso et métanotum aussi larges que le pronotum, bords latéraux arrondis formant des lobes dirigés légèrement vers l'arrière. Fémurs postérieurs dépassant la pointe de l'abdomen. Dessus de l'abdomen glabre. Styli petits.

Le petit soldat mesure 5 millimètres de long. Tête de 2 millimètres sur 1^{mm} 7. Mandibules atteignant 1^{mm} 7, pronotum large de 1^{mm} 3.

Ouvrier. Long de 5^{mm} 5, tête de 2 millimètres de large. Antennes à 18 articles. Épistome convexe. Dessus de l'abdomen courbe. Styli bien développés.

Habitat : Péninsule malaise (Singapour), Bornéo (Sarawak).

Termes gilvus, espèce représentative javanaise paraît différent. »

L'Indochine possède d'autres espèces de *Macrotermes*. J'y ai trouvé le *Macrotermes malaccensis* HAVILAND. HOLMGREN en donne la description suivante :

Imago. Brun, plus clair en dessous. Angles antérieurs de la bande frontale, clypeobasal. labre, antennes, une tache en forme de T sur le pronotum, variant du jaune rouille au brun. Ailes brunes. Pilosité rare sur le corps, ailes velues.

Tête largement ovale, rétrécie en avant. Yeux composés moyens, saillants, mais plats. Ocelles médiocres, séparés des yeux par une distance nettement supérieure à leur diamètre transversal. Fontanelle petite, saillante, autour de laquelle le vertex est un peu déprimé.

Partie antérieure de la bande frontale légèrement déprimée. Clypeobasal plus court que sa demi-largeur, mais pas très court, fortement saillant. Antennes à 19 articles, le troisième un peu plus court que le deuxième, le quatrième beaucoup plus court que le troisième, égal au cinquième et sphérique.

Pronotum faiblement ensellé, légèrement plus étroit que la tête. Angles antérieurs fortement enfoncés, découpés en forme d'angle aigu émoussé. Bord extérieur faiblement échancré. Médiane habituellement divisée en 2 ou 3 branches, dans le tiers apical. Cubitus pourvu de 12 à 15 rameaux, souvent fourchus :

Longueur avec les ailes	23^{mm}	
Longueur sans les ailes	10^{mm}	à 12^{mm}
Longueur de l'aile antérieure	19^{mm}	
Longueur de la tête	2^{mm} 89	
Largeur de la tête	2^{mm} 43	
Largeur du pronotum	2^{mm} 43	
Longueur du pronotum	1^{mm} 41	

Grand soldat. Tête brun rouge passant au brun ou au noir en avant. Clypeobasal et labre de la même couleur. Mandibules noires, corps jaune paille teinté de brun.

Pilosité très rare sur la tête. Tergites abdominaux garnis de deux rangées postérieures de soies.

Tête ovale, très nettement rétrécie en avant. Yeux à facettes extrêmement faiblement indiqués. Fontanelle un peu en avant du milieu de la tête. Clypeobasal plat. Condyles mandibulaires très grands. Labre largement ovale, avec une partie apicale longue, pointue, hyaline. Mandibules fortement courbées, la gauche montrant quelques crans fins à la base. Antennes à 17 articles, le troisième beaucoup plus long que le deuxième, le quatrième égal ou un peu plus long que le deuxième.

Pronotum petit, nettement échancré en avant et en arrière. Méso et métanotum à angles latéraux prononcés. Pattes assez longues.

Longueur du corps	13^{mm}
Longueur de la tête avec les mandibules	6^{mm} 5 à 7^{mm} 1

Longueur de la tête sans les mandibules 4^{mm} 75
Largeur de la tête .... 4^{mm} 2
Largeur du pronotum · .... 2^{mm} 55
Longueur du pronotum .... 1^{mm} 33

Petit soldat. Couleur et pilosité comme chez le grand soldat. Antennes à 17 articles, le troisième très légèrement plus court que le deuxième, et égal au quatrième. Mandibules un peu plus longues et plus étroites que chez le grand soldat. Pro, méso, métanotum pourvus d'angles latéraux prononcés. Pattes longues.

Longueur du corps .... 9^{mm} à 10^{mm}
Longueur de la tête avec les mandibules. 4^{mm} 61
Longueur de la tête sans les mandibules. 3^{mm} 04
Largeur de la tête .... 2^{mm} 47
Largeur du pronotum .... 1^{mm} 59
Longueur du pronotum .... 0^{mm} 95

Grand ouvrier. Tête brune, corps jaune paille passant au brun. Pilosité comme chez les soldats.

Tête largement ovale. Fontanelle circulaire, blanche. Rudiments oculaires nets, front déprimé en avant de la fontanelle. Clypeobasal plus court que sa demi-largeur, mais pas très court, un peu bombé. Antennes à 18 ou 19 articles, le troisième beaucoup plus court que le deuxième et égal au quatrième.

Pronotum en forme de selle, à peine échancré en avant.

Longueur du corps .... 8^{mm} 8
Largeur de la tête .... 2^{mm} 43
Largeur du pronotum .... 1^{mm} 37

Petit ouvrier. Comme le grand, mais plus petit.

Longueur du corps .... 6^{mm} 5
Largeur de la tête .... 2^{mm} 09
Largeur du pronotum .... 1^{mm} 13

J'ai rencontré aussi le *Macrotermes carbonarius* Hagen. Cette espèce est ainsi caractérisée :

Imago. Noir. Antennes, labre, pattes, jaune-brunâtre. Clypeobasal brun foncé au milieu, jaune-brun en avant et sur les côtés. Les deux premiers sternites abdominaux blancs en leur milieu. Ailes brunâtres. Pilosité extrêmement rare, membrane alaire non velue.

Tête largement ovale, rétrécie en avant. Front déprimé autour de la fontanelle. Celle-ci est saillante. Yeux composés de taille moyenne, fortement proéminents. Ocelles séparés des yeux par une distance égale à leur diamètre longitudinal. Bande frontale déprimée en avant. Clypeobasal grand, fortement saillant, de longueur presque égale à sa demi-largeur. Antennes à 19 articles, le troisième une fois et demi aussi long que le deuxième.

Pronotum sensiblement aussi large que la tête, semi-lunaire, à peu près long de sa demi-largeur. Méso et métanotum faiblement mais largement échancrés en arrière. Écailles alaires antérieures un peu plus grandes que les postérieures. Secteur radial souvent pourvu de rameaux apicaux postérieurs. Médiane divisée à partir de la moitié, pourvue de 3, 4, 5, longues branches. Cubitus avec environ 15 longues subdivisions.

Longueur avec les ailes	30^{mm}
Longueur sans les ailes	17^{mm}
Longueur des ailes antérieures	25^{mm}
Longueur de la tête	3^{mm} 8
Largeur de la tête	3^{mm} 31
Largeur du pronotum	3^{mm} 31
Longueur du pronotum	1^{mm} 71

Grand soldat. Tête variant du brun foncé au noir, jaune rouille en avant. Antennes et labre jaune rouille. Chitine du corps brune, plus claire en dessous. Pattes jaunâtres. Pilosité extrêmement rare.

Tête largement ovale, fortement rétrécie en avant, légèrement aplatie. Yeux présents sous forme de deux taches claires très nettes. Fontanelle punctiforme, placée antérieurement. Clypeus court, plat, assez nettement séparé du front. Labre légèrement élargi vers l'avant avec une grande pointe hyaline triangulaire, nettement délimitée. Mandibules en forme de sabre, assez étroites, fortement courbées. Mandibule gauche portant, à sa base, trois crénelures peu nettes. Antennes à 17 articles, le troisième à peu près double du second.

Pronotum relativement étroit, plus court que sa demi-largeur, très nettement échancré en avant et en arrière. Méso et métanotum à angles latéraux prononcés, faiblement échancrés en arrière. Pattes longues, dernier article du tarse beaucoup plus long que les autres réunis. Cerci bien développé. Styli présents.

Longueur du corps	16^{mm}
Longueur de la tête avec les mandibules	8^{mm}
Longueur de la tête sans les mandibules . . .	5^{mm} 60
Largeur de la tête	4^{mm} 7
Largeur du pronotum	3^{mm} 15
Longueur du pronotum	1^{mm} 33

Petit soldat. Couleur et pilosité comme chez le grand soldat, structure du corps semblable, mais bien plus petit. Le troisième article antennaire n'est pas double du deuxième. Pointe hyaline du labre prolongée en une saillie aiguë mais courte. Méso et métanotum pourvus de saillies angulaires latérales légèrement émoussées. Pattes plus longues.

Longueur de la tête avec les mandibules	5^{mm} 1
Longueur de la tête sans les mandibules	3^{mm} 27
Largeur de la tête	2^{mm} 74
Largeur du pronotum	2^{mm} 01
Longueur du pronotum	0^{mm} 95

Grand ouvrier. Couleur variant du brunâtre au brun foncé. Tête plus claire en avant. Pilosité rare.

Tête large, presque pentagonale, ovale. Fontanelle circulaire, blanche. Yeux présents sous forme de taches rondes, blanches, nettes. Clypeobasal beaucoup plus court que sa demi-largeur, légèrement saillant. Antennes à 18 articles, le troisième sensiblement égal au deuxième, ou un peu plus court.

Pronotum étroit, très nettement échancré en avant et en arrière.

Longueur du corps .... 7^{mm} à 8^{mm}
Largeur de la tête .... 2^{mm} 55 à 2^{mm} 87
Largeur du pronotum .... 1^{mm} 52

Petit ouvrier. Plus clair que le grand ouvrier, plus petit. Clypeobasal sensiblement aussi long que chez le grand ouvrier. Antennes à 17 articles, le troisième plus court que le deuxième et égal au quatrième.

Genre **Microtermes** WASMANN.

Imago. Tête ovale large. Yeux composés relativement petits, saillants. Ocelles regardant un peu latéralement, presque circulaires, séparés, au plus, des yeux, par leur diamètre transversal. Fontanelle présente, souvent insignifiante. Clypeobasal au moins aussi long que sa demi-largeur, fortement convexe en arrière, droit en avant, fortement saillant, beaucoup plus clair que le front. Condyles mandibulaires apparents mais petits. Clypeoapical assez grand, hyalin. Labre plus long que large, muni d'une bande transversale plus chitinisée. Mandibules du type « *Termes* », première dent un peu plus grande que la deuxième. Antennes de 15 à 18 articles, les troisième et quatrième courts.

Pronotum un peu plus long que sa demi-largeur, relativement plat, avec seulement des angles antérieurs faiblement déprimés, orné d'un dessin clair en forme de T et de taches humérales. Bord antérieur droit, légèrement crénelé au milieu. Angles antérieurs arrondis. Bords latéraux assez convergents vers l'arrière. Bord postérieur droit ou un peu échancré. Méso et métanotum plus ou moins largement découpés en triangle vers l'arrière. Ailes variant de hyalines à jaunâtres. Membrane alaire unie, couverte de poils fins et minces, très finement ponctuée, avec des veines accessoires dans le champ subcostal. Radius des deux paires d'ailes rudimentaire ou nul. Secteur radial nettement marqué, comme le bord costal de l'aile, brun jaunâtre. Médiane et cubitus faiblement marqués. La médiane de l'aile antérieure sort librement de l'écaille, celle de l'aile postérieure se détache de la partie basale du secteur radial. La médiane est équidistante du secteur radial et du cubitus, elle se partage, le plus souvent, en plusieurs rameaux apicaux. Cubitus pourvu de rameaux épaissis internes.

Flancs de l'abdomen pourvus de trichomes à exsudat dans les deux sexes. Chez la femelle, il sont cependant plus serrés. Styli très réduits, manquants parfois, mais très rarement, chez le mâle.

Soldat. Le plus souvent une seule forme. Très petit, souvent plus petit que la forme ouvrière relative. Tête comparativement petite, plus ou moins faiblement bombée, ovale ou ronde, rétrécie en avant. Fontanelle insignifiante, munie d'une glande tubulaire ou d'une plaque frontale glandulaire. Sutures céphaliques invisibles. Clypeus plat, plus ou moins carré, limité par une droite en avant. Condyles mandibulaires petits. Clypeoapical court, hyalin. Labre en forme de lancette, long, pointu, ou bien en forme de langue, plus court, arrondi, sans pointe hyaline. Mandibules à courbure très fortement concave du côté externe de la base, de telle sorte que le bord interne est fortement rapproché de la ligne médiane. Elles sont faibles, plus ou moins fortement courbées en sabre. Bord interne complétement inerme, ou bien, la mandibule gauche pourvue d'une dent médiane rudimentaire. Partie basale très développée. Antennes de 12 à 16 articles, le troisième plus petit que le deuxième, le quatrième souvent plus petit. Submentum court et large, presque carré.

Pronotum petit, faiblement ensellé, lobes antérieurs assez grands. Tibias comprimés latéralement. Cerci petits, styli rudimentaires ou nuls.

Ouvrier. Tête grande et épaisse, plate, carrée avec les angles arrondis, ou ovale. Partie mandibulaire courte, sutures céphaliques invisibles. Fontanelle avec une plaque frontale très difficile à découvrir. Clypeus grand, ovale, transversal, plus ou moins fortement saillant. Clypeoapical légèrement pointu, fortement incliné, avec une bande transversale plus chitinisée. Mandibules du type *Termes*. Antennes de 13 à 16 articles, les troisième et quatrième plus courts que les suivants.

Pronotum en forme de selle, très petit, beaucoup plus étroit que la tête. Tibias non aplatis, cerci courts, styli rudimentaires ou nuls.

Le *Microtermes incertoides* HOLMGREN existe en Indochine. On le définit ainsi :

Imago. Inconnu.

Soldat. Tête jaune, moitié externe des mandibules brune. Corps blanchâtre. Tête couverte de poils fins, dressés. Tergites abdominaux portant des poils assez serrés.

Tête ovale nettement rétrécie vers l'avant, plaque frontale reportée en arrière du milieu de la tête. Clypeobasal sensiblement rectangulaire, transversal, petit. Labre en forme de lancette, s'étendant sur les deux tiers des mandibules, légèrement aiguisé à son extrémité. Mandibules relativement courtes, faibles, peu incurvées. Antennes à 14 articles, le deuxième aussi long que le troisième et le quatrième réunis, ces deux derniers étant égaux.

Pronotum étroit, faiblement échancré en avant.

Longueur du corps	3^{mm} 40 à 3^{mm} 50
Long. de la tête avec les mandibules. . .	1^{mm} 22
Long. de la tête sans les mandibules. . .	0^{mm} 84
Largeur de la tête	0^{mm} 68
Largeur du pronotum	0^{mm} 46

Grand ouvrier. Tête jaunâtre clair. Corps blanchâtre. Pilosité comme chez le soldat. Tête allongée, rectangulaire. Clypeobasal relativement grand. Condyles mandibulaires grands. Antennes à 14 articles, semblables à celles du soldat. Pronotum échancré en avant.

Longueur du corps	3^{mm} 7
Largeur de la tête	0^{mm} 87
Largeur du pronotum	0^{mm} 46

Petit ouvrier. Couleur, pilosité, antennes comme chez le grand ouvrier. Tête ovale clypeobasal grand.

Longueur du corps	2^{mm} 9
Largeur de la tête	0^{mm} 68
Largeur du pronotum	0^{mm} 42

Genre **Odontotermes** Holmgren.

On le définit comme il suit :

Imago. Tête largement ovale, presque circulaire. Yeux composés de taille variable, plus ou moins saillants. Ocelles variables en taille et position. Fontanelle accompagnée d'une plaque frontale. Clypeobasal plus ou moins saillant, de taille variable, très court ou atteignant, en longueur, sa demi-largeur. Partie terminale bien développée. Labre plus long que large, muni d'une bande transversale plus chitinisée. Mandibules du type *Termes*. Antennes à 19 articles, le troisième toujours plus court que le deuxième.

Pronotum à bords latéraux fortement convergents vers l'arrière, presque toujours pourvu d'un dessin clair en forme de T et de 2 taches humérales. Méso et métanotum découpés en forme d'arc. Ailes variant de l'absence de coloration au brun foncé. Radius très court, ne dépassant extérieurement l'écaille que d'une longueur insignifiante. La médiane de l'aile antérieure provient de la partie basale du cubitus, celle de l'aile postérieure du secteur radial. Tibias antérieurs avec 3 aiguillons apicaux, moyens et postérieurs avec 2 seulement. Cerci courts. Styli fortement rudimentaires chez le mâle. Bords latéraux de l'abdomen pigmentés, pourvus, chez la reine, de trichomes à exsudat.

Soldat. En général, une seule taille. Tête de forme variable, plus ou moins allongée, le plus souvent rétrécie en avant. Front relativement plat. Fontanelle accompagnée d'une glande ou d'une plaque frontale. Clypeus assez étroit, rectangulaire, transversal, peu nettement limité en arrière. Clypeoapical très court, hyalin. Labre dépourvu de pointe hyaline, possédant des soies marginales antérieures. Mandibules variables, la gauche montrant, le plus souvent, une dent aiguë, rarement crénelée 3 ou 4 fois à la base. Antennes de 15 à 18 articles. Submentum rectangulaire, de largeur maxima au milieu, assez large.

Pronotum fortement ensellé, étroit, de même teinte que le corps, rarement fortement chitinisé. Pattes de longueur normale. Aiguillons tibiaux comme chez l'imago. Cerci courts, styli rudimentaires, souvent absents.

Ouvrier. Deux tailles. Fontanelle rarement circulaire. Le reste comme chez *Termes*.

HOLMGREN divise ce genre en trois sous-genres :

Imago. Clypeus le plus souvent muni d'une courte partie basale, inférieure à sa demi-largeur.

    a) Fontanelle en relief. Front déprimé.

        Ss. G. ODONTOTERMES s. str.

    aa) Fontanelle ouverte. Front déprimé.

        Ss. G. HYPOTERMES.

    Clypeoapical, le plus souvent, de longueur égale à sa demi-largeur.

        Ss. G. CYCLOTERMES.

Soldat. Mandibules courtes et épaisses, avec une dent médiane grossière, peu saillante, pouvant varier en position. Surtout de grosses espèces. Tête habituellement rectangulaire.

        Ss. G. ODONTOTERMES s. str.

Mandibule gauche crénelée 4 fois à la base.

        Ss. G. HYPOTERMES.

    Mandibule gauche avec une dent saillante, mandibules relativement faibles, étroites, courbées en forme de sabre. Petites espèces. Tête nettement rétrécie en avant.

        Ss. G. CYCLOTERMES.

J'ai rencontré trois espèces en Indochine.

Odontotermes (Cyclotermes) hainanensis LIGHT.

Voici la description de cette forme par son auteur.

« Espèce nouvelle récoltée à Kachek (Hainan) en 1922. Elle attaquait la face inférieure de planches de bois dur, posées sur le sol.

Diagnose.

Imago inconnu.

Soldat. Tête arrondie postérieurement et latéralement. Bords latéraux convergents. $1^{mm}0$ de large sur $1^{mm}1$ de long, mandibules non comprises. Submentum moitié aussi large que la tête, fortement convexe au centre. Lame de la mandibule droite sensiblement rectiligne, celle de la mandibule gauche légèrement courbée vers l'intérieur, à partir de sa moitié. Dent de la mandibule droite rudimentaire, plus près de la base que celle de la mandibule gauche. Antennes pas plus foncées à leur extrémité qu'à leur origine, 15 ou 16 segments.

Grand ouvrier. Tête beaucoup plus large que celle du soldat, large de 1^{mm} 45, longue de 1^{mm} 62. Antennes à 17 articles, le troisième plus court.

Petit ouvrier. Beaucoup plus petit que le précédent. Tête de 0^{mm}82 de large sur 0^{mm} 96 de long. Antennes à 14 articles, le quatrième plus court.

Description.

Imago inconnu.

Soldat. Tête jaune vif teinté de brunâtre. Mandibules brun foncé avec une région basale orangée. Le reste du corps est jaunâtre pâle, taché de livide. Sur l'abdomen, surfaces plus foncées dues aux organes internes, vus à travers la paroi transparente du corps.

Tête largement ovoïde avec les bords postérieurs et latéraux arrondis, convergeant nettement en avant. Surface latérale et postérieure arrondie, la face supérieure peu bombée et le front modérément déclive. Fontanelle extrêmement petite, n'apparaissant qu'avec un fort grossissement. Submentum grand et saillant. Vu de profil, il paraît fortement convexe, plus haut au milieu et s'abaissant, de tous les côtés, vers le bord. Bord postérieur quelque peu concave ; bord antérieur sensiblement droit.

Les lames des mandibules sont courbées en dehors à partir de leur point de jonction avec la base, ce qui leur donne un bord externe nettement concave. Elles sont légèrement déprimées au milieu, au-delà duquel elles se courbent nettement vers le haut. Extrémités nettement et brusquement incurvées. Le bord latéral de la lame de la mandibule gauche est légèrement convexe près de son milieu, au-delà duquel la mandibule est courbée à l'intérieur. La marge interne porte une large projection basale irrégulière, au-delà de laquelle la mandibule se courbe comme il a déjà été dit. Sur le bord tranchant, une saillie importante masque la courbure propre de la mandibule. Ce relief se termine brusquement dans le 1/3 externe de la lame et sa portion supérieure et externe se projette médialement et antérieurement. Son extrémité et sa projection constituent la « dent » de la mandibule gauche, caractéristique de ce groupe d'espèces. Une large et profonde encoche sépare la partie basale de la saillie. La lame de la mandibule droite est à peu près rectiligne, la projection basale est un peu plus petite. La dent est rudimentaire, plus proximale, dépourvue du relief qui accompagne celle de la mandibule gauche. Au-delà de la dent, le bord interne de la mandibule gauche est nettement concave, tandis que le bord tranchant de la droite est sensiblement rectiligne. La mandibule droite est plus étroite que la gauche avant la dent, et plus large au-delà.

Le clypeobasal n'est pas nettement délimité, le clypeoapical court et large, est plus large que le labre. Ce dernier est plutôt long, en forme de langue, les côtés convergeant, à partir de la base, vers le sommet étroit et arrondi. Le bord dorsal de la tache antennale est quelque peu saillant ; il montre une couleur brun rougeâtre ainsi que la carène antennale dorsale et l'articulation mandibulaire interne.

Les antennes sont plus fortes, avec de larges articulations et comprennent 15 ou 16 articles. Quand elles en ont 16, le quatrième segment est le plus petit. Quand elles en ont 15, c'est le troisième ; le quatrième article est alors très grand et montre souvent des signes de division. Le segment terminal est le plus grand de ceux qui restent ; il est nettement ovoïde avec un sommet pointu.

Le pronotum est plus large que long, ses côtés passant graduellement à l'étroit bord postérieur concave. La région antérieure, élevée, est large à sa base, mais se rétrécit rapidement vers le petit bord antérieur bilobé. Celui-ci n'est pas encoché, mais la surface du pronotum porte de larges et profonds sillons.

Grand ouvrier. La tête est beaucoup plus large que celle du soldat, mesurant, en moyenne, $1^{mm} 45$ de large sur $1^{mm} 62$ de long. Elle est rectangulaire, si on considère la partie située en arrière des articulations mandibulaires. Les bords latéraux sont rectilignes, les angles latéro-postérieurs sont largement arrondis, le bord postérieur, courbe, les continuant naturellement. Léger bombement en-dessous des antennes, faisant de cette région la partie la plus large de la tête.

Fontanelle très petite, peu visible. Tête jaune clair. Articulations mandibulaires, dorsales et ventrales marquées de rouge ; parties externes des mandibules variant du noir au rouge. Antennes placées haut sur la tête, à 17 articles, le troisième étant le plus court, plus minces et moins lâchement articulées que chez le soldat. Clypeobasal quelque peu saillant, muni d'une suture longitudinale distincte. Il est quelque peu rétréci au milieu, s'atténuant en extrémités latérales étroites. Il mesure 0^{mm} 5 de large, sur 0^{mm} 2 de long. Clypeoapical hyalin, plus long au milieu, s'atténuant en extrémités latérales étroites, moitié aussi long que le clypeobasal. Moins saillant que le clypeobasal, il est cependant légèrement proéminent.

Labre presque aussi long que large, (0^{mm} 48 sur 0^{mm} 48). Submentum bombé. Le pronotum mesure 0^{mm} 6 de large sur 0^{mm} 36 de long. Les angles latéro-antérieurs sont aigus et saillants.

Petit ouvrier. Beaucoup plus petit et plus clair. La tête mesure environ 0^{mm} 82 de large sur 0^{mm} 96 de long. Les antennes ont 16 articles dont le quatrième est le plus court.

Place systématique. Cette espèce rentre dans le groupe des espèces orientales voisines de *formosanus*, espèces caractérisées par la position distale de la dent de la mandibule gauche. On y peut réunir les *Termes formosanus*, *Escherichi* et *sarawakensis*. La séparation établie par HOLMGREN dans sa clef de 1913, entre *sarawakensis* et les autres espèces, semble douteuse, à cause de la variabilité du nombre des segments antennaires. Les espèces que l'on vient de nommer se distinguent des plus voisines, formant le groupe d'*obesus*, par le fait que leurs antennes ne sont pas sensiblement plus foncées vers l'extrémité.

Termes hainanensis se distingue nettement de *Termes formosanus* qui habite les mêmes régions, par la taille beaucoup plus petite de toutes ses castes, la plus grande courbure des bords latéraux et postérieurs de la tête du soldat, ses mandibules plus massives, la rectitude de sa mandibule droite, le nombre plus faible des articles antennaires et de nombreux autres détails. Il s'écarte des *Termes Escherichi* et *sarawakensis* en ayant deux castes d'ouvriers. Ces deux dernières espèces n'ont qu'une seule caste ouvrière, intermédiaire, par la taille, entre les deux catégories de *Termes hainanensis*. J'ai pu vérifier la différence de taille avec *T. sarawakensis*, au moyen de matériaux autotypes, compris dans une grande collection d'espèces de termites orientaux, qui m'a été gracieusement donnée par le Dr HOLMGREN. Cette collection ne contient malheureusement pas de soldats de *T. sarawakensis*, mais une comparaison avec la description originale et la figure, fait ressortir plusieurs différences. La dent rudimentaire de la mandibule droite est beaucoup plus basale que la dent de la mandibule gauche dans *T. hainanensis*. Chez *T. sarawakensis*, la mandibule droite est plus courbée, les bords latéraux de la tête sont plus parallèles, moins convergents.

Le vaste intervalle géographique des lieux de trouvaille rendrait presque certain que *T. Escherichi* (de Ceylan) et *T. hainanensis* sont des espèces différentes, même si nous n'avions pas de caractères positifs pour les séparer. Une comparaison entre les soldats de ces deux formes, montre que la tête du premier n'est que peu resserrée antérieurement ; les mandibules, spécialement la droite, sont plus courbées et le pronotum de proportion plus large, avec son bord antérieur moins fortement émarginé.

Distribution et biologie. Cette espèce n'a été attrappée qu'à Kachek, dans la région sud-est de Haïnan, mais des récoltes plus nombreuses la montreront, sans aucun doute, largement répandue à Haïnan, sinon sur le continent du Kouang toung. Les espèces de ce genre cultivent des champignons et, parfois, construisent des nids en monticules. On découvrira, sans doute, par la suite, les jardins de champignons de cette espèce ; il me paraît très improbable qu'elle édifie des monticules. Ainsi que *T. formosanus*, elle détruit le bois gisant sur le sol, mais paraît rarement, sinon jamais, attaquer les bâtiments.

On rencontre aussi, en Indochine, *Odontotermes Horni* WASMANN, dont voici les caractères :

Imago. Tête brun foncé, jaune de rouille en avant. Pronotum un peu plus clair que la tête, avec un dessin en forme de T et des taches humérales encore plus claires. Partie antérieure des méso et métanotum jaunes. Tergites abdominaux bruns, sternites montrant une bande médiane, jaune de rouille, assez large. Ailes jaune rouille clair, avec un sillon subcostal qui se sépare du secteur radial avant son milieu. Pattes jaune rouille. Tête, thorax et abdomen garnis de poils forts, dressés. Ailes revêtues de poils minces dans leur quart apical.

Tête oviforme, large, plate. Fontanelle nette, entourée d'une dépression circulaire. Yeux moyens. Ocelles séparés des yeux par une distance égale à leur diamètre transverse. Clypeus sensiblement aussi long que sa demi-largeur, modérément saillant. Antennes longues, à 19 articles, le deuxième très légèrement plus long que le troisième qui est légèrement plus long que le quatrième.

Pronotum un peu plus étroit que la tête, les yeux non compris, atteignant, en longueur, sa demi-largeur, faiblement échancré en avant et en arrière, sillonné longitudinalement en son milieu. Ailes assez longues et étroites. Médiane divisée seulement à son extrémité, en 2 à 5 branches. Cubitus à 18 ou 19 rameaux. Ailes revêtues de poils minces à leur extrémité.

Longueur, ailes comprises	30^{mm}	
Longueur, sans les ailes	13^{mm}	à 14 ^{mm}
Longueur des ailes antérieures .	23^{mm}	à 24 ^{mm}
Longueur de la tête	3^{mm}	
Largeur de la tête	2^{mm} 68 à	2^{mm} 77
Largeur du pronotum	2^{mm} 53 à	2^{mm} 62
Longueur du pronotum	1^{mm} 41	

Soldat. Tête jaune, corps blanchâtre. Tête faiblement poilue, tergites abdominaux portant deux rangées irrégulières de soies.

Tête carrée, plus longue que large, rétrécie vers l'avant à partir de l'insertion des antennes. Fontanelle réduite, munie d'une plaque frontale. Clypeobasal court. Labre relativement court, terminé en pointe mousse. Mandibules assez puissantes, faiblement courbes. Mandibule gauche portant une dent à l'extrémité du tiers basal, la droite portant une dent rudimentaire un peu plus en avant. Antennes à 17 articles, le troisième beaucoup plus court que le deuxième, qui est sensiblement égal au quatrième.

Pronotum à peine incisé en avant, échancré en arrière.

Longueur du corps	7^{mm}	à 7^{mm}5
Long. de la tête avec les mandibules ...	4^{mm} 07	
Long. de la tête sans les mandibules ...	2^{mm} 77	

Largeur de la tête .... 2^{mm} 09
Largeur du pronotum   .... 1^{mm} 71

Grand ouvrier. Tête jaune, corps blanchâtre, laissant apercevoir, par transparence, le contenu intestinal. Bord inférieur de la tête et extrémité des antennes bruns. Pilosité comme chez le soldat, mais un peu plus dense.

Tête carrée, arrondie. Fontanelle très nette, un peu brunâtre. Taches oculaires présentes. Clypeobasal beaucoup plus court que sa demi-largeur, fortement bombé. Antennes à 18 articles, le troisième plus court que le deuxième, mais pas très court, le quatrième très court. Pronotum non incisé en avant.

Longueur du corps .... 5^{mm} à   5^{mm} 5
Largeur de la tête .... 1^{mm} 79
Largeur du pronotum .... 1^{mm} 06

Petit ouvrier. Comme le grand ouvrier, mais un peu plus clair. Antennes à 16 ou 17 articles. Quand elles ont 16 articles, le troisième est plus long que le quatrième, le deuxième égal au troisième et au quatrième réunis. S'il y a 17 articles, le deuxième surpasse le troisième et le quatrième réunis et ceux-ci sont égaux. Fontanelle peu nette. Pronotum non échancré.

Longueur du corps .... 3^{mm} 5
Largeur de la tête .... 1^{mm} 14
Largeur du pronotum .... 0^{mm} 53

Odontotermes (Hypotermes) obscuriceps WASMANN est également commun.

Imago. Tête foncée, châtain. Fontanelle, deux taches, les angles et le bord antérieur de la bande frontale, jaune de rouille. Clypeobasal brun sur la ligne médiane. Antennes brunâtres, pièces buccales jaune rouille. Sur le pronotum, deux taches humérales et un dessin en forme de T, jaunes. Parties antérieures du méso et du métanotum plus claires que les postérieures. Face supérieure de l'abdomen brune, face inférieure beaucoup plus claire, surtout au milieu.

Tibias marqués de brun. Ailes brun jaunâtre, avec des veines brunes. Pilosité assez dense. Tête revêtue, en partie, de poils courts, en partie, de longues soies.

Tête largement ovale, rétrécie en avant. Front fortement déprimé autour de la fontanelle. Fontanelle petite, punctiforme, non saillante, ouverte, en avant de laquelle se trouve une petite saillie longitudinale. Yeux composés de taille moyenne, fortement proéminents. Ocelles assez grands, à bord interne convexe, séparés des yeux par une distance égale à leur diamètre longitudinal. Clypeobasal grand, saillant, un peu plus court que sa demi-largeur, arqué en arrière, droit en avant. Antennes à 19 articles, le troisième plus court que le deuxième, le quatrième intermédiaire, par la longueur, entre ceux-ci, le cinquième égal au troisième.

Pronotum assez large, avec des angles antérieurs largement arrondis, quelque peu incisé en avant, faiblement échancré en arrière. Mésonotum plus largement découpé que le métanotum. Ailes assez larges. Membrane alaire couverte d'une ponctuation serrée et de poils extrêmement minces vers son extrémité. Radius court. Secteur radial pourvu, parfois, d'une branche apicale postérieure et de courts rameaux revenant en arrière. Médiane divisée en 8 branches environ, avant même d'atteindre le milieu. Cubitus pourvu de 12 à 16 ramifications, dont les 7 internes sont plus épaisses que les autres.

Longueur, ailes comprises	26^{mm}	à 27^{mm}
Longueur, sans les ailes	10^{mm}	à 12^{mm}
Longueur de l'aile antérieure	22^{mm}	à 24^{mm}
Longueur de la tête	2^{mm} 47	
Largeur de la tête	2^{mm} 28	
Largeur du pronotum	2^{mm} 13	
Longueur du pronotum	1^{mm} 06	

Soldat. Tête brun clair, jaune en avant. Antennes brunes aux extrémités. Mandibules brunes. Corps jaune blanchâtre. Pilosité de la tête très rare. Tergites abdominaux revêtus de poils assez serrés.

Tête ovale, rétrécie en avant, peu bombée. Fontanelle invisible. Clypeobasal court. Labre ovale recouvrant la moitié des mandibules rapprochées. Mandibules assez courtes, et relativement puissantes, arquées. Mandibule gauche portant, à sa base, quelques crans faibles. Antennes à 16 articles, le troisième à peine égal à la moitié du deuxième, le quatrième encore plus court que le troisième. Pronotum entier en avant, un peu échancré en arrière.

Longueur du corps	4^{mm}
Longueur de la tête avec les mandibules....	1^{mm} 63
Longueur de la tête sans les mandibules ..	1^{mm} 14
Largeur de la tête	0^{mm} 95
Largeur du pronotum	0^{mm} 73

Grand ouvrier. Tête brun-clair, jaune en avant. Antennes brunâtre clair. Corps blanchâtre, laissant apercevoir le contenu intestinal, par transparence. Pilosité de la tête faible, celle des tergites abdominaux plus épaisse.

Tête quadrangulaire, arrondie. Tache oculaires présentes. Front nettement déprimé en avant. Clypeobasal plus court que sa demi-largeur, légèrement saillant. Antennes à 17 articles, le troisième égal à la moitié du deuxième, le quatrième un peu plus long que le deuxième. Pronotum légèrement incisé en avant.

Longueur du corps	4^{mm}	à 4^{mm} 5
Largeur de la tête	1^{mm} 25	
Largeur du pronotum	0^{mm} 63	

Petit ouvrier. De couleur plus claire. Tête arrondie, plutôt pentagonale. Antennes à 17 articles, le troisième très court et égal au quatrième. Pronotum non échancré en avant.

Longueur du corps	3^{mm}	à 3^{mm} 5
Largeur de la tête	0^{mm} 8	
Largeur du pronotum	0^{mm} 46	

Genre **Hamitermes** SILVESTRI.

On le définit ainsi :

Imago. De petite taille, le plus souvent de couleur foncée. Tête circulaire ou largement ovale, assez épaisse, peu bombée. Yeux composés assez petits, saillants. Ocelles moyens, séparés des yeux composés par une distance, au plus, égale à leur diamètre. Fontanelle au milieu de la tête ou en arrière, habituellement très caractérisée. Clypeobasal souvent plus clair que le front, presque aussi long que sa demi-largeur et fortement bombé, ou bien beaucoup plus court et aplati. Dans le premier cas, il est fortement convexe en arrière et droit en avant; dans le second, il est limité par une droite en avant et en arrière. Les angles antérieurs de la bande frontale embrassent, sur les côtés, le clypeobasal. Condyles mandibulaires très petits. Clypeoapical bien développé. Labre plus large que long, sans bandes chitineuses. Mandibule gauche pourvue d'une grosse partie molaire, qui fait fortement saillie en dehors du bord masticateur. Antennes habituellement à 15 articles, le troisième plus court que les voisins. Pronotum plus long que sa demi-largeur, droit antérieurement, souvent presque demi-circulaire en arrière, habituellement de la même teinte foncée que la tête. Méso et métanotum habituellement larges postérieurement, faiblement échancrés, avec des lobes postérieurs arrondis, ou bien longuement étirés en arrière, étroits, profondément échancrés, avec des lobes aigus. Écailles alaires antérieures un peu plus longues que les postérieures. Membrane alaire extrêmement finement et densément aiguillonnée et, de plus, finement poilue. Médiane de l'aile antérieure partant de l'écaille, celle de l'aile postérieure du secteur radial. La médiane s'approche graduellement, dans son parcours, du cubitus. Tibias antérieurs avec 2 ou 3 aiguillons apicaux. Cerci courts. Styli absents.

Soldat. Tête habituellement rétrécie antérieurement, en forme d'œuf ou de boule, parfois plus large que longue. Fontanelle quelquefois déplacée vers l'avant. Glande frontale le plus souvent très grande. Clypeobasal simple, aussi long au milieu que sur les côtés, ou bien bilobé, extrêmement court au milieu. Dans le premier cas, le clypeoapical est en forme de croissant; dans le second, il est muni d'un prolongement qui s'avance entre les lobes du clypeobasal. Labre ovale, à pointe mousse. Mandibules habituellement étroites, en forme de sabre, courbes, avec une grande partie basale. Bord externe de la base, fortement arqué. Bord interne pourvu, presque au milieu, d'une dent habituellement aiguë, dirigée en avant, en dedans ou en arrière. Antennes de 13 à 17 articles, habituellement 15. Pronotum plus étroit que la tête, en forme de selle. Tibias antérieurs, avec 2 ou 3 aiguillons apicaux, les suivants en ont 2 seulement. Cerci courts. Styli extrêmement rudimentaires ou absents.

Ouvrier. Tête ovale large, plus ou moins claire, rarement foncée. Clypeus habituellement aussi long que sa demi-largeur, fortement saillant, rarement court et plat. Première dent des mandibules souvent un peu plus grande que la deuxième ; troisième dent petite ou nulle. Base de la mandibule munie d'une partie molaire grande, saillante. Antennes de 13 à 18 articles. Pronotum habituellement petit. Cerci courts. Styli extrêmement rudimentaires ou nuls.

HOLMGREN divise ce genre en six-sous genres, qui sont :

EUHAMITERMES	DREPANOTERMES	SYNHAMITERMES
MONODONTERMES	HAMITERMES s. str.	GLOBITERMES

Le sous-genre *Globitermes* est caractérisé par le fait que l'imago possède un clypeus petit, beaucoup plus court que sa demi-largeur, plat.

Le soldat montre une tête rétrécie en avant, plus ou moins bombée, jaune, plus large que longue. Antennes, au plus, de 15 articles. Mandibules longues, très fortement recourbées, munies de dents recourbées en arrière. Clypeus simple. Submentum plus ou moins fortement boursouflé en avant du milieu. Corps blanchâtre. Petites espèces.

J'ai trouvé très fréquemment, en Annam, Cochinchine, Cambodge le *Globitermes annamensis* DESNEUX. Il se rapproche beaucoup de *Globitermes sulphureus* HAVILAND. Je donne donc la description de ce dernier ; on pourra voir ensuite les caractères spécifiques de G. *annamensis*.

Imago. Brun foncé. Clypeobasal, antennes, une zone en forme de T sur les pro, méso et métanotum, plus clairs ainsi que la face inférieure du corps. Sternites abdominaux largement teintés de jaunâtre au milieu. Tibias un peu plus foncés que le haut de la cuisse. Ailes foncées.

Revêtement pileux moyennement serré. Membrane alaire portant des poils assez rares.

Tête largement ovale, rétrécie en avant. Yeux médiocrement développés, quelque peu proéminents. Ocelles séparés des yeux par une distance à peine égale à leur demi-diamètre. Fontanelle nette, claire, prolongée par une fente. Clypeobasal nettement plus court que sa demi-largeur, mais pas très court, faiblement convexe en arrière, faiblement concave en avant, fortement saillant, avec une ligne médiane. Antennes à 15 articles, le troisième très court, le quatrième à peu près aussi long que le second.

Pronotum plus long que sa demi-largeur, droit en avant, les angles antérieurs à peu près droits, arrondi en arrière, échancré au milieu. Mésonotum plus largement échancré que le métanotum. Écailles alaires antérieures nettement plus grandes que les postérieures. Médiane très rapprochée du cubitus, avec 2 ou 3 rameaux apicaux et de courtes branches antérieures se détachant de toute la longueur. Cubitus émettant 10 à 13 branches, dont quelques-unes fourchues.

Longueur avec les ailes	12^{mm}
Longueur sans les ailes	6^{mm}
Longueur de l'aile antérieure	9^{mm} 5
Longueur de la tête	1^{mm} 37
Largeur de la tête	1^{mm} 18
Largeur du pronotum	0^{mm} 99
Longueur du pronotum	0^{mm} 65

Soldat. Tête jaune brunâtre mandibules brunes. Corps variant du blanc jaunâtre au jaune rougeâtre. Soies éparses sur la tête, tergites de l'abdomen revêtus de poils assez serrés.

Tête circulaire, fortement bombée, à peu près aussi large que longue. Fontanelle très réduite, accompagnée d'une plaque frontale. Clypeobasal médiocrement court, plat. Labre plus long que large, avec une pointe arrondie. Mandibules longues, étroites, droites jusqu'à leur moitié, ensuite fortement courbées, pourvues, au premier tiers, d'une dent dirigée en arrière. Antennes à 14 articles, le deuxième aussi long que le troisième et le quatrième réunis. Submentum semblant « soufflé » au milieu.

Pronotum en forme de selle, faiblement échancré au milieu du bord antérieur. Réservoirs des glandes salivaires très grands.

Longueur du corps	....	$4^{mm}5$ à 5^{mm}
Longueur de la tête avec les mandibules		$1^{mm}82$
Longueur de la tête sans les mandibules		$1^{mm}03$
Largeur de la tête	....	$0^{mm}99$
Largeur du pronotum	....	$0^{mm}76$

Ouvrier. Tête jaune, corps blanchâtre. Tête finement poilue, revêtement pileux plus serré sur les tergites abdominaux. Tête carrée, (tendance vers la forme pentagonale), arrondie. Fontanelle au milieu de la tête. Bande frontale déprimée en avant. Clypeobasal un peu plus court que sa demi-largeur, fortement bombé. Antennes à 14 articles ; le deuxième aussi long que le troisième et le quatrième réunis. Pronotum très peu ou pas échancré.

Longueur du corps	....	$4^{mm}5$
Largeur de la tête	....	1^{mm}
Largeur de l'abdomen	....	$0^{mm}61$

Voici maintenant les caractéristiques de l'*Hamitermes annamensis* DESNEUX :

Soldat. Différent de *H. sulphureus* par la structure des antennes. Le deuxième article est à peu près aussi long que le troisième. Pronotum faiblement échancré en avant.

Longueur du corps	....	$5^{mm}5$
Longueur de la tête avec les mandibules		$1^{mm}9$
Longueur de la tête sans les mandibules		$1^{mm}1$
Largeur de la tête	....	$1^{mm}06$
Largeur du pronotum	....	$0^{mm}8$

Ouvrier. A peine différent de *H. sulphureus*. Pronotum, cependant, plus large.

Longueur du corps	....	5^{mm}
Largeur de la tête	....	$1^{mm}1$
Largeur du pronotum	....	$0^{mm}76$

Genre **Mirotermes** WASMANN.

En voici la définition :

Imago. Tête largement ovale, rétrécie en avant. Yeux souvent proéminents, de taille variable. Ocelles variables en position, à bord interne souvent relevé. Fontanelle le plus souvent prolongée en forme de fente.

Clypeobasal à peu près aussi long que sa demi-largeur ou plus court, le plus souvent faiblement bombé, dépassant les condyles mandibulaires, fortement convexe en arrière, droit ou faiblement concave en avant. Front souvent muni d'un champ frontal triangulaire. Mandibules avec une grande dent à l'extrémité. Antennes de 14 à 17 articles ; le troisième habituellement plus court que le deuxième.

Pronotum, le plus souvent, semi-lunaire. Méso et métanotum plus ou moins échancrés en arrière, munis de deux courts appendices. Membrane alaire ponctuée de fins aiguillons, de couleur foncée. La médiane s'approche du cubitus dans son parcours. Tibias antérieurs à 3 aiguillons apicaux, les médians et postérieurs avec 2 seulement. Styli absents. Femelles munies de trichomes à exsudat le long des côtés de l'abdomen.

Soldat. Tête plus ou moins cylindrique, plus ou moins déprimée en avant. Fontanelle grande, couverte de poils, placée verticalement sur la partie déprimée de la tête, au-dessous d'une ride ou d'un éperon frontal plus ou moins fortement développé. Labre plus ou moins en forme de gouttière, bilobé, ou bien muni d'angles antérieurs saillants. Mandibules variables en taille et en forme, parfois un peu asymétriques, souvent allongées en forme de bâtonnet, servant d'appuis pour le saut. La partie basale seule des mandibules est dentée. En plus de la dent basale, variable, il peut y avoir, à gauche, 1 ou 2 petites dents. Antennes à 14 ou 15 articles. Pronotum en forme de selle. Tibias antérieurs munis de 3 aiguillons apicaux, médians et postérieurs avec 2 seulement. Pas de styli.

Ouvrier. Blanchâtre, parfois avec une tête jaunâtre. Tête assez petite, souvent pentagonale arrondie. Clypeobasal grand, arrondi.

Dent extrême des mandibules grande. Antennes de 14 à 15 articles. Pronotum fortement ensellé. Pas de styli.

HOLMGREN reconnaît dans ce genre, en se basant sur la forme du soldat, six sous-genres :

CUBITERMES	MIROTERMES s. str.	SPINITERMES
BASIDENTITERMES	PROTOCAPRITERMES	TUBERCULITERMES

Le sous-genre *Mirotermes* s. str. possède un soldat dont le labre est faiblement bifide, avec les pointes des angles antérieurs souvent accentuées. Mandibule gauche avec une partie basale étirée en forme de dent, et, en plus, habituellement, une petite dent. Saillie frontale grande, bombée ou pointue. Fontanelle nette, placée sous la saillie, invisible par en dessus.

J'ai rencontré le *Mirotermes comis* HAVILAND

Voici sa description.

Imago. Tête châtain clair. Clypeus variant d'une teinte plus claire au jaune rouille. Corps en général brun jaunâtre clair. Face inférieure jaune rouille. Ailes jaunâtres avec des veines brunes.

Revêtement pileux assez serré. Ailes ponctuées d'une façon serrée, portant des poils épars.

Tête ovale, rétrécie en avant. Fontanelle en forme de fente, au milieu de la tête. Yeux composés grands, plats. Ocelles petits, presque au contact des yeux. Clypeobasal grand, aussi long que sa demi-largeur, fortement saillant. Première dent de la mandibule très grande. Antennes assez fortes, à 15 articles, le troisième de même taille que les voisins, le deuxième, aussi long que le quatrième, mais un peu plus étroit.

Pronotum demi-circulaire, non échancré en arrière. Mésonotum plus largement échancré que le métanotum, l'échancrure des deux étant, d'ailleurs, faible. Ailes antérieures un peu plus longues que les postérieures. Médiane simple ou fourchue. Cubitus pourvu de 12 à 14 rameaux simples.

Longueur du corps, avec les ailes.....	8^{mm}
Longueur du corps, sans les ailes.....	4^{mm} 3
Longueur de l'aile antérieure	6^{mm} 5 à 7^{mm}

Longueur de la tête .... 0^{mm} 99
Largeur de la tête .... 0^{mm} 87
Largeur du pronotum .... 0^{mm} 72
Longueur du pronotum .... 0^{mm} 38

Reine : Longue d'environ 18 millimètres. Côtés faiblement pigmentés.

Soldat. Tête jaune, mandibules variant du brun au noir. Corps blanchâtre. Pilosité de la tête peu dense, concentrée sur la corne frontale. Abdomen revêtu de poils courts et minces.

Tête cylindrique dont la partie antérieure est étirée vers l'avant, en forme de corne frontale assez aiguë ; profil de la tête légèrement déprimé en avant du milieu. Pointe de la corne frontale un peu relevée ; bord antérieur de celle-ci un peu convexe. Fontanelle disposée transversalement en-dessous de la corne frontale, entourée de soies. Glande frontale occupant toute la partie basale de la corne frontale qui présente des indications de saillies latérales. Les cavités où sont insérées les antennes sont grandes, leur bord antérieur fort, formant une saillie mousse, de couleur brune. Clypeobasal très petit. Labre blanc, dirigé en haut, profondément incisé en avant, présentant de longues saillies antérieures aiguës. Mandibules en forme de bâtonnets, courbées vers le bas, la pointe étant faiblement tournée vers le dedans. Antennes puissantes à 14 articles, le troisième étant plus court que le deuxième, mais plus long que le quatrième.

Pronotum en forme de selle, pas échancré en avant.

Longueur du corps .... 4^{mm} 5 à 5^{mm}
Longueur de la tête avec les mandibules 3^{mm} 08
Longueur de la tête sans les mandibules 1^{mm} 67
Largeur de la tête .... 0^{mm} 96
Largeur du pronotum .... 0^{mm} 61

Ouvrier. Tête jaunâtre. Corps blanchâtre, laissant apparaître le contenu intestinal, par transparence. Poils peu serrés, courts.

Tête petite, pentagonale, faiblement ovale. Fontanelle réduite.

Clypeobasal légèrement plus court que sa demi-largeur, fortement saillant. Antennes à 14 articles, le deuxième aussi long que le troisième et le quatrième réunis, le cinquième un peu plus court que le second. Pronotum non échancré en avant.

Longueur du corps	3^{mm} 7
Largeur de la tête	0^{mm} 72
Largeur du pronotum	0^{mm} 46

J'ai trouvé aussi, à Saigon, le *Mirotermes laticornis* HAVILAND. HOLMGREN lui consacre les lignes suivantes :

Imago. Inconnu.

Couple royal néoténique. Corps brun jaunâtre, luisant. Revêtement pileux très peu dense sur la tête, plus serré sur le corps où il est formé de poils courts.

Tête largement ovale. Fontanelle petite, ovale allongée. Yeux composés, grands, peu saillants. Ocelles presque au contact des yeux. Clypeobasal aussi long que sa demi-largeur, saillant. Antennes à 15 articles, le deuxième étant un peu plus long que le troisième, ce dernier à peu près aussi long que le quatrième, mais plus étroit. Pronotum demi-circulaire, non échancré en arrière.

Longueur du corps du mâle	5^{mm} 5
Longueur du corps de la femelle.............	10^{mm}
Largeur de la tête	1^{mm} 06
Largeur du pronotum	0^{mm} 87
Longueur du pronotum	0^{mm} 49

Soldat. Tête jaune, mandibules brun foncé, corps blanchâtre. Saillie frontale et tergites abdominaux revêtus de poils rares, les derniers sont courts.

Tête cylindrique, atteignant, en largeur, sa demi-longueur. Dépression de la tête, en arrière de la saillie frontale, à peine visible. Corne frontale courte et large dont le bord antérieur est droit. Tubercules latéraux, à peine indiqués. Fontanelle entourée d'une couronne de soies. Labre plus long que large, blanc, étiré en avant, en deux pointes latérales. Mandibules un peu plus courtes que la tête, en

forme de baguettes, avec une pointe un peu rentrante. Antennes
à 14 articles, le second aussi long que le troisième, le quatrième
un peu plus court. Pronotum non échancré en avant.

Longueur du corps .... 6^{mm} 5 à 7^{mm}
Longueur de la tête avec les mandibules 3^{mm} 42
Longueur de la tête sans les mandibules 2^{mm} 28
Largeur de la tête .... 1^{mm} 1
Largeur du pronotum .... 0^{mm} 65

Ouvrier. Tête jaunâtre. Corps blanc jaunâtre, laissant apercevoir
le contenu intestinal par transparence.

Poils courts, assez rares.

Tête largement ovale. Fontanelle médiane. Clypeobasal à peu
près aussi long que sa demi-largeur, saillant. Antennes à 14 articles,
le deuxième aussi long que le troisième et le quatrième réunis.
Pronotum non échancré en avant.

Longueur du corps .... 3^{mm} 5 à 4^{mm}
Largeur de la tête .... 0^{mm} 87
Largeur du pronotum .... 0^{mm} 53

Genre **Eutermes** Fr. Müller.

Imago. Tête plus ou moins largement ovale, parfois circulaire.
habituellement rétrécie en avant. Fontanelle au milieu de la tête.
Ocelles variables en taille et position. Yeux composés très variables.
Clypeobasal de longueur égale à sa demi-largeur ou beaucoup plus
court. Lèvre supérieure de largeur maxima en son milieu. Mandibules du type *Eutermes* ; première dent habituellement aussi
longue que la deuxième. Antennes de 14 à 18 articles. Pronotum
très faiblement ensellé, habituellement plus étroit que la tête. Méso
et métanotum plus ou moins largement échancrés en arrière. Écailles
alaires à peu près égales. Ailes plus ou moins foncées, jamais complétement hyalines. Le radius fait défaut. La médiane s'approche
beaucoup du cubitus dans son parcours. Toutes les veines sont
nettes, mais spécialement les rameaux internes du cubitus et les

veines du bord marginal antérieur. Cerci courts. Styli absents. Tibias avec deux aiguillons apicaux. Côtés de l'abdomen de la femelle toujours pourvus de trichomes à exsudat.

Soldat. De la forme « nasutus ». Mandibules avec une partie molaire relativement bien développée, les parties apicale et moyenne réduites, habituellement, à un très petit rudiment pointu ou manquant complètement. Il existe, parfois, une dent médiane rudimentaire. Pronotum toujours en forme de selle. Cerci présents, pas de styli. Pattes de longueur variable. Tibias avec deux aiguillons apicaux.

Ouvrier. Tête largement ovale, ou pentagonale arrondie, relativement plate. Fontanelle au milieu de la tête, plus ou moins nette. Yeux rudimentaires, au plus présents sous forme de taches claires. Clypeobasal, au plus, aussi long que sa demi-largeur. Mandibules du type *Eutermes*, première dent rarement plus longue que la deuxième. Antennes de 12 à 16 articles, habituellement 14 ou 15. Pronotum en forme de selle. Cerci, styli et pattes, en général comme chez les soldats.

Holmgren à distingué dans ce genre, de nombreux sous-genres. Nous retiendrons seulement, la division suivante.

Imago.

a) Clypeus, en général, bien plus court que sa demi largeur, le plus souvent de couleur claire. Articles antennaires non allongés. Première dent de la mandibule gauche à peu près aussi longue que la deuxième.　　　　Ss. G. Eutermes s. str.

b) Clypeus plus court que sa demi-largeur, fortement bombé, ovale, transversal, jaune clair.

Première dent de la mandibule aussi longue que la deuxième. Antennes à articles relativement allongés, 15 à 16 segments. Pronotum clair. Grandes espèces　　　Ss. G. Trinervitermes.

c) Clypeus plus court que sa demi-largeur, seulement très peu plus clair que le front, ou de même teinte. Front déprimé en triangle derrière le clypeus. Espèces foncées, à ailes sombres.

Troisième article antennaire un peu plus long que le second. Fontanelle réduite, fissiforme.　　　Ss. G. Lacessititermes.

Soldat.

A) En général, une seule classe de soldats. Antennes le plus souvent peu longues. Tête très rarement serrée comme par un fil, en arrière des antennes. Profil du front le plus souvent droit, ou présentant une petite concavité à la base du rostre. Rudiment pointu de la mandibule, le plus souvent conservé ; partie basale sans dents, partie apicale quelquefois munie d'une dent médiane. Clypeobasal de l'ouvrier beaucoup plus court que sa demi-largeur.

Ss. G. EUTERMES s. str.

B) En général, 2 ou 3 formes de soldats. Lorsqu'une seule est présente, la tête est plus ou moins fortement déprimée ou resserrée, comme par un lien, en arrière de la base des antennes et les pattes sont longues. « Rostre » le plus souvent cylindrique. Clypeobasal de l'ouvrier aussi long que sa demi-largeur, ou bien plus court. Antennes presque toujours allongées, composées d'articles allongés eux-mêmes. Couleur de la tête le plus souvent foncée.

a) Mandibules sans partie pointue. Deux ou rarement trois formes de soldats. Tête du grand soldat largement ovale ou circulaire ; celle du petit plus longitudinalement ovale. Clypeobasal de l'ouvrier un peu plus court que sa demi-largeur.

Ss. G. TRINERVITERMES.

aa) Mandibules munies d'une partie pointue. Clypeobasal de l'ouvrier beaucoup plus court que sa demi-largeur. Soldats le plus souvent de couleur foncée, toujours à longues pattes. Dépression de la tête très peu marquée, toujours nette cependant. Tête souvent resserrée comme par un lien. Antennes toujours longues. Rostre conique relativement étroit. Antennes à 14 articles, le troisième plus court que le quatrième.

Ss. G. LACESSITITERMES.

J'ai rencontré très fréquemment et longuement étudié l'*Eutermes matangensis* HAVILAND variété *matangensioides* HOLMGREN qui a déjà été signalé à Sarawak (Bornéo). Voici ses caractères :

Imago. Tête châtain, clypeobasal et partie antérieure de la bande frontale, jaune de rouille. Pro, méso et métanotum jaune de rouille, faiblement teinté de brun. Abdomen brun en dessus, clair au milieu de la face inférieure, brun clair sur les côtés. Corps jaune rouille par ailleurs, ailes jaunâtres. Tête couverte de poils serrés et dressés. Pilosité dense sur les tergites abdominaux. Ailes portant quelques poils courts, seulement dans la moitié externe.

Tête largement ovale, rétrécie vers l'avant. Yeux à facettes grands, fortement bombés. Ocelles très grands, très peu éloignés des yeux. Fontanelle en forme de fente, autour de laquelle le front est légèrement déprimé. Clypeobasal très court, relativement plat. Antennes à 15 articles, le troisième très peu plus long que le deuxième qui est plus long que le quatrième.

Pronotum trapézoïdal, très peu incisé en arrière. Méso et métanotum élargis postérieurement, faiblement, mais largement, échancrés en arrière. Médiane simple ou pourvue de quelques courts rameaux apicaux. Il existe de courtes branches antérieures de cette veine dans le champ subcostal. Cubitus avec environ 12 branches.

Longueur avec les ailes	15^{mm}	à 16^{mm}
Longueur sans les ailes	9^{mm}	
Longueur de l'aile antérieure ..	13^{mm}	
Longueur de la tête	1^{mm} 79	
Largeur de la tête	1^{mm} 63 à	1^{mm} 67
Largeur du pronotum	1^{mm} 33 à	1^{mm} 37
Longueur du pronotum	0^{mm} 77	

Soldat. Tête jaune brun. Tergites abdominaux brun de rouille. Corps variant, par ailleurs, du jaune paille au jaune rouille. Tête et tergites abdominaux dépourvus de poils.

Tête épaisse, paraissant, vue d'en dessus, transversalement ovale, avec un rostre court, large, conique. Antennes à 13 articles relativement courts, le troisième presque double du second en longueur, le quatrième un peu plus court que le deuxième. Pronotum en forme de selle, légèrement incisé en avant.

Longueur du corps	4^{mm}	à 4^{mm} 5
Longueur de la tête, avec le rostre .	1^{mm} 9 à	1^{mm} 98

Longueur de la tête, sans le rostre. 1^{mm} 03
Largeur de la tête .... 1^{mm} 33
Largeur du pronotum .... 0^{mm} 68

Ouvrier. Plaques chitineuses de la tête brun jaune. Bande frontale jaune rouille teinté de brun. Clypeobasal de la même teinte. Tergites abdominaux brun de rouille clair. Reste du corps jaune rouille.

Tête courte, revêtue d'une pilosité très rare, portant quelques soies. Tergites abdominaux à pilosité très rare, courte.

Tête quadrangulaire-ovale, arrondie. Sutures céphaliques bien visibles. Fontanelle ovale, allongée longitudinalement. Bande frontale, déprimée antérieurement. Clypeobasal plus court que sa demi-largeur, mais pas très court. Antennes à 14 articles, le troisième beaucoup plus long que le deuxième, auquel est égal le quatrième.

Pronotum en forme de selle, large et long, très nettement incisé en avant.

Longueur du corps .... 5^{mm} à 6^{mm}
Largeur de la tête .... 1^{mm} 44
Largeur du pronotum .... 0^{mm} 91

J'ai encore trouvé, en Indochine, deux nouvelles espèces du genre *Eutermes*, dont voici une brève diagnose, en attendant la description par l'auteur.

Eutermes (Trinervitermes) disparatus SILVESTRI.

Imago. Inconnu.

. Grand soldat. Tête brun rouge ; base du rostre foncée, l'extrémité brun rouge. Pro, méso, métanotum brunâtres, marqués d'une raie longitudinale médiane claire. Tergites abdominaux jaune brunâtre ; sternites incolores, transparents. Flancs blanchâtres, pattes et antennes brunâtre clair.

Pilosité rare, soies éparses. On en trouve une certaine quantité assez rapprochées, sur la partie terminale du rostre ; d'autres, plus rares, sont implantées sur les parties médiane et basale et l'épicrane. Parmi ces dernières, on distingue quelques paires, un peu plus grandes que les autres. Il y en a une bien nette, à la base du rostre ; une autre paire, en arrière de la précédente, est formée de deux soies plus rapprochées de la ligne médiane. Deux autres paires, encore plus postérieures, sont plus écartées. Le submentum porte une paire de grandes soies insérées près de l'articulation basale de la deuxième paire de mâchoires. Le bord postérieur des tergites abdominaux porte quelques petits poils ; il y a une assez grande soie de chaque côté de la ligne médiane.

Tête presque circulaire, avec un rostre presque cylindrique, plutôt court, n'atteignant pas, à beaucoup près, la longueur du reste de la tête. Le profil de raccord du front au rostre forme une lente concavité. Antennes à 12 articles ; le deuxième et le quatrième égaux, le troisième est double du deuxième et paraît résulter de la soudure de deux segments primitivement distincts.

Pronotum fortement ensellé, entier en avant et en arrière.

Longueur du corps (thorax et abdomen).....	2^{mm} 48
Longueur de la tête avec le rostre..........	1^{mm} 72
Longueur de la tête sans le rostre	1^{mm} 27
Largeur de la tête	1^{mm} 07
Largeur du pronotum	0^{mm} 51

Petit soldat. Couleur et pilosité comme chez le grand soldat. La tête est souvent plus foncée, atteignant la couleur des marrons d'Inde frais. Les soies sont plus rares sur la tête, on n'observe plus que les paires principales.

Tête ovale, allongée dans le sens du corps. Le rostre ne se raccorde pas au front par un profil continu, mais il y a, au milieu de ce profil, une lente saillie dont le sommet paraît marqué par la paire de soies de la base du rostre. Antennes à 12 articles, le deuxième court, le troisième étroit et assez long, le quatrième sensiblement aussi long que le troisième et plus épais.

Longueur du corps (tête et abdomen).......	2^{mm} 02
Longueur de la tête, avec le rostre..........	1^{mm} 15
Longueur de la tête sans le rostre	0^{mm} 84
Largeur de la tête	0^{mm} 55
Largeur du pronotum	0^{mm} 36

Ouvrier. Dessus de la tête brun clair. La suture en Y est très large et paraît blanchâtre, ainsi que les côtés de la tête, le clypeus, le labre, les antennes, les pattes. Pro, méso, métanotum faiblement chitinisés, les parties centrales restant blanchâtres. Le pronotum paraît ainsi marqué d'une croix claire. Une tache blanchâtre à l'extrémité de chaque tergite abdominal. Sternites hyalins, transparents, flancs blanchâtres.

L'insecte est assez fortement poilu. Tête, clypeus, labre, couverts de soies éparses, pas très longues, assez serrées. Sur le labre, une paire dépasse les autres. Submentum portant, à son extrémité antérieure, une paire de soies. Les pièces de la deuxième paire de mâchoires sont revêtues de poils courts, assez serrés ; l'insecte paraît barbu. Sternites et tergites abdominaux couverts de poils courts assez serrés. De plus, les uns et les autres portent une assez forte soie au bord postérieur, de chaque côté de la ligne médiane.

Tête subpentagonale, allongée. Suture en Y large, fontanelle peu nette. Clypeobasal un peu plus court que sa demi-largeur, fortement saillant. Antennes à 15 articles, le troisième et le quatrième mal séparés. Ils sont égaux et plus courts que le deuxième.

Pronotum extrêmement ensellé, légèrement incisé en avant et en arrière.

Longueur du corps (tête et abdomen)........ 3^{mm} 32
Longueur de la tête .... 1^{mm} 12
Largeur du pronotum .... 0^{mm} 66

L'autre espèce nouvelle est l'*Eutermes (Lacessititermes) cuphus* SILVESTRI.

Imago. Inconnu.

Soldat. Tête brun rouge. Pattes et antennes jaune brunâtre clair. Pro, méso, métanotum brun assez foncé. Tergites abdominaux brun assez foncé, les sternites plus clairs. Flancs blanchâtres. Les pro, méso, métanotum, le premier tergite, portent une ligne médiane, blanche, étroite.

Pilosité très rare. 4 soies courtes à l'extrémité du rostre, entourant l'orifice glandulaire. Une paire de soies occipitales encadrant la partie centrale du sac sécréteur, visible par transparence. Le bord postérieur des tergites abdominaux porte quelques rares soies, devenant plus nombreuses à mesure qu'on va vers l'arrière de l'animal. Le bord postérieur des sternites est un peu plus garni.

La tête est légèrement serrée, comme par un lien, en arrière des antennes. Si on la regarde par en dessus, on aperçoit, dans cette dépression, en arrière des antennes, une légère saillie. La chitine de celle-ci est d'aspect granuleux et souvent plus claire ; c'est un rudiment d'œil composé. En se plaçant dans la direction du rostre, on peut apercevoir un nerf qui s'y rend. Antennes très longues, plus longues que le corps, à 14 articles. Le deuxième est relativement court, le troisième aussi long que le premier, le quatrième plus long. La liaison du troisième au quatrième segment paraît plus étroite que les autres. Mandibules munies d'une assez longue partie pointue, faisant saillie, de chaque côté, comme une petite défense et, vue par en dessus, dépassant nettement le labre en longueur. La partie basale de cette pointe est presque cylindrique, la partie terminale est aiguë ; le tout rappelle assez bien, par ses proportions, un crayon taillé.

Pronotum non incisé, à peine échancré en avant et en arrière.

Longueur du corps (thorax et abdomen)..... $3^{mm} 05$
Longueur de la tête, avec le rostre.......... $1^{mm} 88$
Longueur de la tête, sans le rostre........... $1^{mm} 29$
Largeur de la tête .... $1^{mm} 07$
Largeur du pronotum .... $0^{mm} 58$

Ouvrier. Tête brun rouge assez foncé, passant au brun rouge clair sur les bords et au brun jaunâtre en dessous des antennes, sur le clypeoapical, le labre, la base des mandibules. Antennes et pattes de la même couleur. Pro, méso, métanotum, tergites abdominaux brun assez foncé. Sternites abdominaux plus clairs, flancs blanchâtres.

Pilosité très peu développée, quelques soies au bord postérieur des tergites abdominaux.

Tête de forme subpentagonale. Suture en Y très étroite, de couleur blanchâtre ; les deux branches transversales forment entre elles un angle très ouvert et sont presque perpendiculaires à la branche longitudinale. Dans chacun de ces angles droits, on observe une soie. Il y en a, de chaque côté, une autre, plus latérale et à la même distance de la branche transversale de la suture ; on en trouve une troisième en arrière, près du bord occipital de la tête, à la même distance de la suture longitudinale. Ceci fait, de chaque côté, trois soies disposées en triangle rectangle. Clypeobasal fortement saillant ; chacun de ses deux tubercules porte une soie, presque à son sommet, un peu latéralement. Labre portant quelques soies ; il y en a 4 plus fortes : 2 près de la base, 2 assez près de l'extrémité. En arrière de l'insertion des antennes on peut observer des traces d'yeux, sous forme de petites zones blanchâtres, saillantes, à chitine mince. Antennes à 15 articles, le deuxième court, le troisième long, le quatrième presque pas plus grand que le troisième, le cinquième plus grand.

Thorax étroit. Les pro, méso, métanotum, le premier tergite abdominal portent, au milieu, une étroite ligne blanchâtre qui paraît continuer, postérieurement, la suture en Y.

Longueur du corps (thorax et abdomen).....	4^{mm} 00
Longueur de la tête	1^{mm} 69
Largeur de la tête	1^{mm} 35
Largeur du pronotum	0^{mm} 82

Genre **Microcerotermes** Wasmann. Il est ainsi défini.

Imago. Tête plus ou moins allongée, ovale, à bords parallèles. Yeux composés relativement petits, placés sur les bords latéraux de la tête. Ocelles petits, plus ou moins fortement éloignés des yeux. Fontanelle souvent insignifiante. Clypeobasal en forme d'arc, profondément enfoncé dans la bande frontale, pas plus bombé que le front, à bord antérieur droit. Mandibules relativement courtes et larges. Le profil interne de la denture est à peu près celui des *Leucotermes*, la première dent est égale à la seconde. Antennes de 13 à 14 articles, le troisième plus court que le deuxième.

Pronotum relativement petit, beaucoup plus étroit que la tête.

Mésonotum plus large, en arrière, que le métanotum, plus largement
et plus profondément échancré. Écailles alaires antérieures un peu
plus longues que les postérieures. La médiane se rapproche quelque
peu du cubitus dans son cours. Membrane alaire hyaline ou de couleur foncée, ponctuée. Styli souvent présents chez le mâle. Tibias
antérieurs munis de 3 aiguillons apicaux.

Soldat. Tête rectangulaire assez épaisse, tronquée en avant. Fontanelle située un peu en arrière de la partie tronquée du front,
petite. Clypeobasal emboîté dans la bande frontale, fortement concave en arrière, droit en avant. Labre en forme de langue plus ou
moins large, pointu ou tronqué. Mandibule concave du côté externe
de la base ; partie basale variable, mais la dent basale est toujours
petite. Bord interne irrégulièrement denté. Antennes de 12 à 13 articles. Pronotum en forme de selle. Rudiments de styli présents.

Ouvrier. Tête ovale. Clypeobasal long, fortement saillant, faiblement mais nettement rebordé en avant. Mandibules comme chez
l'imago. Antennes de 13 ou 14 articles. Pronotum en forme de selle.
Rudiments de styli présents.

Le *Microcerotermes Bugnioni* HOLMGREN est assez commun.
Voici sa description :

Imago. De couleur brun foncé. Écailles alaires, méso et métanotum
plus clairs, ainsi que la face inférieure. Les quatre premiers sternites
abdominaux sont blanchâtres. Tibias légèrement teintés de brun.
Ailes foncées, revêtues de poils courts et fins. Membrane alaire ponctuée de taches foncées, portant des poils minces.

Tête ovale, plus longue que large, épaisse, avec des côtés presque
parallèles. Yeux composés petits, proéminents. Ocelles assez petits
mais non punctiformes, séparés des yeux par une distance très légèrement inférieure à leur diamètre transverse. Fontanelle réduite.
Clypeobasal grand, presque triangulaire en arrière, droit en avant,
un peu saillant. Antennes à 14 articles, le troisième étant très petit.

Pronotum petit, droit en avant, les angles antérieurs émoussés,
les bords latéraux fortement convergents, le bord postérieur relativement court, très légèrement échancré au milieu. Mésonotum nettement incisé, le métanotum seulement très faiblement. Écailles alaires antérieures nettement plus longues que les postérieures, mais

n'atteignant pas la base de ces dernières. La médiane de l'aile antérieure nait de l'écaille et s'approche plus, dans son cours, du cubitus
que du secteur radial. Elle est simple ou fourchue, quelquefois
munie de 3 branches. Cubitus pourvu de 8 ou 9 rameaux dont
la plupart sont divisés ; 6 ou 7 branches internes épaisses.

Longueur, ailes comprises	7^{mm} 50
Longueur, sans les ailes	4^{mm}
Longueur des ailes antérieures	5^{mm} 5 à 6^{mm}
Longueur de la tête	0^{mm} 93
Largeur de la tête	0^{mm} 86
Largeur du pronotum	0^{mm} 67
Longueur du pronotum	0^{mm} 44

Soldat. Tête jaune, légèrement brunie en avant. Mandibules brun
rouge. Corps blanc jaunâtre. Tête portant des poils très rares. Tergites abdominaux revêtus de poils serrés.

Tête cylindrique, légèrement aplatie, tronquée en avant. Fontanelle extrêmement réduite. Yeux composés visibles sous forme de
taches brunâtres faiblement marquées. Clypeus arqué en arrière,
droit en avant. Labre court, arrondi, aussi long que large. Mandibules fortement concaves à la base du côté extérieur, puissantes,
relativement courtes. Bord interne garni de dents visibles seulement
au microscope. Antennes à 13 articles, le deuxième double du troisième, le quatrième plus long que le troisième et égal au cinquième ;
les suivants devenant graduellement légèrement plus longs.

Pronotum en forme de selle, assez large, non incisé en avant.

Longueur du corps	5^{mm}
Longueur de la tête, mandibules comprises..	2^{mm} 25
Longueur de la tête sans les mandibules	1^{mm} 63
Largeur de la tête	0^{mm} 92
Largeur du pronotum	0^{mm} 61

Ouvrier. Tête jaunâtre, corps blanc. Pilosité rare sur la tête,
beaucoup plus dense sur les tergites abdominaux.

Tête quadrangulaire arrondie, un peu plus longue que large, épaisse.

Sutures céphaliques nettes. Fontanelle réduite. Yeux pigmentés, petits. Clypeobasal plus long que sa demi-largeur, droit en avant, fortement convexe en arrière, légèrement saillant. Labre fortement incliné. Antennes à 13 articles, le second dépassant, en longueur, le double du troisième, le quatrième nettement plus long que le troisième. Pronotum très faiblement incisé en avant.

Longueur du corps	....	3^{mm} à $3^{mm}5$
Largeur de la tête	....	$0^{mm}72$ à $0^{mm}84$
Largeur du pronotum	....	$0^{mm}46$

DEUXIÈME PARTIE

OBSERVATION SUR LES MŒURS DES TERMITES INDO-CHINOIS, LEURS HABITATIONS, LEURS MOYENS DE DÉFENSE, ETC.

Calotermes (Cryptotermes) domesticus, Haviland.

Cette forme a été signalée à Singapour, àSarawak, à Bangkok ; j'ai pu l'examiner à loisir à Saigon, le 23 septembre 1922. Elle avait envahi des rayonnages en bois de Dau *Dipterocarpus alatus*, Roxb. existant dans une des rares caves de la ville. Les planches apparaissaient piquées de nombreux trous circulaires, d'environ un millimètre de diamètre, qui laissaient échapper une poussière fine de crottes sèches, régulières, ellipsoïdes, semblables à du vermoulu. Des galeries closes, construites en terre, en forme de tubes aplatis, reliaient les divers points d'attaque. En fendant les pièces de bois entamées, on les trouves vidées de leur substance, les faces extérieures subsistant seules, sous l'épaisseur d'une feuille de papier un peu fort. L'intérieur contient une quantité considérable de crottes sèches. La destruction du bois continue par les bords de cette cavité ; les termites rongent ceux-ci en laissant subsister des sortes de piliers, orientés dans le fil du bois, qui disparaissent eux-mêmes peu à peu. Les parties moins détériorées sont creusées de cavités non confluentes ; enfin, loin de la zone centrale où se tiennent les termites, on trouve, partant de celle-ci, des galeries individuelles d'environ un millimètre de diamètre, cylindriques, tout à fait semblables à celles que pourrait creuser une petite larve de coléoptère. Ces insectes, ne montrent, comme il est dit précédemment, que des soldats et des sexués ; il n'y a pas d'ouvriers. Tous ont, à l'état adulte, des yeux composés.

Si on les observe vivants, les catégories et les stades divers étant mélangés, ils rappellent une éclosion d'asticots. Ce sont des insectes allongés, à chitine pâle et brillante, à mouvements lents. Leur couleur, due surtout à leur contenu intestinal, vu par transparence, est celle du bois très clair.

Les ailes sont visibles, à l'état de moignons, au mésothorax, dès que les nymphes ont acquis 12 segments aux antennes. Elles se présentent alors, sous formes d'expansions angulaires du mésonotum ; elles possèdent déjà une indication de nervure. Lorsque les antennes montrent 13 articles, on peut reconnaître, sous le même aspect, les ailes métathoraciques ; on voit aussi apparaître les premiers quadrillages de la chitine encore incolore, aux points où se formeront les yeux composés.

Ces termites vivent par groupes de quelques centaines, rassemblés autour du couple progéniteur qui ne se distingue de ses descendants que par une chitinisation un peu plus avancée, l'amputation des ailes et des articles antennaires terminaux. Il ne montre pas de tendance à la physogastrie qui est la règle chez les *Isoptères*. Les colonies familiales se tiennent à proximité les unes des autres ; on peut en récolter plusieurs dans une planche assez grosse, fortement attaquée.

Cette espèce cause, en Cochinchine, beaucoup de dommages aux meubles de bois ordinaire et aux poutres, qu'elle attaque spécialement par les parties en contact avec la maçonnerie ; elle paraît aussi très fréquente au Tonkin. Elle se reconnaît facilement à sa façon de travailler le bois et à la présence de la poussière formée par ses crottes. Toutes les autres espèces que j'ai rencontrées jusqu'ici en Indochine, émettent des excréments pâteux.

Leucotermes (Reticulitermes) Magdalenæ. Silvestri.

J'ai rencontré cette espèce, inconnue jusqu'ici, à Chapa, dans les montagnes de la frontière tonkino-chinoises, à 1400 mètresd'altitude.

Elle avait creusé ses galeries dans une souche d'arbre coupé à environ un mètre de hauteur, laquelle paraissait en partie encore vivante. Il subsistait, à l'intérieur, des sortes de piliers encore imbibés de sève ; on y trouvait aussi quelques cloisons en « carton de bois ». Les parois des cavités apparaissaient, en maints endroits, couvertes d'un mycélium blanc qui portait, directement sur le bois, de nombreuses petites sphères blanches semblables extérieurement aux « mycotêtes » que l'on trouve sur les meules des termites dits champignonistes. Cependant la structure histologique de ces deux sortes de formations n'est pas comparable ; elles ne sont pas équivalentes.

Coptotermes ceylonicus. Holmgren.

Il était très abondant dans une maison située à Chutt, près de Nhatrang, dont il détruisait la charpente et les planchers. Je n'ai pas observé la partie centrale du nid qui me parut installé dans les cavités des poutres les plus attaquées. Des galeries descendaient à terre : elles servaient de chemin couvert aux insectes allant humer l'humidité du sol. Elles étaient faites de terre et de particules minérales empruntées aux matériaux de la construction.

Comme toutes les autres espèces du même genre, ces termites se défendaient contre leurs ennemis, au moyen de la sécrétion blanchâtre, laiteuse, produite par la glande frontale hypertrophique du soldat, glande pourvue d'un large orifice céphalique. A la moindre alerte, on voit les guerriers sortir en masse de la partie de termitière attaquée, décrire à partir de leur point d'irruption, des trajectoires circulaires vaguement concentriques et sans cesse élargies. Allant et venant ainsi, ils ne laissent inexplorée aucune zone de terrain et doivent obligatoirement rencontrer l'ennemi s'il se tient au contact du support de la région lésée. En même temps, ils font sourdre par leur pore frontal, une grosse goutte de liquide qu'ils sont prêts à déposer sur l'envahisseur. S'ils ne trouvent pas d'adversaire, cette sécrétion est résorbée. Abandonnée à l'air, ou coagulée par un réactif chimique comme sont tous les fixateurs, elle se transforme en une masse d'aspect gommeux, insoluble dans l'eau et tout à fait semblable à du caoutchouc. C'est un puissant moyen de défense : les *Coptotermes* paraissent peu redouter les autres insectes et, en particulier, les fourmis.

J'ai pu observer la même espèce à Hanoï. Elle était abondante dans les planches d'un poulailler, établi au voisinage d'une maison d'habitation. Elle avait aussi envahi la construction principale au moyen de longues galeries, partant du sol et creusées d'une manière invisible, dans l'épaisseur du mortier revêtant les briques, du côté intérieur du mur. Cet animal est très capable de traverser les mortiers de chaux les plus durs. J'ai pu voir qu'il passait à l'intérieur même des briques, par des interstices qu'il avait au moins régularisés et agrandis à sa taille : il agit donc de la même façon que *Coptotermes formosanus* HOLMGREN espèce d'ailleurs voisine, qui cause, à Formose, les pires dégats. Il avait, ainsi, atteint le plancher et le plafond du premier étage de la maison qui menaçaient ruine : on se trouvait forcé de les renouveler. Plusieurs écroulements ont été causés, à Hanoï, par ce termite qui nuit gravement aux charpentes.

Il édifie à l'intérieur des cavités qu'il creuse dans le bois, des sortes de réseaux, faits au moyen de ses déjections et qui ressemblent un peu à des éponges, ou à certains Coralliaires voisins des Gorgones. Ces constructions sont appuyées à de minces piliers réservés dans la matière ligneuse; ils sont analogues, par leur forme, aux « meules à champignons » des termites supérieurs. Cependant, ils ne sont pas faits de la même matière et sont toujours secs et exempts de mycéliums. Les termitologues appellent souvent « carton de bois » la masse constituée par l'accumulation des excréments des *Isoptères*.

Coptotermes curvignathus. HOLMGREN.

Cette espèce a été trouvée à Singapour, à Sarawak et en Birmanie. On me l'a apportée de Bencat (Cochinchine), où elle dévastait une plantation d'Hévéas. Les ouvriers perçaient l'écorce de l'arbre, sans être arrêtés par l'abondante exsudation de latex qu'ils provoquaient, puis s'attaquaient au jeune bois de la tige et de la racine principale, amenant ainsi la mort de la plante. La plantation où prospéraient ces termites, n'avait pas été dessouchée lors de son établissement ; les racines mortes subsistant dans le sol, constituaient un excellent milieu de culture pour toutes sortes d'insectes nuisibles qui s'attaquaient ensuite aux plantes cultivées. Dans des cas semblables, la première chose à faire est, évidemment, de débarrasser le terrain de tous les bois morts pouvant servir de lieu de retraite et de reproduction à de nombreux parasites.

Rhinotermes (Schedorhinotermes) malaccensis. HOLMGREN.

Cette espèce a été rencontrée à Malacca. Je l'ai trouvée à Saigon, même ; on me l'a envoyée de Cana en Annam.

Dans la première localité, elle était fréquente dans un chantier de construction, où elle partageait l'exploitation des bois de rebut avec *Eutermes malangensis* et *Hamitermes annamensis*. J'ai pu observer le nid, installé dans la cavité d'une grosse poutre, presque complétement remplie de cloisons d'un carton de bois très fin, assez résistant, qui englobait, de distance en distance, de petit grains de quartz d'environ 3 millimètres de diamètre. Il y avait, avec les neutres, des nymphes qui m'ont paru au dernier stade avant l'état adulte ; elles montraient 20 articles aux antennes.

Termes (Macrotermes) gilvus. HAGEN.

Macrotermes gilvus est, par le nombre, le volume de ses constructions, le roi des termites de la Cochinchine, et, je pense, de la moitié méridionale de l'Annam. Il me parait manquer au Tonkin. Dans la région de Saigon, toutes les grandes termitières que j'ai remarquées lui appartenaient. Il en est de même, en Annam, dans la région intérieure de Nhatrang.

La fréquence de ses habitations est en rapport avec la quantité de matières alimentaires qu'il trouve à sa disposition. A Saigon même, la surface de l'ancienne citadelle, limitée par les rues Chasseloup-Laubat, Rousseau, Richaud, de Massiges, en contenait une trentaine, soit environ deux par hectare. Ce terrain est ras, couvert d'herbe, avec, de distance en distance, un arbre isolé. Il y subsiste. aussi de notables portions de la double allée de manguiers qui bordait les remparts du roi Tuduc. Les conditions sont à peu près les mêmes dans les plantations d'hévéas de la région de Nhatrang, autant, du moins, qu'on n'a pas fait disparaître systématiquement les termitières.

Dans la région de Bienhoa où la grande forêt cochinchinoise est très luxuriante, je crois, bien que je n'aie pu vérifier le fait, que le *Macrotermes gilvus* est encore plus abondant. J'ai pu voir, de la ligne du chemin de fer, des surfaces très étendues, où sont réparties, avec des distances entre elles de 10 à 15 mètres, des constructions identiques par leur forme, à celles de cette espèce ; dans le sud du Cambodge, je l'ai rencontré moins fréquemment qu'*Odontotermes Horni* ou même l'énorme *Macrotermes carbonarius*. Procédons à une étude détaillée.

Aspect et accroissement de la termitière.

Elle est plutôt basse, atteignant communément 0^m 80 de hauteur. La base est irrégulière, le contour sur le sol est, en général, ovale, avec, comme dimensions, 2 à 3 mètres sur 1 à 2 mètres. Certaines sont beaucoup plus hautes, allant jusqu'à 1^m 50 de hauteur (fig. 1 pl. II et fig. 1 pl. IX). Il s'agit, sans doute là, d'édifices plus anciens ; il me semble que ceux qui s'élèvent sur des souches d'arbres morts, gagnent plus vite en hauteur. L'aspect général est subconique, irrégulièrement mamelonné. Les adjonctions successives sont longtemps visibles, sous forme de masses hémisphériques, saillantes, mais très inégalement, eu égard à l'empiètement de ces masses les unes sur les autres ; la sphère supposée complète, pourrait avoir environ 40 centimètres de diamètre. La terre qui les compose semble battue en mortier ; elle est nue ; seules, les vieilles termitières sont envahies par la végétation. Ces masses s'organisent très rapidement. Au lendemain d'un jour de pluie, dans la saison humide, on voit fréquemment de ces volumes d'accroissement, dont rien n'existait la veille, qui tranchent sur sur le reste de la maçonnerie, par un teinte plus foncée due à une

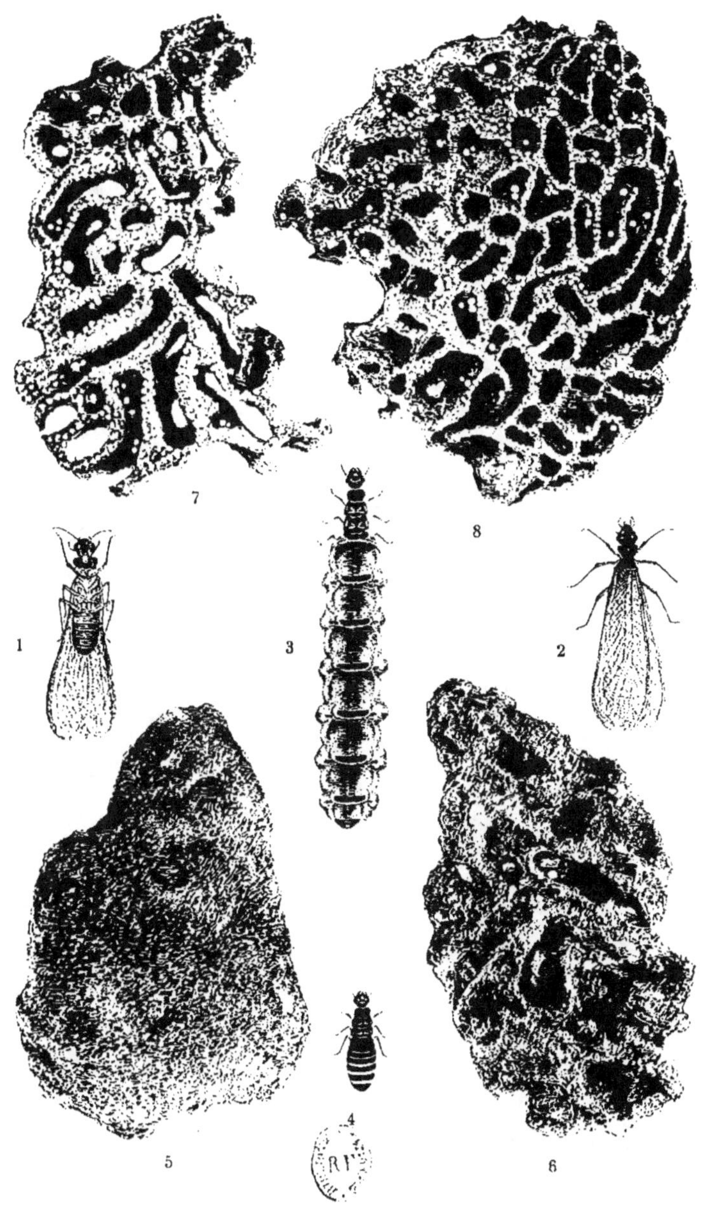

1 et 2. Sexués adultes de *Macrotermes gilvus*. Vue en dessous et en dessus. — 3. « Reine »
adulte de *Macrotermes gilvus*. — 4. « Roi » adulte de *Macrotermes gilvus*. — 5. Fragment d'une adjonction récente de termitière de *Macrotermes gilvus*, montrant la
croûte continue externe. — 6. Même échantillon montrant la structure alvéolaire
interne. — 7. Petite meule jeune de *Macrotermes gilvus*, montrant les « mycotètes ».
— 8. Meule plus âgée de la même espèce.
NOTA : Toutes les figures de cette planche sont de grandeur naturelle.

plus grande humidité. Si l'on examine alors l'un d'eux, on s'aperçoit qu'il est formé d'une mince pellicule de terre recouvrant une structure réticulaire, analogue à une éponge. La paroi n'a donc pas de résistance à cet endroit. Mais, en quelques jours, les ouvriers aveuglent les cavités de cette éponge avec de la terre mastiquée, et le « mur » de la termitière se trouve constitué avec son épaisseur et sa solidité normales. Ce procédé a déjà été décrit en détail par Escherich. Les figures 5 et 6 de la planche 1 représentent un petit morceau d'adjonction récente, vu extérieurement et intérieurement. — La seconde montre les alvéoles primitives, non encore remplies de terre.

La termitière sort initialement du sol sous la forme d'un de ces mamelons. L'une d'elles apparut le 5 mai dans le jardin d'essai du Laboratoire ; en une vingtaine de jours, elle atteignit un volume d'environ 30 décimètres cubes. Je l'étudiai alors : elle avait déjà une abondante population et de nombreuses « meules à champignons » réparties dans les chambres souterraines. Il est donc hors de doute que, chez cette espèce comme chez beaucoup d'autres, le premier développement des colonies s'accomplit sous le sol. Celles-ci ne se manifestent au dehors, que lorsqu'elles ont acquis une certaine puissance.

Mur. — La termitière est protégée contre les attaques venant de l'extérieur par l'épaisseur de sa paroi, (Fig. 1 et Pl. II fig. 2). Celle-ci atteint, en moyenne, 20 à 30 centimètres et constitue un véritable mur très résistant. Construit par les ouvriers au moyen de terre argileuse fine, imbibée de salive, transportée dans leur gueule et disposée au moyen de leurs mandibules, il est percé, par endroits, de très petits conduits disposés en un réseau compliqué : ainsi, l'intérieur de la termitière est mis en rapport avec l'extérieur, par des ouvertures que les soldats peuvent facilement défendre. La solidité du mur du nid de *Macrotermes gilvus*, permet de l'employer comme four de campagne. Si les indigènes, étant dans la brousse, ont à faire rôtir une pièce de gibier, ils ouvrent un de ces édifices, en extraient la cellule royale et les cloisons, ménageant ainsi un large espace sous le mur. Ceci constitue une cavité à voûte surbaissée, fort propre à l'usage auquel ils la destinent.

Chambres à parois minces. — Le mur est doublé intérieurement par une couche de chambres à parois argileuses minces, renfermant les « meules à champignons » sur lesquelles nous reviendrons. Elles ont des formes irrégulières, compliquées, et communiquent entre elles par des passages étroits. Elles sont munies de piliers, de rampes, supportant les meules. Elles peuvent mesurer, en moyenne, 12 centimètres de long sur 6 à 10 de large. Les meules y sont très adaptées par leur forme, les remplissent presque, mais ne touchent pas les parois. Les cloisons séparant ces chambres ont 3 à 4 millimètres d'épaisseur. La partie centrale de la construction est occupée par une quantité de loges semblables, mais plus petites, vides, et dont les parois sont encore plus minces et cassantes ; un coup de pic lancé dans la masse en brise beaucoup.

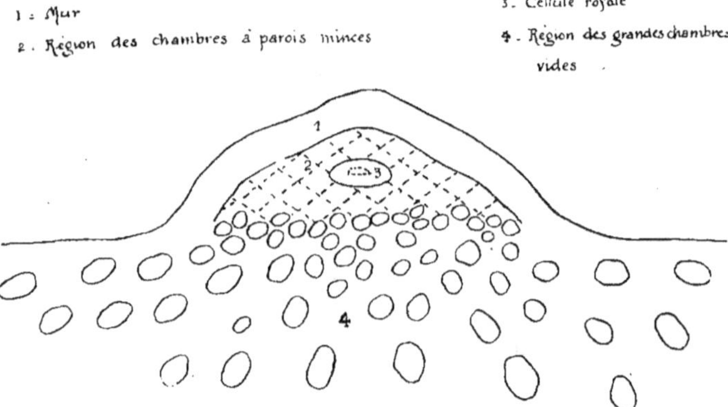

FIG. 1 — Schéma de l'organisation d'une termitière de *Macrotermes gilvus*.

Amande centrale. — Au milieu de celles-ci, à une faible hauteur au-dessus du niveau du sol, se trouve une sorte d'amande de terre fine et très dure (fig. 2 pl. II). Elle a une forme ovale, aplatie verticalement, et mesure, environ, 16 centimètres, dans sa plus grande largeur sur 28 dans sa plus grande longueur. Cette amande forme bloc : elle n'est creusée que de cavités ou de couloirs aplatis, relativement bas et étroits qui se trouvent, ainsi, avoir une épaisseur de paroi considérable ; les cloisons des chambres à parois minces se raccordent à sa masse. La communication entre l'intérieur de l'amande et les autres parties de l'habitation ne peut se faire que par des canaux très étroits. En cas d'attaque par les fourmis, à la suite de la destruction accidentelle du mur, les soldats défendent autant que possible, les chambres à champignons. Mais s'ils sont forcés de céder du terrain, ils ont une forteresse solide dans l'amande centrale. En effet, la méthode de combat des fourmis est la suivante : elles attaquent les défenseurs en grand nombre, par derrière, et leur mordent l'abdomen. Si les soldats, qui ne peuvent absolument pas se retourner pour protéger leur partie vulnérable, faiblement chitinisée, peuvent l'enfoncer dans un conduit étroit, ils présentent leurs pinces à l'orifice et cisaillent tout ce qui passe à portée. Les gros soldats ont des mandibules courtes, larges, tranchantes, assez fortes pour entamer la peau calleuse de l'intérieur des mains de l'homme et y faire apparaître le sang.

J'assistai, un jour, à une de ces bataille. J'avais ouvert un nid de *Macrotermes gilvus*, fait une large brèche dans le mur et détruit une notable quantité de « jardins de champignons ». Il était plus de dix heures du matin et le soleil était déjà très haut. Les soldats, gros et petits, étaient sortis par la brèche et faisaient des croisières de quelques décimètres devant celle-ci. Bientôt, les fourmis du voisinage s'aperçurent de ce qui s'était passé, et une espèce de *Pheidologeton* très commune partit à l'assaut de la termitière dévastée. Elles envahirent le tas de débris que j'avais accumulé : en un instant, tout y fut en leur pouvoir. Elles enlevèrent les larves qui gisaient çà et là, les ouvriers et les petites productions mycéliennes connues sous le nom de mycotêtes. Les soldats de garde combattaient vaillamment. Ils se précipitaient sur une des fourmis qui les entouraient et la maintenait serrée dans leurs pinces. Mais ils étaient immédiatement saisis par une nuée d'ennemis qui, les tenaillant au ventre, s'accrochaient à eux et ne lâchaient pas prise, malgré leurs sauts et contractions suivis de détentes brusques. Empoisonnés, sans doute, par les morsures des fourmis, ils retombaient paralysés puis mouraient.

Cependant, depuis longtemps déjà, les ouvriers travaillaient avec ardeur sur la surface de section de la termitière. Ils recouvraient, en hâte, les meules à champignons d'une couche de terre mastiquée, tout en ménageant dans celle-ci, de distance en distance, de petites ouvertures. Dans chacune d'elles, on voyait aussitôt apparaître les cisailles noires et les antennes vibrantes, tendues en avant, d'un soldat. En d'autres endroits, les ouvriers, peut-être pressés par le temps, abandonnaient les meules à champignons et se bornaient à boucher les étroits passages conduisant des alvéoles de ceux-ci à l'intérieur du nid. Bientôt, les fourmis se répandirent sur ce qu'on pourrait appeler la « blessure » de l'édifice. Des renforts leur arrivaient constamment, sous forme d'une colonne dont l'extrémité se perdait dans la prairie environnante et dont la largeur variait de 2 à 3 centimètres. Elles traînaient avec elles ces énormes neutres, longs d'environ 2 centimètres, très fortement chitinisés, munis de puissantes mandibules, qui leur servent, selon le cas, de bouchers ou de machines de guerre. Ces sortes de monstres cheminaient dans la masse des fourmis ordinaires, à distance régulière et semblaient des « chars d'assaut » dans une colonne d'infanterie. Mais cette redoutable formation rencontrait sur toute la surface en réparation des guerriers vigilants et bien protégés. A l'approche de l'ennemi, leurs antennes dirigées en avant, devenaient plus rigides, plus vibrantes ; les muscles fléchisseurs de leur cou, tétanisés, faisaient frapper rapidement leur tête sur le sol en produisant le bruit d'alarme observé chez beaucoup de termites. Dès qu'une fourmi passait à portée, ils s'élançaient sur elle, les mandibules ouvertes, lui envoyaient un coup de cisaille, puis, reculant aussitôt, reprenaient leur faction à l'entrée de l'orifice qu'ils étaient chargés de défendre. Un de ces combattants occupait, avec d'autres, l'ouverture d'une galerie de plusieurs centimètres, aveuglée hâtivement par une mince pellicule de terre. Les fourmis envahissant cette région, amenaient avec elles une des « machines de guerre » dont j'ai parlé plus haut ; elle était deux fois plus grosse que son adversaire. Celui-ci, bondissant sur elle, la coupa net en deux tronçons, comme aurait pu le faire un ciseau à disséquer. Les deux débris, encore agités de mouvements, glissant le long de la pente, tombèrent au pied de la termitière. Percevant l'inutilité de leur tentative, les fourmis se retirèrent enfin.

On connaît maintenant le mode de combat des *Macrotermes* et l'on comprend que l'amande centrale de leur nid constitue pour eux, un véritable donjon. En fait, nous trouvons que lorsqu'elle subsiste, même si la termitière est largement ouverte, les brèches en seront réparées. Cela tient à ce qu'alors, la reine est conservée et continue à peupler la communauté. Les ouvriers reprennent le travail, aveuglent les surfaces de section et ce qui reste sert, ensuite, de point-de départ à un nouveau développement de la colonie.

Dans l'amande centrale est creusée la cellule royale, habitation · du couple progéniteur, (fig. 3 pl. 11). Celle-ci a un plan ovale et mesure environ 12 centimètres sur 8. Elle possède un sol légèrement déclive vers le centre et une voûte surbaissée dont la hauteur maxima est de 15 millimètres environ. La ligne de raccord avec la surface inférieure figure une ellipse approximative. Sur cette ligne s'ouvrent une vingtaine de conduits de faible diamètre, rayonnant dans toutes les directions et par où les termites ont accès dans la cellule royale. Le couple royal y est prisonnier : cela ressort de ses dimensions. (fig. 3 et 4 pl. 1) La reine est comprimée par les parois dès qu'elle n'occupe pas le milieu du logement.

Elle pond continuellement des œufs qui sont transportés par les ouvriers, dans les chambres creusées dans l'amande centrale ; la fig. 3 pl. 11 en montre quelques-unes. Puis ils sont emportés sur les jardins à champignons où a lieu l'éclosion.

Les chambres vides. — Au-dessous des chambres contenant les meules, on en trouve d'assez semblables mais vides. Celles qui touchent de plus près aux premières, renferment souvent des débris ligneux d'environ un millimètre, taillés et accumulés là par les termites.

A mesure qu'on s'enfonce dans le sol, on passe des loges nettement édifiées, à celles qui sont seulement creusées. La transition des unes aux autres est graduelle, mais les chambres construites semblent cesser avec les cavités contenant des débris ligneux. En dessous et même bien en dehors du plan de la termitière, se trouvent de grandes cavités (20 centimètres de diamètre et plus) reliées les unes aux autres par de larges couloirs (10 centimètres de diamètre). D'abord rapprochées, elles s'espacent à mesure qu'on s'enfonce et qu'on s'éloigne. On passe ainsi, peu à peu, à la terre compacte. On peut trouver des chambres et de larges canaux, jusqu'à plus de 80 centimètres au-dessous du niveau du sol et 1 mètre en dehors du périmètre du nid. Puis les conduits deviennent plus petits, se ramifient et se perdent dans la terre.

La paroi des cavités et des canaux inférieurs a ceci de particulier qu'elle est toujours plus humide que le reste de l'édifice. Elle ressemble à de l'argile déposée qui prend consistance par le retrait de l'eau. Je crois que c'est à ce système qu'il faut rapporter une particularité des constructions de ce genre : elles sont irremplissables. PETCH a essayé de noyer des habitations d'*Odontotermes Redemanni* en y déversant, par un trou fait au mur, 8 mètres cubes d'eau en deux heures. Il ne réussit pas à mouiller les chambres à meules et, après l'opération, il trouva la termitière sensiblement intacte. Je crois que le liquide gagnait le système des grandes cavités inférieures et des canaux. Là, à cause de la division et de l'importance de l'ensemble, il se trouvait en contact avec une large étendue de terrain qui l'absorbait instantanément. Toutes proportions gardées, il y a ici, une augmentation de la surface de contact entre le liquide et le sol, qui est comparable à l'augmentation de la surface de contact entre l'air et le sang, dans notre arbre pulmonaire.

Ceci n'est pas une pure hypothèse ; j'ai eu l'occasion d'observer un fait qui me paraît bien venir à l'appui de ce que j'avance. Le 2 février 1923, je démolis un nid de *Macrotermes gilvus*, situé dans la plantation d'hévéas de l'Institut Pasteur de Nhatrang, à Suidau. Il était élevé au flanc d'une pente assez vive et appuyé à un gros bloc arrondi de pegmatite (fig. 2). Il était parfaitement normal. Au-dessous des chambres à meules, il y avait des chambres à débris ligneux, puis de grandes cavités vides en communication avec quelques canaux simples, de section normale. Ceux-ci ne s'écartaient pas en rayonnant dans la terre, mais, restant à peu près parallèles, ils gagnaient obliquement la surface inférieure du bloc de roche. C'était là un chemin tout indiqué pour un drainage ; l'eau glissant entre la pierre et le sol sous-jacent, arrivait ensuite à la surface de la pente et coulait librement au dehors. Je crois que le réseau des grandes cavités et galeries inférieures de la termitière sert à l'évacuation de l'eau et à son absorption par la terre et qu'ici, il était modifié pour atteindre le même but, mais en s'adaptant aux circonstances particulières.

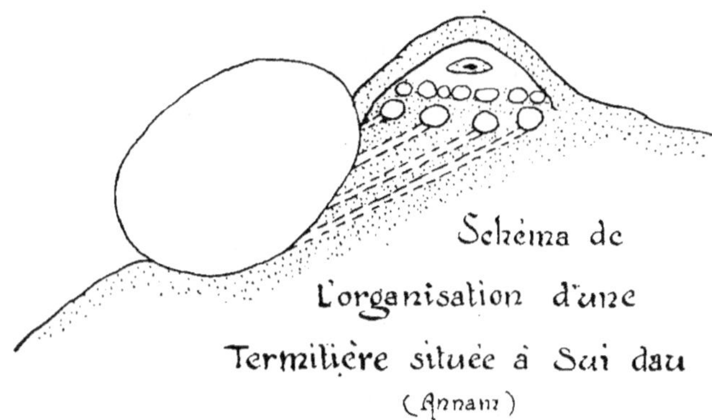

Fig. 2.

Ce système sert aussi de chemin aux termites qui vont chercher leur nourriture. Il est sans cesse parcouru par des insectes qui forment parfois des files serrées. Par les ramifications des conduits, ils vont au contact des débris végétaux qu'ils utilisent. Certaines branches mènent à la surface du sol ; ce sont celles qui partent des chambres les plus externes et les plus superficielles. Les termites peuvent sortir par là pour aller récolter les fragments de graminées qu'ils emmagasinent.

Enfin, tout au long des larges canaux, les ouvriers et soldats abandonnent les matières de rebut de la colonie : insectes morts, ennemis tués aux orifices de la termitière (fourmis en particulier), débris végétaux inutilisables. On y trouve aussi leurs excréments sous forme de petits amas de substance brun-sépia.

La structure générale de la termitière est schématisée par la figure 1. Les photographies 1 et 2 de la planche II donnent une idée de la façon dont les choses se présentent. L'image supérieure représente une termitière intacte ; on voit qu'elle est assez basse et allongée. L'outil qui y est appuyé est une pelle-bêche de l'armée (outil de campagne individuel). La photographie inférieure repré-

sente une coupe du même nid. On distingue nettement, sous le mur,
les meules à champignons en place dans leurs alvéoles. Le centre.
est occupé par des cellules à parois minces dépourvues de meules;
au milieu de celles-ci est l'amande centrale qui, faisant saillie, est
plus éclairée. En dessous se trouve le système des grandes chambres et des larges canaux. L'outil placé dans le champ visuel donne
l'échelle : c'est un grand pic à roc, modèle du génie militaire.

Nous pouvons aborder, à présent, l'étude des « meules » sur lesquelles les termites « cultivent » les champignons Nous savons
déjà où elles sont placées. Leurs dimensions sont en rapport avec
celles des chambres, dont elles reproduisent exactement la forme.
Elles peuvent atteindre une douzaine de centimètres de long sur
environ sept de large. Le plus souvent elles sont plus petites. Leur
épaisseur varie beaucoup ; les jeunes ne sont pas hautes et ressemblent à une grille. Les plus âgées ont environ cinq centimètres et
demi d'épaisseur ; elles sont d'un jaune ocre clair en dessous, brunâtre en dessus. Le contour général est une demi-ellipsoïde aplati.
Les fig. 7 et 8 de la planche I reproduisent des meules à champignons,
l'échantillon du bas est plus jeune. Elles sont faites d'une substance
homogène, qui ressemble par sa couleur et ses autres caractères, à
du bois extrêmement mastiqué, accumulé par petites quantités, à un
état encore fluide. Chaque petit apport élémentaire forme, en se
solidifiant, une sorte d'ellipsoïde aplati, d'environ un millimètre
de diamètre. L'architecture générale est représentée par une série
de cloisons irrégulièrement enchevêtrées ; les angles des conduits
grossiers qu'elles délimitent sont arrondis. Ceux-ci sont quelque peu
pyramidaux, allant en s'évasant de la base de la meule à son som-
ment. L'aspect rappelle une éponge ou certains polypiers. La surface
présente une « fleur » analogue à celle des pastels ou des fruits. C'est
un reflet particulier, dû à la présence d'un très fin velours de filaments mycéliens, résoluble seulement par l'emploi d'une forte loupe.
De distance en distance, elles présentent de petites sphères blanches
de moins de 1 millimètre de diamètre, formées par un faux-tissu
mycélien. C'est ce qu'on appelle les « mycotêtes ».

On peut voir, par la comparaison des figures des planches I et III,
que les meules de chaque espèce de termite, présentent une physio-

nomie particulière qui permet de les reconnaître, au. moins approximativement. Les meules de *Macrotermes malaccensis* ressemblent à celles de *Macrotermes gilvus* (fig. 3 pl. I), mais le grain en est plus gros, elles sont plus massives, plus épaisses. Les cavités et les cloisons y ont de plus grandes dimensions. Celles de *Macrotermes carbonarius* sont beaucoup plus grandes et la matière fondamentale y paraît disposée en lames anastomosées plutôt qu'en un réseau polygonal. Les meules de *Microtermes incertoides* (fig. 2 pl. IV) sont toutes petites, de grain fin, compactes et régulières, avec des cavités très réduites Les meules d'*Odontotermes* sont d'un type différent (fig. 1 pl. III) Les cloisons n'y délimitent pas des sortes de tuyaux comme dans les précédentes, mais elles reproduisent, en plus gros, la structure d'une éponge en caoutchouc ordinaire. Les meules d'*Odontotermes obscuriceps* sont les plus grosses, les plus sphériques, les plus régulières. Celles d'*Odontotermes Horni* rappellent extérieurement les constructions de *Macrotermes gilvus* ; ce sont les plus friables. Celles d'*Odontotermes hainanensis* sont très semblables à celles d'*obscuriceps*, mais sont souvent plus petites.

Nature, origine, rôle des meules à champignons ; rôle des mycotêtes.— Beaucoup d'auteurs semblent admettre que la meule des termites dits champignonnistes, est faite d'une matière excrémentielle particulière résultant de la digestion rapide de substances ligneuses. L'observation que j'ai pratiquée de ces insectes, m'a conduit à une manière de voir différente.

Les déjections de tous les termites, à la seule exception connue de moi du *Cryptotermes domesticus*, se présentent d'une façon constante. C'est une matière brun noirâtre, fluide, dont l'accumulation constitue, en séchant, un corps très cassant lorsqu'il est en minces pellicules, mais fort dur et solide lorsqu'il possède une épaisseur suffisante. Il présente alors des qualités semblables à celles de la colle forte, ou des autres matières albuminoïdes desséchées. Un bon exemple nous en est fourni par le « carton de bois » pur avec lequel *Eutermes matangensis* et *Hamitermes annamensis* édifient le centre de leur termitière. Celui-ci apparaît brun foncé, vitreux sous le binoculaire, spécialement à la cassure. Mis à tremper dans l'eau, il y diffuse une substance colorante brune. Le liquide teinté mais limpide, séparé par décantation, laissé sur des verres de montre, y abandonne, par dessiccation, un dépôt brunâtre transparent qui se montre, au microscope, formé de particules cristallines, disposées suivant les branches d'une étoile irrégulière. C'est donc là quelque-chose qui ressemble à une cristallisation. Cette étude a été faite avec du carton de bois provenant d'*Eutermes matangensis*. Si on examine des crottes fraîches de cette espèce, on constate qu'elles sont identiques, quelle que soit la caste qui les fournit. Plus claires lorsqu'elles viennent d'être déposées, elles foncent très rapidement, passant à la couleur qu'on vient d'indiquer.

La substance du carton de bois est exactement la même que celle des crottes. C'est, en dehors du colorant, un mélange de bactéries, en très grande abondance et de matières végétales extrêmement digérées. La teinture au « carmin-vert d'iode » de cette substance, préalablement débarrassée, par l'eau, de la matière colorante, m'a montré que la cellulose y prédomine de beaucoup sur la lignine. Les parois cellulaires sont réduites à un état très fragmentaire et très vague de contour. L'identité du carton de bois et des déjections des termites ne saurait être contestée ; d'ailleurs j'ai assisté à l'édification de galeries et constructions diverses par *Eutermes matangensis* et ne puis conserver aucun doute à cet égard. D'où vient la matière colorante brune de ces déjections ? On sait depuis longtemps qu'elle est sécrétée, en arrière des tubes de Malpighi, par l'intestin de l'insecte lequel est fortement dilaté. On peut très bien vérifier ce détail en examinant au binoculaire le contenu intestinal à différents niveaux. Cette sécrétion est générale, elle existe chez les termites champignonnistes comme dans les autres espèces. Or, elle manque absolument dans les diverses meules que j'ai examinées. Il me paraît donc peu vraisemblable que la substance dont l'accumulation forme les meules à champignons, ait traversé l'intestin de l'animal ; il me semble bien plus probable qu'elle est constituée par du bois simplement mâché puis dégorgé.

D'autres faits corroborent cette opinion. Il est très facile de se procurer des crottes de *Macrotermes gilvus* ; il suffit de garder quelques individus dans une boîte, pendant un certain temps. Ils évacuent des sortes de petites boulettes ovoïdes, pâteuses, semi-liquides, de couleur sépia, dont la grande dimension est, à peu près, un demi-millimètre. Ce corps, mis à dissoudre dans l'eau, y abandonne un fluide brun sépia semblable à celui qui est élaboré par *Eutermes malangensis*. Au microscope, on le trouve constitué par des débris végétaux plus petits que ceux qui forment la meule, plus triturés, plus digérés, rarement reconnaissables. On observe aussi des débris de champignons très attaqués par les sucs digestifs, et une grande quantité de bactéries. Enfin on reconnaît des cristaux produits par les tubes de Malpighi. Cette même matière, avec le même aspect extérieur et la même composition microscopique, se retrouve dans l'ampoule rectale des diverses catégories de *Macrotermes gilvus* : ouvriers, soldats, sexués ; on peut l'obtenir facilement en comprimant avec une aiguille courbe, l'abdomen des insectes maintenus sur une lame de verre. On l'observe encore tout au long des dépotoirs, dans les grands conduits inférieurs de la termitière.

Ainsi, la meule n'est pas de la matière excrémentitielle. Elle en diffère :

1º Par une trituration moins complète. Les éléments histologiques y demeurent très reconnaissables.

2º Parce qu'elle n'a pas subi de digestion : les membranes cellulaires, en particulier, apparaissent nettes comme dans une plante vivante et se sont pas brisées et corrodées comme dans le contenu intestinal.

3º Parce qu'elle ne contient pas le fluide rectal brun des termites.

Je ne puis donc admettre que la pâte constitutive de la meule ait traversé l'intestin de l'insecte et je pense qu'elle est seulement faite de substances ligneuses machées, puis rejetées.

Ne peut-on avoir d'autres renseignements sur la façon dont les termites contruisent leurs jardins de champignons. ?

Un fait me paraît particulièrement frappant : c'est qu'au voisinags immédiate des chambres à meules, on en trouve presque toujours d'absolument semblables, avec piliers, rampes de circulation, etc... Ainsi que je l'ai déjà dit, chacune d'elles contient une couche de petits fragments végétaux, disposés exactement comme le serait une meule sur une surface identique. Examinant à la loupe les éléments de cette couche, nous voyons qu'ils sont formés :

1° De petits fragments de tiges de graminées, reconnaissables à leurs nœuds et à l'absence de moëlle, d'environ 1 à 3 millimètres de long sur, au moins, 1 millimètre de diamètre.

2° De débris de feuilles d'environ un millimètre de large sur 1 à 2 de long. Ceux-ci ont des nervures parallèles saillantes et semblent également rapportables à des graminées.

3° De débris de feuilles de même dimension, mais peu déterminables. Cependant, quelques-uns sont remarquables par la présence de nervures très fortes, claires, dans un parenchyme brun épais. Or, il pousse des manguiers au voisinage des termitières dont j'ai étudié le contenu, et les feuilles sèches de cet arbre présentent un aspect et une couleur identique à ceux des débris dont je parle.

J'ai pu vérifier, par la méthode des coupes, la structure intime des feuilles de graminées. J'ai trouvé les cordons libéro-ligneux avec fibres, caractéristiques de cette famille. J'ai, aussi, comparé l'ensemble des fragments ligneux à celui de la meule délayée dans l'eau. Pour cela, j'ai amené les premiers au même état de division en les broyant légèrement dans un mortier. J'ai fait macérer ce produit dans de la liqueur de Labarraque étendue, et ai comparé à de la meule traitée de la même façon. Une longue série d'expériences m'a fait constamment trouver, de part et d'autre, les mêmes éléments histologiques. Dans les deux substances, j'ai observé les mêmes vaisseaux du bois particulièrement ponctués et réticulés, les mêmes vaisseaux cellulosiques fermés, les mêmes cellules stomatiques à contours ondulés ou plus compliqués. Je suis donc persuadé que *Macrotermes gilvus* édifie ses meules à champignons avec des débris végétaux qu'il récolte aux environs de son habitation, et accumule ensuite à la place même où ils seront élaborés et employés.

Quand se fait la récolte ? Il est certain qu'on n'aperçoit pas d'insectes de cette espèce à la surface du sol. Mais, dans des expériences prolongées de conservation en captivité de cette forme, j'ai appris que les *Macrotermes* circulent isolément, en plein jour, sous le couvert des touffes d'herbe. Ils contournent les irrégularités de terrain et marchent à demi enfouis dans le sol, pourrait-on dire, prêts à s'y cacher à la moindre alerte. Dissimulés, à la fois, par ces accidents et par la végétation, ils sont invisibles. D'ailleurs, les

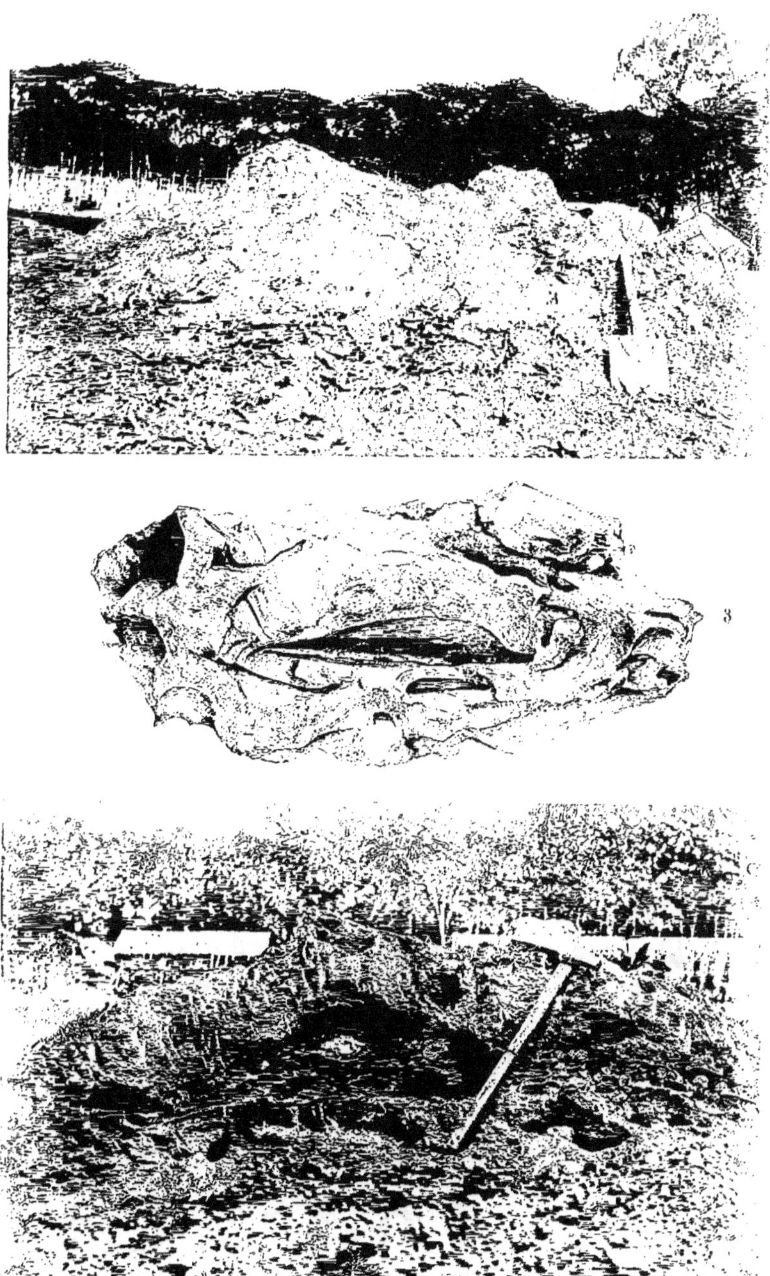

1. Une termitière de *Macrotermes gilvus*, entière. L'échelle est donnée par l'outil de campement individuel appuyé au « mur ». — 2. Coupe du même nid. Noter l'épaisseur du mur. Sous celui-ci, meules à champignons bien visibles à droite. Au milieu, loge royale se détachant, en clair, sur les chambres à parois minces. — 3. Coupe d'une loge royale de la même espèce.

IMP. CATALA FRÈRES, PARIS

environs de la termitière sont criblés de minces galeries de circulation ressemblant à celles des vers de terre. J'en ai rencontré à une distance de plus de 1ᵐ 60 du centre de la construction ; j'ai vu les termites les édifier. Ainsi, ils peuvent cheminer, à l'abri de leurs ennemis, jusque dans le gazon où ils recueillent ce qui leur convient.

Examinons, maintenant, l'utilité réelle de la meule pour les insectes. Laissons de côté, provisoirement, ce qui a trait à l'emploi du champignon qui y pousse. C'est là une notion qu'il faut serrer de près, nous y reviendrons par la suite.

On admet souvent, que la substance des meules peut servir de nourriture exclusive aux termites. Ceci ne me paraît pas exact, du moins à l'égard de *Macrotermes gilvus*, ni d'*Odontotermes hainanensis*. J'ai essayé, souvent, de garder le premier en captivité en profitant de son inaptitude à traverser la moindre étendue d'eau. Je plaçais les termites dans un large plateau, reposant sur des briques dont le pied baignait dans un bassin contenant du liquide. Je mettais de la terre à la disposition des insectes et je leur fournissais de l'humidité en imbibant périodiquement un petit bloc d'argile ou de terre cuite. Il est impossible de conserver les *Macrotermes* dans ces conditions, quel que soit le genre de bois qu'on leur donne pour se nourrir. Dans de pareilles conditions, *Eutermes matangensis* subsiste des années, développe ses formes larvaires et ronge peu à peu sa provende. Les *Macrotermes* meurent de faim au bout de quelques jours ; ils ne touchent pas à la matière ligneuse et leur intestin se vide. La partie renflée en est toujours remplie par le fluide brun habituel, dans lequel s'agite une prodigieuse quantité de bactéries. Si, au lieu de bois, on leur offre de la meule retirée de leur propre termitière, les choses se passent exactement de la même façon, quel que soit l'état frais, desséché, détérioré par les champignons de cette dernière production. Elle est légèrement entamée par le dessous, mais ce début d'utilisation cesse aussitôt. J'ai répété l'expérience bien souvent sans succès.

Par contre, on peut garder les mêmes termites vivants pendant plusieurs mois, en mettant à leur disposition une plaque de gazon assez épaisse que l'on arrose périodiquement, de façon à maintenir l'herbe en bonne santé. L'examen du tube digestif montre qu'alors ces animaux s'alimentent ; il semble que ce soit avec les feuilles mortes et altérées que l'on peut trouver à la base de chaque touffe de graminée. Jamais, dans la nature, cette forme n'attaque le bois conservant une composition voisine de la normale ; j'ai seulement observé, très rarement, quelques galeries souterraines creusées jusqu'au contact de pièces ligneuses pourries, enfouies dans le sol. Je suis donc porté à penser que les termites n'utilisent pas habituellement la substance des meules pour leur alimentation.

Cependant, elle paraît représenter pour eux, quelque chose d'agréable, de précieux même, pourrait-on dire par un audacieux anthropomorphisme. Si nous entamons le mur d'un nid de *Macrotermes gilvus*, les soldats viennent monter la garde à la brèche que les ouvriers commencent à aveugler. A proximité de cette ouverture, disposons un amas de meules broyées, provenant d'autres habitations et conservées intactes par dessiccation. Par les galeries souterraines, des équipes de travailleurs débouchent sous l'accumulation, elle est bientôt encerclée d'un mince mur d'argile qui sert de barrière contre les fourmis, puis, par les galeries, élargies pour la circonstance, la substance utile est, jusqu'au plus petit fragment, transportée à l'intérieur. Des morceaux d'herbes et feuillages bien secs, ressemblant aux débris que j'ai précédemment décrits, sont traités de la même façon ; par contre, les termites négligent toutes les parties de végétaux tant soit peu vertes ou humides.

A quoi donc sert la meule dans ces conditions ? L'observation et l'expérience vont nous éclairer et nous expliquer comment l'habitude d'en édifier a pu se développer chez les termites.

Si l'on ouvre avec précaution une habitation de *Macrotermes gilvus*, il est facile de voir que les œufs, pondus sans interruption par la reine, sont, aussitôt, saisis par les ouvriers et emmagasinés quelque temps dans une des chambres vides qui avoisinent la loge royale. Ils sont ensuite repris et apportés sur les meules les plus proches, où a lieu l'éclosion. Les larves se tiennent sur ce substratum comme des moutons dans un champ, sans presque remuer. Elles affectionnent, spécialement, le séjour dans les sortes de canaux délimités par les cloisons de la meule. Jamais je ne les ai vues faire la moindre tentative sur les mycotêtes ou sur le velours mycélien. Les

ouvriers circulent constamment parmi elles, les caressent avec leurs
antennes, les lèchent en leur appliquant très exactement les parties
charnues de leur gueule, lesquelles sont très développées comme on
sait. Ils leur dégorgent aussi de la nourriture. Si on écarte les larves
de leur support, les travailleurs viennent les chercher, les saisissent
par le cou, entre leurs mandibules, et les rapportent à leur place,
à peu près comme les chats font avec leurs petits. Les insectes les
plus jeunes sont rassemblés sur les meules situées le plus profondément dans la termitière. A mesure qu'on examine des meules
prises de plus en plus près du mur, on y trouve des larves de plus
en plus avancées et de jeunes adultes venant d'éclore. Les mues qui
séparent les divers stades larvaires, se rencontrent exclusivement
sur les meules et aussi dans le même ordre.

L'idée que font naître ces faits est sigulièrement renforcée par la
constatation suivante. Laissons dans une boîte de fer-blanc, dans
un cristallisoir, une partie notable de la population d'un nid :
ouvriers, soldats, larves, avec de la terre et de la meule. Humectons
régulièrement le tout pour permettre aux travailleurs de remuer
le sol. Les champignons présents sur la meule, vont subir, comme
nous le verrons, une évolution qui rend celle-ci inutilisable pour les
insectes : ils la fuient dès qu'elle se modifie. Mais, aussitôt qu'ils le
peuvent, ils se mettent à tarauder un petit bloc de terre ; ils y creusent des conduits semblables à ceux de la meule et les complètent
par un réseau de cloisons argileuses. Ils accumulent leurs larves dans
les cavités confinées ainsi délimitées ; elles peuvent y vivre longtemps : j'en ai conservé plus de trois semaines. L'aspect de la « meule »
de terre ainsi réalisée est frappant, par son architecture et son
aspect granuleux, elle rappelle exactement les véritables.

On peut relier logiquement ces divers faits. La meule est édifiée
avec des particules ligneuses mastiquées par les ouvriers, comme
tout le reste de la termitière est construit avec de la terre mastiquée,
mise en place avec les mandibules. Il y a substitution d'une matière
première à une autre, mais le procédé de travail demeure le même.
La meule constitue un support particulier réunissant des conditions
spéciales et bien définies d'humidité, de chaleur, de consistance. Le
reflexe qui substitue les débris végétaux à la terre, comme élément

de construction, me paraît être déclanché par l'apparition, dans la termitière à son début, d'une certaine quantité de larves. Le même facteur conditionne la forme particulière donnée à la meule et, aussi, l'accumulation des larves sur celle-ci. De la même façon, l'augmentation de la population jeune entraine la fabrication de nouvelles meules, édifiées dans les nouveaux espaces successivement enclos par le mur.

On peut opposer à ceci une autre conception, admettre que les termites font les meules pour se nourrir des mycotêtes qu'elles produisent. J'avoue qu'une pareille prévoyance me paraît bien hors des possibilités de leurs ganglions céphaliques. Et puis, cette théorie n'explique pas la construction des meules argileuses que j'ai observées. Il me semble plus simple d'admettre que la production, dans la termitière, d'un grand nombre d'œufs et de larves, réalise un encombrement plus grand, modifie les conditions d'aération et d'humidité, change la nourriture des ouvriers puisque ceux-ci lèchent les jeunes et absorbent leur excreta. Elle entraînerait par une réaction immédiate, l'adoption d'une matière et d'un plan de construction particuliers ; ces deux choses pouvant d'ailleurs être séparées comme nous l'avons vu.

Les faits m'ont montré que le rôle nutritif des mycotêtes est limité, et ceci concorde assez avec mon raisonnement. J'ai étudié méthodiquement le contenu intestinal de diverses espèces de termites champignonnistes : *Macrotermes gilvus, Odontotermes Horni, Odontotermes hainanensis.* J'ai pris soin d'examiner des individus de toutes les castes, à tous les états de développement. J'ai trouvé que les neutres adultes, les sexués adultes, les nymphes aux trois derniers stades larvaires ont dans leur tube digestif, avec des matières ligneuses, des fragments de mycotêtes profondément altérés par la digestion qu'ils ont subie. J'ai fait cette remarque bien des fois, après un grand nombre d'auteurs ; ainsi, il n'est pas douteux que les termites pourvus d'une chitine résistante consomment des « cellules mycéliennes ».

Par contre, j'ai toujours trouvé vide l'intestin des larves blanches et des jeunes nymphes que j'ai examinées, même si les larves étaient assez avancées pour montrer les caractères d'une catégorie déter-

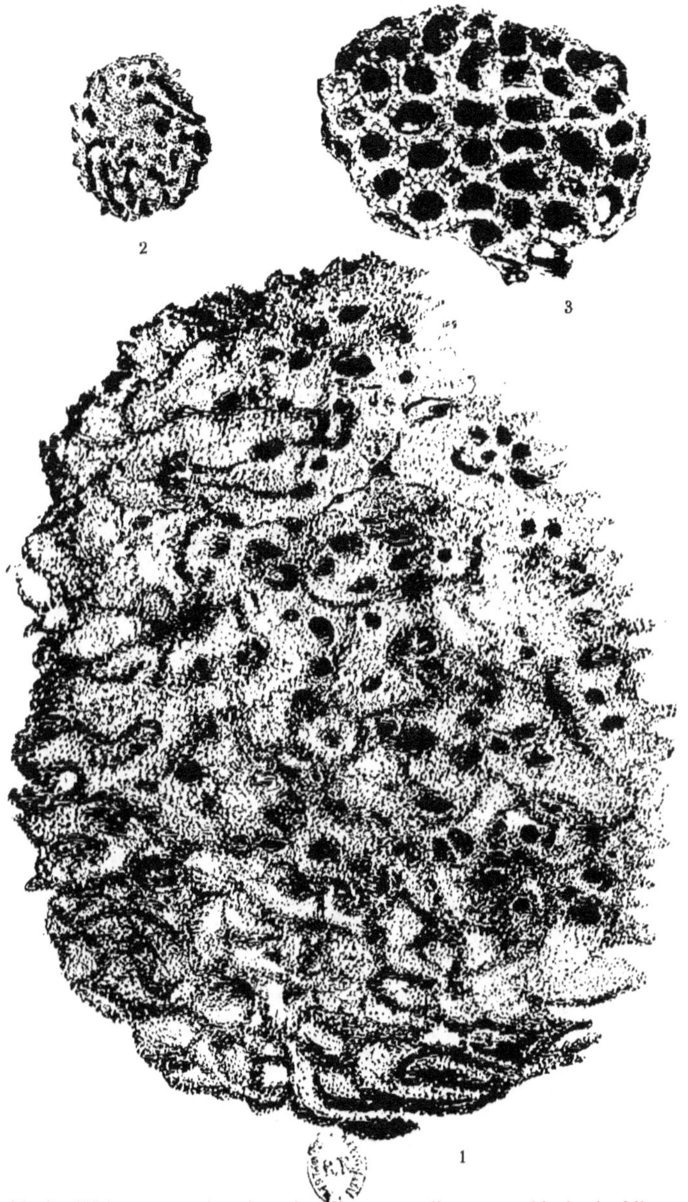

1. Meule d'*Odontotermes obscuriceps* (grandeur naturelle). — 2. Meule de *Microtermes incertoides* (grandeur naturelle). — 3. Fragment de meule de *Macrotermes malaccensis* (grandeur naturelle).

minée ; ce qui, d'après mes observations et celles de beaucoup
d'autres, ne se produit que lorsque le développement individuel est
relativement avancé. J'ai pu vérifier un grand nombre de fois ce
fait important : les castes, chez *Macrotermes gilvus* et les autres
espèces, apparaissent différenciées alors que les larves n'ont encore
été nourries que des sécrétions des adultes. Sans être absolument
démonstrative, cette constatation parle très fortement contre la
théorie de la détermination de la caste par le genre de nourriture.

Les champignons, en particulier, n'entrent pas dans l'alimentation
des jeunes. J'ai été abusé, au commencement de mon investigation,
par une curieuse analogie de forme : les cellules de l'épithélium
interne du tube digestif des larves de termites, sont, à divers niveaux,
arrondies et semblables à certaines « cellules » mycéliennes de mycotêtes. Je me suis rapidemmemt aperçu de mon erreur. Les diverses
observations sont, a cet égard, bien concordantes. Les mycotêtes,
telles qu'on les trouve dans les « cultures » des insectes, sont constituées par un faux-tissu compact. Placées entre lame et lamelle,
elles résistent à l'écrasement et ne se laissent pas disloquer. Il faut,
pour les entamer, les mandibules fortement chitinisées des termites complétement développés.

Remarquons encore, qu'à leur origine, les termitières ne comprennent qu'un petit nombre d'individus ; il est certain que les premiers neutres produits par le couple fondateur, après le vol nuptial,
se développent sans être placés sur des meules à champignons. Pour
qu'il en fut autrement, il faudrait que le couple fondateur édifiât
d'abord, à lui seul, une meule, ce qui semble impossible et est contre-
dit par les observations faites jusqu'ici sur le début des termitières (1).

Ainsi donc, les mycotêtes ne servent pas à la nourriture des
larves de termites, elles ne sont consómmées que par les adultes, en
proportion relativement restreinte et ne leur paraissent en aucune
façon, indispensables. Il est donc probable que le rôle essentiel de la
« meule à champignons » est de fournir un support convenable à la
population larvaire du nid.

(1) L. B. Uichanco, *General facts in the biology of Philippine moundbuilding
termites.* Philipp. Journ. of Sc. T. xv, 1919, p. 59.

Je ne puis pas abandonner l'étude de *Macrotermes gilvus* sans décrire un phénomène déjà maintes fois rapporté, mais qui est extrêmement intéressant au point de vue biologique : je veux parler de l'envol des sexués. Il y avait, à l'Institut Scientifique de l'Indochine, près de la porte principale, un bâtiment destiné à servir de logement à un concierge. Il était surélevé par un soubassement en roche granitoïde de 0ᵐ45 et mesurait 9 mètres de long sur 6ᵐ75 de large. Une partie de la largeur était occupée par une véranda, à laquelle on accédait, du dehors, par deux petits perrons et de laquelle on pouvait entrer dans le pavillon proprement dit, par deux portes placées symétriquement (fig. 3).

Le 26 juillet 1923, à cinq heures du soir, on vint me prévenir qu'une grande quantité de termites paraissait l'avoir envahi. J'y fus une demi-heure après et constatai, avec stupéfaction, que tout l'espace compris sous le pavillon devait être occupé par un énorme nid de *Macrotermes gilvus*, que rien, depuis un an, ne m'avait permis de déceler. Les ouvriers avaient dégagé l'ouverture de nombreuses galeries débouchant dans le sol du pavillon, ou, à hauteur, dans les interstices des murs, ou dans l'herbe et la terre des allées environnantes.

Il y avait trente-trois orifices placés comme on peut le voir sur le plan ci-joint. Sur plusieurs, les ouvriers avaient construit des tubes de terre parfois ramifiés, d'environ 3 à 4 centimètres de diamètre extérieur et 5 de haut. Ces tubes étaient plus élevés lorsqu'ils se trouvaient appuyés à un mur ; beaucoup d'orifices n'en présentaient pas, mais étaient munis d'un palier en terre battue. Toutes les ouvertures, garnies ou non de tubes, étaient gardées par des soldats formant, autour de l'issue comme centre, une tache circulaire de 5 à 10 centimètres de rayon. Chacune d'elles comprenait des postes de gros combattants reliés par des cordons de petits. Si l'on agaçait l'un quelconque de ces animaux, tout le poste se massait autour du point menacé. Le milieu de chaque tache était occupé par des ouvriers nombreux, paraissant, comme les soldats, très excités, sortant et rentrant sans cesse dans les [galeries. Vers six heures et quart, l'obscurité s'accentuant, les taches s'élargirent ndis que le va-et-vient se faisait plus intense.

Par les orifices, sort, de temps en temps, un sexué qui parcourt
au dehors une boucle de quelques centimètres, puis rentre. Il faut

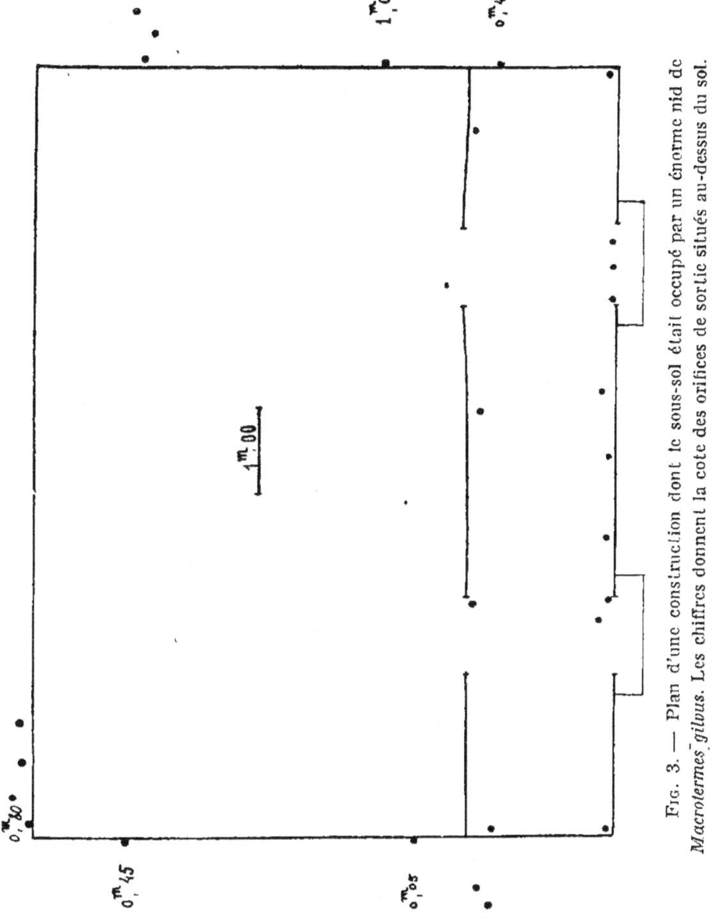

Fig. 3. — Plan d'une construction dont le sous-sol était occupé par un énorme nid de *Macrotermes gilvus*. Les chiffres donnent la cote des orifices de sortie situés au-dessus du sol.

noter que les fourmis, très nombreuses aux environs et marchant
en colonne, n'attaquent pas les troupes de garde. Une fourmillière
est à proximité et les batteuses d'estrade surveillent ce qui se

passe. Sur mon ordre, un préparateur verse quelques gouttes d'essence sur une des ouvertures. Aussitôt que le liquide s'est évaporé, les fourmis viennent enlever les termites atteints par l'aspersion, tués ou mourants. A sept heures moins un quart, l'obscurité est complète. J'ai fait allumer une puissante lampe à vapeur d'essence et quelques sexués viennent voltiger autour de celle-ci. Puis, brusquement, la sortie se précipite et ils s'échappent, par torrents, de chacun des orifices. Ils forment tout autour du pavillon, un essaim plus compact que celui des abeilles ; la figure, les mains, sont frôlées ou heurtées par eux. Ils voltigent en nombre énorme autour de la lumière. J'observe les issues : la ligne des soldats a élargi son périmètre. Aussitôt sorti du trou, chaque insecte ailé fait en voletant un bond d'une dizaine de centimètres, touche terre, fait un bond plus long, puis repart définitivement et vient voler autour de la lampe. C'est une aubaine inespérée pour les crapauds, les rainettes, les lézards connus ici sous le nom de margouillats et de tokkais. Ils happent sans interruption les insectes qui les frôlent et en avalent des quantités. Bientôt, pleins de nourriture, à peine capables de faire un mouvement, ils se retirent pesamment. Tout-à l'heure, lorsque la lampe sera écartée, les chauve-souris viendront prendre leur part du festin. Les insectes qui ont échappé à la destruction, tombent sur le sol et s'apparient. Ils ont, en général, perdu leurs ailes, mais pas toujours. Femelle devant, mâle derrière, ils fuient, maintenant, cette lumière qui les attirait il n'y a qu'un instant et gagnent l'ombre des pelouses.

Je recueillis quelques-uns de ces couples et les plaçai dans de petits flacons à large ouverture, ou dans des cristallisoirs contenant de la terre. Après quelques temps, les femelles s'arrêtent dans leur course et creusent le sol. Elles font un trou vertical, du diamètre d'un crayon. Les mâles les aident ensuite, le conduit est approfondi et voûté par en haut ; en quelques heures, on ne voit plus rien du dehors. Les insectes déblaient alors une chambre à une profondeur de 3 à 5 centimètres. Ceci est fait en moins d'un jour. Je n'ai pas pu observer l'accouplement, mais une de ces cultures que j'avais pu conserver, me montra le 3 août suivant, soit donc après une semaine, que le couple avait produit une première ponte de quelques œufs. Il me semble que les nids doivent habituellement se fonder d'une manière analogue et sans l'aide de neutres échappés de la termitière-mère.

Une autre observation complète un peu la précédente. Le 30 juillet 1924, je constatai la présence sur un filao, dans une cicatrice de branche coupée remplie de bois pourri et humide, de deux couples de sexués normaux, appartenant à une espèce de termite que je ne pus déterminer. Ils s'étaient construit des chambres d'habitation en carton de bois et n'étaient pas accompagnés de neutres. Les termitières semblent donc s'établir, habituellement, sans le secours de ceux-ci.

Termes (Macrotermes) malaccensis HAVILAND.

Cette forme a été recueillie à Malacca, Johore, Banca. Je l'ai trouvée à Yabac, dans le Langbian (Annam). Les termitières ressemblent à celles de *Macrotermes gilvus*, mais sont plus grandes. Elles contiennent des meules à champignons de même type, mais de grain plus gros. Les cloisons sont plus épaisses et, de plus, les tubes qu'elles forment ont une section plus ronde, moins polygonale que chez *Macrotermes gilvus* (fig. 3, pl. III).

Termes (Macrotermes) carbonarius HAGEN.

On a trouvé ce grand termite à Bornéo, Poulo-Pinang, Malacca, Singapour et au Siam. Je l'ai, moi-même, observé au Cambodge méridional où il est fréquent. Il est particulièrement abondant aux environs de Kompongspeu. Les termitières sont énormes, en forme de monticule conique, dépassant quatre mètres de hauteur et cinq mètres de diamètre de la base. Les insectes sont aussi très gros, comme on peut s'en rendre compte par les mesures précédentes ; ils sont les plus grands que je connaisse. Les soldats sont agiles, pourvus de pattes relativement longues, fort beaux à voir avec leur armure de chitine tachée de noir et d'un orangé-rouge.

Je n'ai, malheureusement, fait qu'entrevoir cette forme, au cours d'une mission agricole au Cambodge ; ses mœurs m'ont paru être sensiblement les mêmes que celles de *Macrotermes gilvus*. Les meu-

les sont très grandes, atteignant facilement 15 à 20 centimètres,
elles ne paraissent pas formées de tubes accolés. Les cloisons se
rattachent les unes aux autres en décrivant des tracés sinueux,
allongés. Le grain est très gros ; cela se conçoit facilement, puisque
chaque apport élémentaire représente le contenu de la gueule d'un
insecte et que ceux-ci sont, eux-mêmes, de forte taille. C'est la seule
espèce que j'aie remarquée jusqu'ici, qui puisse être comparée aux
termites africains pour la puissance des constructions.

Microtermes incertoides HOLMGREN.

Cette espèce a été rencontrée à Wallon ; elle est très fréquente
en Cochinchine et dans le Sud-Annam. Je l'ai trouvée à Saigon et
dans la plantation de l'Institut Pasteur de Nhatrang, à Suidau. La
termitière était toujours invisible extérieurement : elle possède la
structure d'un jeune nid de *Macrotermes gilvus* non encore sorti du
sol. Elle se compose d'une couche plus ou moins épaisse de meules
à champignons, recouvrant une zone où est creusée la loge royale
et des chambres de dégagement. Des conduits partant de cette
organisation, se ramifient dans la terre et permettent d'atteindre des
jardins mycéliens, parfois situés à plus d'un mètre du centre de
l'habitation.

Microtermes incertoides est fort petit comme on l'a pu voir par
les mesures précédentes, ses travaux sont en rapport avec sa taille ;
chambres, galeries, meules sont les plus petites que j'aie jamais
observées. Les loges à champignons peuvent être au nombre d'une
quinzaine par nid ; leur profondeur varie de 3 à 4 à 20 centimètres,
la loge royale est légèrement plus enfoncée. Les conduits, ainsi que
toutes les chambres, sont parfaitement polis ; ces dernières sont irrégulièrement ellipsoïdes, parfois en forme de rein, parfois encore
plus contournées. Elles ne présentent aucun angle et sont soigneusement arrondies. A leur base, on distingue les très petits orifices
de circulation des insectes ; il y en a souvent 2 ou 3, ils ont le diamètre d'une grosse épingle. Les cavités mesurent jusqu'à 5 centimètres de longueur, les autres diamètres ne dépassent jamais 3 centimètres et demi.

Il est très intéressant d'observer les *Microtermes* occupés à édifier leurs habitations : leur mode de travail nous fournira un bon exemple de l'activité des termites « champignonnistes ».

Voici ce que je notais, à la date du 14 mai 1922 :

« J'ai observé, depuis quatre jours, des centaines de *Microtermes* à tous les stades. Ces animaux sont des fouisseurs distingués, ils s'enfoncent très rapidement dans la terre à tous les degrés d'humidité. Ils savent très bien enlever des grains de sable, des particules argileuses, d'un endroit pour les porter à un autre et creuser, ainsi, des tunnels et des chambres. Mis dans une boîte de Petri avec de la terre, leur premier soin est de s'abriter de la lumière en fouillant des galeries. Il est probable que, ce faisant, ils humectent les parois avec de la salive, car celles-ci conservent leur forme et restent adhérentes au verre, si on enlève la terre.

Dans les blocs assez gros, ils creusent des chambres peu à peu agrandies ; j'ai remarqué l'achèvement des parois. Ils les lissent avec des parcelles argileuses de plus en plus fines, mouillées de salive et obtiennent, ainsi, un beau poli ; les cavités creusées, sont reliées, à travers les aires découvertes, par des constructions : j'ai vu le procédé d'édification de celles-ci. Chaque ouvrier apporte dans ses mandibules une petite « bouchée » de terre, la met en place, puis se retire. Ces apports sont trempés de salive ; on n'observe pas d'émission rectale. »

J'écrivais encore, le 17 mai :

« J'observe des *Microtermes* contenus dans une boîte de Petri. Ils ont, avec eux, un petit bloc de terre creusé d'une cavité qui s'est trouvée ouverte ; elle contenait des œufs. Les termites vont et viennent, ils creusent pour l'agrandir. A mesure qu'elle s'étend, ils y cachent les œufs qui adhèrent les uns aux autres, par dessiccation du fluide les recouvrant habituellement. Les adultes seuls prennent part au travail. Ils mouillent de salive leurs matériaux ; les petites pierres qu'ils apportent sont bien plus humides que la terre environnante. Ils savent décoller les œufs adhérents à leur support par dessiccation : ils les imbibent de salive et les enlèvent lorsqu'ils sont suffisamment détrempés. Il y a de longues séances d'amitié : ils se lèchent entre eux et se brossent réciproquement, avec leurs mandibules, le crâne et les antennes. Les jeunes ont droit aux mêmes faveurs, les œufs sont traités de façon semblable. On peut les voir buvant : il y a un va-et-vient constant entre les endroits que j'ai arrosés d'eau et le chantier ; les ouvriers vont sucer la terre mouillée, puis reviennent au travail de maçonnerie. »

Bien que le soldat de cette espèce soit rare et petit, il ne le cède pas à ceux des plus grosses formes, pour l'ardeur combative. J'en observe un, en faction au bord du chantier ; il a pris l'attitude habituelle, antennes parallèles et dirigées en avant. Je l'agace avec la pointe d'une aiguille courbe : il recule, dresse la tête, ouvre largement ses mandibules et, bondissant en avant, essaie de saisir l'ennemi. Je constate ensuite qu'il a déposé sur l'aiguille, deux minuscules gouttes d'un liquide visqueux, opalescent. »

Ce termite édifie des meules à champignons plus ou moins ellipsoïdales, les plus grosses ayant environ 4 centimètres sur 3, et les plus petites 1 centimètre dans tous les sens, (fig. 2 pl. III). Leur forme correspond à celle de la chambre qui les contient. Elles sont faites d'une matière jaunâtre, ocreuse, disposée en travées, laissant entre elles des vides irréguliers et étroits. Le modelé général rappelle celui de l'amande des noix. On peut aussi penser à certains madrépores, et même, pour les parties les plus compactes, à un cerveau de mammifère. Elles sont couvertes de très petites mycotêtes blanches. La substance élémentaire se présente sous forme de grains sphériques, juxtaposés, d'environ un demi-millimètre de diamètre, rappelant tout-à-fait les œufs de poissons. Ces grains devaient posséder une consistance assez ferme lorsqu'ils ont été accumulés ; ils ont conservé leur aspect arrondi. Ils adhèrent peu les uns aux autres, la meule de *Microtermes* se pulvérise facilement. Chez les autres termites que j'ai pu étudier, ils avaient du être déposés à un état semi-liquide et ainsi, la forme individuelle ne se retrouvait pas aussi bien, mais l'ensemble était beaucoup plus cohérent.

L'examen microscopique m'a montré que les meules sont, ici, formées de débris ligneux peu digérés et tels que l'ornementation des cellules et des vaisseaux du bois est encore très reconnaissable. Les tissus sont peu dilacérés, il subsiste des fragments comprenant de nombreux éléments cellulaires. Un pareil état de la nourriture des termites, ne se trouve que dans la partie la plus antérieure de leur tube digestif.

La biologie de cette espèce présente plusieurs particularités remarquables. Les insectes sont toujours très peu chitinisés, même à l'état adulte. L'aspect de la population totale est blanchâtre. Les soldats y sont très peu nombreux et paraissent même manquer dans les termitières jeunes ; ils peuvent facilement passer inaperçus. Cette forme vit volontiers au voisinage immédiat des nids d'autres termites, peut-être y a t-il communication entre les deux habitations. Je l'ai trouvée, assez fréquemment, établie dans l'épaisseur du mur de la termitière de *Macrotermes gilvus*. Celui-ci était creusé de toutes petites galeries et de chambres à meules entremêlées avec les tunnels propres de l'hôte. On conçoit qu'il soit difficile d'observer la communication des deux systèmes dans une paroi que l'on démolit à coups de pioches. Je ne l'ai jamais saisie, mais la proximité des conduits, leur intrication, me fait considérer son existence comme très probable. Elle ne peut être qu'à l'usage du *Microtermes*, car aucun *Macrotermes* ne saurait passer dans les couloirs de la petite espèce. *Microtermes incertoides* s'établit aussi aux points du sol où *Eutermes matangensis* a fouillé ses cavités irrégulières. Ici encore, il y a probablement communication des deux réseaux. Je n'ai d'abord rencontré le *Microtermes* que dans ces conditions ; les populations auxquelles j'avais eu affaire étaient encore jeunes : j'ai commis l'erreur de les confondre avec des larves d'*Eutermes matangensis* et d'attribuer à cette dernière espèce, les meules à champignons de l'autre forme. Je me suis détrompé en trouvant, par la suite, des *Microtermes incertoides* isolés et plus caractérisés spécifiquement. Il faut noter que ces termites mis dans une boîte avec des insectes des nids dont ils hantent le voisinage, ne sont pas molestés. Au contraire, des *Isoptères* d'habitations différentes se battent, en général, férocement. On peut donc penser que *Microtermes incertoides* entretient avec d'autres formes, des relations particulières.

Odontotermes (Cyclotermes) hainanensis Light.

Je recueillis cette espèce le 28 mai 1925, à Hanoï, dans le jardin de la maison que j'habitais. Elle est fort commune. Rien ne manifestait sa présence au dehors, si ce n'est de petites saillies verruqueuses de terre, percées d'ouvertures pour l'envol des sexués. Malheureusement, lorsque je fouillai le nid, ils avaient complétement disparu. Je fus plus heureux le 5 avril 1926 ; sous une averse formidable, à la suite d'un orage, je pus recueillir quelques sexués de cette espèce, qui s'envolaient, en masse, d'une termitière.

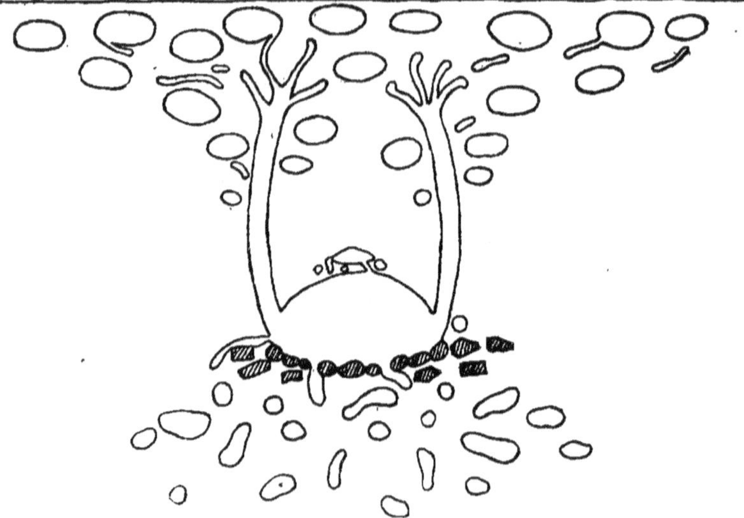

Fig. 4. — Schéma de l'organisation d'une termitière d'*Odontotermes hainanensis*.

L'habitation se composait principalement d'une chambre de plan sensiblement circulaire, et de section verticale lenticulaire (fig. 4). Sa voûte était à environ 0m 60 au-dessous du niveau du terrain, son sol à 0m 85. Le diamètre horizontal dépassait 40 centimètres. De la voûte, pendaient des sortes de stalactites en terre soigneusement polies et des rampes de même nature faisaient, çà et là, saillie dans la cavité, en se détachant de la paroi générale. L'intérieur était occupé par trois très larges meules à champignons, irrégulièrement superposées, et séparées, par endroits, par des lames argileuses plus ou moins horizontales, reliées aux « stalactites » et « rampes » de la paroi. Ainsi, les termites peuvent gagner rapidement n'importe quel point de la masse des meules. Le sol qui supportait ces dernières, était constitué par un niveau de briques cassées, formant une sorte de filtre. La terre intercalaire avait été enlevée jusqu'aux moindres particules, et les angles de tous les fragments étaient arrondis, comme usés par un frottement prolongé. Faut-il rapporter cet aspect à l'action des petites pattes des habitants ?

Les meules, très aqueuses, étaient friables et à grain fin comme celles des autres *Odontotermes* que je connais. Elles se montraient brun clair, un peu plus rouge que « café au lait » avec, par endroit, des surfaces grisâtres dues, sans doute, à la prolifération des champignons qu'elles nourrissent. De quelle substance étaient-elles faites ? Jamais je n'ai vu ce termite attaquer sérieusement le bois mort ou vivant, dans mon jardin. Les observations que j'ai faites sur *Macrotermes gilvus* indiquent qu'il se nourrit de feuilles sèches et de bois très altéré et qu'il fabrique ses meules avec les mêmes substances. Je suis porté à penser qu'*Odontotermes hainanensis* agit de même, qu'il se nourrit et fait ses meules avec des débris de feuilles récoltés à fleur de sol et, peut-être, la matière végétale morte qui constitue la couche externe des racines des arbres. Il se comporte aussi comme les *Odontotermes Horni* et *obscuriceps :* il construit, à la surface des arbres, des placards de terre sous lesquels il circule et enlève les cellules mortes superficielles, sans jamais aller jusqu'aux tissus vivants.

En dessous de la chambre principale, se développait un réseau de canaux de section circulaire, mesurant environ 5 centimètres de diamètre, qui s'enfonçait fort loin dans le sol, tout en s'écartant. Nous retrouvons là, le « système des larges conduits » rencontré chez les *Macrotermes*.

Des « reins » de la voûte naissaient cinq ou six cheminées, larges d'environ 5 centimètres, verticales, qui se terminaient à 15 centimètres du sol, par un ensemble de conduits très étroits, presque imperceptibles. Autour des cheminées et au-dessus du niveau de la voûte principale, se trouvaient des chambres à meules à champignons, d'à peu près 15 centimètres de longueur sur 11 de large et

10 de hauteur. Elles augmentaient en nombre en se rapprochant de la surface ; la couche superficielle formait un réseau circulaire d'environ 1^m 50 de diamètre.

Au-dessus de la chambre centrale, entre les bases des cheminées, se trouvait la loge royale. Elle était creusée dans un bloc de terre épais et solide, percé seulement de petits orifices externes et relié par quelques logettes à la grande cavité principale. Elle était circulaire, de 7 à 8 centimètres de diamètre, avec un sol légèrement déclive vers le centre, et une voûte dont le sommet atteignait deux centimètres. Les ouvriers prenaient là les œufs pondus par la reine, et les transportaient sur les meules contenues dans la grande chambre. J'en ai recueilli un grand nombre et toute la population des meules. Je n'ai pas capturé le couple royal. Dès les premières atteintes que je portai au nid, les ouvriers durent le faire enfuir par les larges canaux. Le sol étant fort humide et lourd à travailler, je ne pouvais tenter de déblayer, à la bêche, les 7 ou 8 mètres cubes qui représentaient le volume dans lequel les fugitifs pouvaient être réfugiés. La seule méthode ayant des chances de succès, aurait été de chercher immédiatement la loge royale en négligeant l'étude du reste de la termitière, mais j'ignorais, alors, le plan général de la construction, car c'était la première fois que j'examinai une habitation de cette espèce.

Odontotermes Horni WASMANN.

On a trouvé cette forme à Ceylan, je l'ai recueillie au Cambodge et dans la partis de la Cochinchine constituée par les bouches du Mékong. Elle existe aussi dans le Sud-Annam. Dans toute cette dernière région, *Odontotermes Horni* se comporte exactement comme *Odontotermes obscuriceps* et exploite les hévéas de la même façon. Les nids étaient purement souterrains ; par des galeries creusées dans la terre, ces termites atteignaient les troncs d'arbres à la surface desquels ils construisaient des placards de terre. Circulant sous cette protection, ils rongeaient la couche superficielle de l'écorce, sans mettre jamais à nu les parties vivantes. Ils ne nuisaient pas aux végétaux.

Au Cambodge, *Odontotermes Horni* est extrêmement répandu, je l'ai trouvé à Pnom-Penh et dans tout le pays qui s'étend de cette ville à la mer. Il est particulièrement abondant aux environs de Kompongspeu, où il tient la même place que *Macrotermes gilvus* à Saigon. Ses nids se présentent alors, sous forme de dômes plus ou moins irréguliers, d'environ 1 mètre de haut et 1ᵐ 20 de diamètre à la base. Il y en a même de plus grands. Dans ce cas, les meules ne sont plus superficielles, mais abritées sous un « mur », c'est-à-dire une couche compacte, résistante, formée de terre gachée avec de la salive, dans laquelle les cavités deviennent très rares et très réduites. Ainsi se trouve atteinte la structure qui est la règle chez les *Macrotermes*. Saillie de l'habitation au dehors, protection de celle-ci par différenciation du mur, tels paraissent être les éléments du progrès de la construction de la termitière chez les *Isoptères* qui vivent en symbiose avec des champignons. Le premier caractère se retrouve chez des insectes non associés à ces végétaux : par exemple, chez *Hamitermes annamensis,* et la structure du nid, même, est analogue, bien que réalisée avec du carton de bois au lieu de terre mastiquée. Le mur est cependant assez différent : c'est le développement au-dessus du sol qui entraine son individualisation et non la « culture » des champignons.

Odontotermes (Hypotermes) obscuriceps WASMANN.

Cette espèce a été signalée à Ceylan ; je l'ai trouvée à Saigon, dans le jardin d'une maison d'habitation. Je découvris son nid tout à fait par hasard, car rien ne le manifestait extérieurement. La structure était assez semblable à celle de la termitière d'*Odontotermes hainanensis*. Ces insectes ne faisaient pas de galeries apparentes, mais ils en creusaient de souterraines et, par ce moyen, atteignaient tous les débris végétaux abandonnés sur le sol : feuilles, branches mortes, planches, etc. Dans un jardin voisin, où la végétation était extrêmement serrée, ils s'attaquaient aux plantes vivantes et, spécialement, aux palmiers peu vigoureux.

Je l'ai rencontrée, aussi, dans le Sud-Annam, elle y traitait les hévéas comme *Odontotermes Horni*. Dans une plantation voisine de

Nhatrang, je découvris une termitière de cette espèce, dont la couche contenant les meules, faisait légèrement saillie en dehors et constituait un dôme bas. Elle établissait une transition entre les habitations d'*Odontotermes Horni* et *O. hainanensis*. Installée au pied d'un arbre, elle donnait origine à plusieurs galeries verticales de terre, accolées à l'écorce. Les meules qu'elle contenait étaient énormes, atteignant le volume de la tête d'un enfant de six ans. On les trouvait sub-sphériques, ellipsoïdales, de couleur ocreuse foncée, presque brunes. Les cloisons constituantes étaient minces, très friables, à grains apparents. Elles paraissaient très riches en eau et portaient de petites mycotêtes (fig. 1, pl. III).

Hamitermes (Globitermes) annamensis Desneux.

Cette espèce se reconnaît facilement par l'aspect jaune, presque verdâtre, du corps du soldat, dû à une coloration particulière du contenu des réservoirs salivaires. Elle est très intéressante parce qu'elle emploie pour ses constructions, de la terre imbibée de salive comme les *Macrotermes*, les *Odontotermes* et autres termites constructeurs de monticules et aussi, sur une grande échelle, du « carton de bois » ce qui la rapproche des *Eutermes*. L'organisation de la termitière est comparable à celle que j'ai pu observer chez les *Macrotermes*. Elle se présente communément (fig. 5) comme un dôme presque ogival, circulaire, de $0^m 80$ de haut sur $0^m 60$ de diamètre à la base. Elle est revêtue d'une enveloppe de terre durcie par mastication avec de la salive, finement mamelonnée, de 1 centimètre environ d'épaisseur. Celle-ci est reliée par de nombreux piliers, à la couche sous-jacente, épaisse, de terre très dure, dans laquelle sont creusées de grandes cellules. A mesure que l'on s'enfonce, les cloisons qui séparent les cavités, d'abord épaisses d'environ 5 centimètres, deviennent de plus en plus minces. En même temps, les chambres elles-mêmes deviennent de plus en plus petites, tandis que la substance qui a servi à les édifier, passe graduellement au carton de bois.

Le centre de la termitière, à peu près dans le plan du sol, est occupé par une quantité de petites loges de quelques centimètres,

orientées dans tous les sens, extrêmement irrégulières, à parois
minces et presque souples, en carton de bois pur. (Zone représentée
schématiquement, sur la figure, par un quadrillé losangique.) C'est

là que se tient la population des
jeunes et que sont incubés les
œufs. Au milieu de cette région
se trouve la loge royale, lenticulaire, ayant environ 6 centimètres de diamètre et une hauteur, au centre, de 1 à 2 centimètres. Au-dessous de la termitière, la terre a été déblayée et
la masse des petites cellules
s'enfonce inférieurement au niveau du sol. Elles se continuent
par des chambres de plus en plus
grandes, dont la paroi est de
plus en plus riche en terre, et
enfin par des galeries simplement creusées qui amènent les
termites au contact des racines
des arbres environnants. *Hamitermes annamensis* est une es-

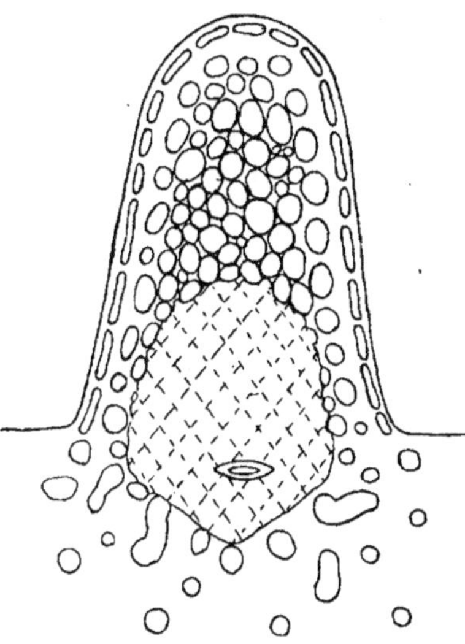

Fig. 5. — Schéma de la disposition
d'une termitière d'*Hamitermes annamensis*.

pèce très commune, très active ; elle détruit de grandes quantités
de bois mort et paraît même, parfois, s'attaquer aux écorces
des arbres vivants. Elle se défend bien contre ses ennemis et ses
combats contre une autre sorte de termite ou contre les fourmis,
offrent, sous le binoculaire, un spectacle fantastique. J'ai eu l'occasion de l'observer aux prises avec *Eutermes matangensis*. On sait,
que ce dernier genre possède des soldats à tête pyriforme, dont la
partie effilée est une sorte de canule. Ils peuvent projeter par là, à
distance, un liquide visqueux qui englue leurs ennemis. C'est donc
un *Isoptère* particulièrement bien armé ; cependant, *Hamitermes
annamensis* lutte contre lui sans désavantage. Ses soldats ont toujours les mandibules écartées ; lorsqu'ils sont excités, ils ne font que
les écarter plus encore, se tenant ainsi prêts à saisir tout adversaire

avec lequel ils viendront en contact. Si cette circonstance se produit, ils serrent obstinément l'ennemi qu'ils ont saisi et laissent écouler sur lui un peu de la salive jaunâtre qui remplit leur corps. J'ai pu observer que ce liquide est une émulsion, qu'il donne, en séchant, une sorte de vernis transparent, jaune-verdâtre, qui peut être repris par l'eau. Le plus souvent, l'animal ainsi serré se débat violemment ; *Hamitermes annamensis* resserre son étreinte et contracte fortement tout son corps. Sa peau et la paroi du sac salivaire éclatent alors, en un point situé, en général, près de la base des pattes ; le contenu du réservoir s'écoule abondamment, inonde les deux combattants, les soude en une seule masse visqueuse : le soldat d'*Hamitermes annamensis* meurt enseveli dans son triomphe. Les ouvriers de la même espèce ne restent d'ailleurs pas inactifs ; pendant que les soldats maintiennent les envahisseurs dans leurs pinces, ils cisaillent à coups de mandibules tous les appendices (antennes, pattes) de l'ennemi immobilisé. Je les ai vus appliquer ce traitement à des soldats-nasuti de l'*Eutermes matangensis*. Fixés par le corps, ces derniers avaient encore la tête libre ; ils en profitaient pour la mouvoir circulairement à droite et à gauche, projetant sur leurs ennemis situés à quelque distance, le contenu de leur ampoule à résine. L'animal réduit à son tronc est ensuite abandonné sur place.

Mirotermes comis HAVILAND.

Il a été signalé par l'auteur à Sarawak et Singapour ; je l'ai trouvé sur le terrain de l'ancienne citadelle de Saigon. Il édifie une petite termitière dont les parties externes sont en terre, tandis que l'intérieur passe au carton de bois.

Mirotermes laticornis HAVILAND.

Cette forme est connue à Sarawak, je l'ai souvent trouvée, à Saigon, dans l'épaisseur du « mur » de la termitière de *Macrotermes gilvus*, où elle creuse des galeries fort étroites. Celles-ci sont intriquées avec les conduits pratiqués par l'hôte lui-même, sans que j'ai pu saisir, avec certitude, de communication entre les deux systèmes.

Fig. 1. — Nid en « carton de bois » d'*Eutermes matangensis*, placé au point de contact de trois branches. *Saigon, Jardin Botanique.*

Fig. 2. — Galeries en « carton de bois » longeant des branches et reliant un nid d'*Eutermes matangensis* à la terre et au bois mort. *Saigon, Jardin Botanique.*

Je suis porté à penser que cette espèce peut se comporter comme
un véritable commensal de *Macrotermes gilvus*.

Eutermes matangensis, var. matangensioides HOLMGREN.

Cette espèce, plus petite encore que ne l'indiquent les mesures
précédentes, est extrêmement commune à Saigon et dans toute la
région environnante. On la trouve partout. Dans la nature, elle
s'établit, de préférence, sur les arbres situés en terrain humide : les
bosquets qui bordent l'arroyo du Jardin Botanique de Saigon en
portent de nombreux nids. Elle est, peut-être, encore plus fréquente
dans les habitations de l'homme. Les charpentes, les menuiseries des
maisons indigènes et européennes, sont infestées par ce termite qui
les fait complétement disparaître. Une observation donnera une
idée de sa puissance destructrice. Du 31 octobre au 28 novembre
1924, 2395 animaux de cette espèce, captifs, ont consommé 3 g^r. 5 de
bois de flamboyant *(Poinciana regia)*. Une termitière pouvant compter quelque 2 millions d'habitants, on voit que, dans la même temps,
elle aurait détruit environ 3 kilos de bois. La population mise en
expérience comprenait des larves et des neutres adultes ; ainsi, sa
composition était à peu près semblable à celle d'une termitière complète. Cependant, elle n'avait pas à nourrir le couple royal. D'autres
observations que j'ai pu faire, me portent à considérer comme
faible le chiffre mesurant la consommation dans l'observation précédente ; il correspond à une destruction d'environ 100 grammes
de bois par jour pour une colonie bien développée, c'est, je crois,
un minimum.

Ce qui rend difficile la description du nid de cette espèce, c'est
qu'il n'a pas de forme déterminée. Il consiste en une agglomération
de petites loges irrégulières, en carton de bois (fig. 6, pl. VI), de
laquelle partent des galeries qui conduisent les insectes jusqu'aux
lieux de pâturage. Ces chambrettes mesurent 2 à 3 centimètres dans
leur plus grande dimension, les conduits sont aplatis sur le substratum et varient, en largeur, de moins d'un centimètre à plus de trois.
Toute sorte d'objets peut être utilisée pour abriter la termitière. Elle
est, souvent, placée dans un tronc ou une grosse branche d'arbre creux

et ne se signale que par des placards extérieurs de carton de bois et
les galeries qui en partent. Elle peut, aussi, être installée au point
de contact de deux branches, ou autour d'une assez grosse ramifi-
cation. Les figures 1 de la pl. IV, 1 et 2 de la pl. V donnent des
exemples de ces divers cas. Elle est aussi fréquemment établie dans
les maçonneries : *Eutermes matangensis* utilise alors comme chambres, les interstices qui séparent les matériaux de construction. Dans
ce dernier cas, on ne peut détruire les insectes sans entamer le bâtiment qui leur sert d'abri.

Au milieu des petites cavités qui constituent la termitière, il
semble qu'il en existe régulièrement une un peu plus grande, servant
de loge royale ; cependant, on est souvent bien embarrassé pour la
trouver. Ceci me paraît être en relation avec la taille de la reine qui
est fort petite. Les cavités environnantes servent au dépôt des œufs
et à l'incubation des larves. La partie moyenne du nid n'est guère
fréquentée que par les adultes ; enfin la zône extérieure est presque déserte et paraît, surtout, remplir un rôle protecteur. Une
sorte de pellicule de carton de bois, mince et continue, recouvre le
tout (fig. 5, pl. VI).

L'Institut Scientifique lui-même et ses abords immédiats renfermaient un grand nombre de nids de cette forme : voici ce que
j'ai pu observer sur quelques-uns d'entre-eux. Les terrains appartenant à l'établissement en question, sont entourés d'un mur se
composant d'un soubassement de maçonnerie, couronné à environ
un mètre du sol, par un rebord de briques. Ce dernier supporte des
panneaux, hauts de 1^m 50, édifiés avec les mêmes matériaux,
recouverts de mortier et de badigeon, séparés, tous les quatre
mètres, par des piles saillantes coiffées de tuiles. Un angle de l'enclos
sert de jardin d'essai au Laboratoire de Phythopathologie ; il était
isolé par un mur bas surmonté d'une balustrade de bois, qui se
détache du mur extérieur et lui est perpendiculaire (fig 6). C'est
la maçonnerie du mur d'enceinte qui abritait plusieurs des termitières dont j'ai parlé. Celle que j'ai pu étudier le plus complétement
se trouvait située dans une pile de ce mur extérieur, près de la séparation du terrain d'essai. Il y avait quatre mètres entre cette dernière et la pile habitée. A l'intérieur du champ d'expérience, et à

une distance égale, le mur d'enceinte servait d'appui à un petit
hangar de huit mètres de long et 1ᵐ 20 de large, sous lequel se
trouvaient de nombreux troncs d'arbres morts et, en particulier,
d'hévéas, offrant une nourriture abondante aux *Eutermes*. La pile

Fig. 6. — Disposition des environs d'un nid d'*Eutermes matangensis*,
abrité dans le mur d'enceinte de l'Institut Scientifique de Saïgon. La croix
marque l'emplacement d'une pile qui contenait la termitière elle-même.

envahie était signalée aux regards par deux placards triangulaires
de carton de bois, qui la flanquaient de chaque **côté**, en étant appli-
qués sur le mur (fig. 7, en haut). Ils pouvaient mesurer 25 centimètres sur leur côté vertical et 15 sur leur côté horizontal.

On apercevait, au-dessous, deux galeries verticales logées, de chaque côté de la pile, dans l'angle formé par le retrait du mur sur
celle-ci. Elles y pénétraient chacune par un étroit orifice, en des
points où le mortier de recouvrement, appliqué à la truelle, avait
laissé un petit vide. C'est par là que les termites pouvaient passer,
des placards situés au-dessus et des galeries situées au-dessous, dans

l'intérieur de la maçonnerie. Ces conduits verticaux, sans cesse parcourus par de nombreux insectes, descendaient jusqu'au dessous du

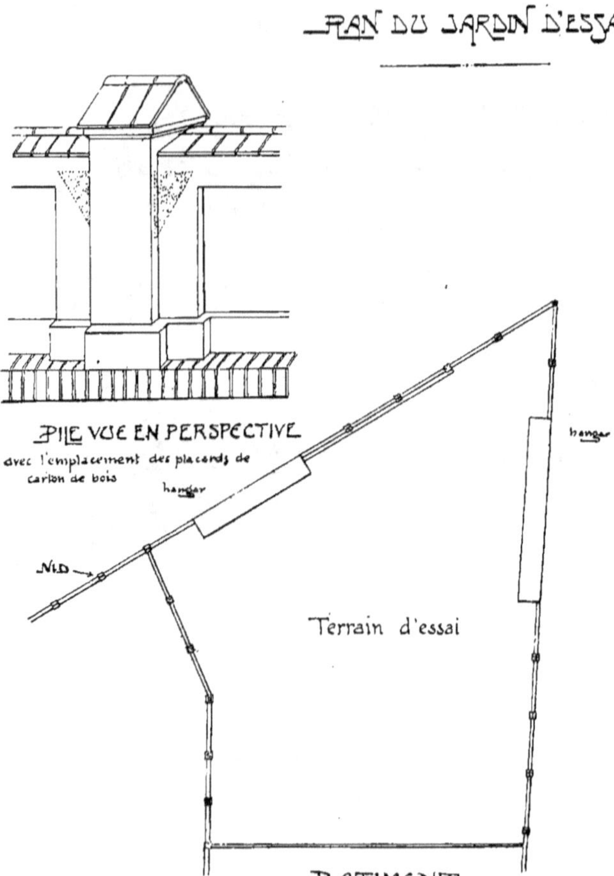

Fig. 7. — Disposition d'un nid d'*Entermes malangensis*.

couronnement du soubassement ; celui-ci formant saillie, protégeait un couloir horizontal, courant à sa face inférieure, dans lequel se terminaient les galeries précédentes. Il s'étendait sur une grande longueur, atteignant une dizaine de mètres vers la gauche. Vers la droite, il dépassait l'extrémité droite du hangar et était visible sur plus de vingt mètres. Il servait aux insectes de chemin principal.

Une dizaine de conduits verticaux descendants, partaient de divers points. Certains se terminaient au niveau du sol. Les termites sortent par là pour explorer les environs et y chercher de la nourriture. Je les ai vus, en particulier, se servir de ces portes pour aller pâturer sur un flamboyant *(Poinciana regia)*, végétal dont ils apprécient beaucoup le bois mort. Ils parcouraient à découvert environ deux mètres ; ils avaient construit sur l'écorce de l'arbre, de nouveaux tunnels et ceux-ci les protégeaient jusqu'à l'extrémité des ramures, toujours pourvues de branches sèches qu'ils dévorent. D'autres couloirs aboutissaient, dans la terre même, à des chambres irrégulières, aplaties, le plus souvent tapissées, partiellement, de carton de bois. Elles se prolongeaient par des sortes de canaux tortueux, descendant jusqu'à environ 30 centimètres au-dessous du sol. On trouve des termites répartis dans toutes ces cavités ; elles leur servent d'abreuvoir : ils viennent y aspirer l'humidité retenue entre les éléments du terrain.

Quatre conduits verticaux étaient en rapport, par leur extrémité inférieure, avec des galeries et des chambres creusées par *Microtermes inceitoides*. Près du hangar, d'autres voies couvertes permettaient aux *Eutermes* d'atteindre les morceaux de bois dont ils se nourrissent.

Les galeries, la surface des placards paraissaient d'un gris noirâtre. Les conduits (fig. 2, pl. IV) avaient une section elliptique, irrégulière, mesurant environ un centimètre en travers et un demi-centimètre d'épaisseur. Ils étaient rugueux et quelque peu sinueux. Les placards, dont l'épaisseur atteignait 5 centimètres se composaient de petites chambres très irrégulières, séparées par des cloisons faites également de carton de bois. Mais, celles-ci, de couleur sépia, d'aspect presque vitreux, étaient notablement plus solides que le revêtement superficiel. La même matière vitreuse, résistante, forme une doublure continue, polie, brillante, à l'intérieur de la substance plus terreuse des conduits ; les deux couches différentes étant facilement séparables.

On peut aisément se rendre compte de la façon dont sont édifiées les parties extérieures de la termitière ; il suffit de détruire l'une d'elles. Quelle que soit l'heure du jour, et même en plein midi, on voit sortir, par la brèche, une grande quantité de soldats qui se disposent à l'extérieur de l'ancien contour et forment une barrière vivante en se plaçant régulièrement l'un contre l'autre. Ils se plantent solidement sur leurs pattes écartées, le corps est courbé en arc avec l'extrémité postérieure et le cou relevé, la tête est bien horizontale, le rostre frontal braqué à l'extérieur. Les fourmis, toujours nombreuses et avides, essaient bien, quelquefois, de forcer le barrage et de fondre sur les neutres sans défense, mais elles brisent leur élan et reculent bien avant de toucher la ligne redoutable. A l'abri du cordon de protection, les ouvriers travaillent en sécurité. Ils apportent chacun, dans leur gueule, un minuscule caillou et le disposent, mouillé de salive, sur la brèche ouverte dans la paroi. Ils l'assurent par quelques petits mouvements de pression, puis, se tournant, le cimentent en vidant dessus une partie du contenu de leur ampoule rectale.

Si l'on étudie les diverses variétés de carton de bois dont j'ai eu l'occasion de parler, on trouve dans chacune d'elles la matière colorante brune sécrétée par l'intestin de l'insecte. Ce qui sert à édifier les parties extérieures, d'aspect terreux, est un mélange de particules solides et d'excréments, employés comme mortier. Les premières comprennent de petits corps variés : menus fragments de bois, grains de sable, fragment de chaux ou de ciment. On y rencontre aussi de petites boulettes ovoïdes, bien individualisées, de teinte relativement plus claire, qui paraissent être des déjections solides du même termite. Quant à la substance qui réunit ces matériaux, elle se montre absolument identique au contenu de l'intestin postérieur de l'*Eutermes*. Elle diffuse dans l'eau la matière colorante brune sécrétée par la paroi intestinale. Les résidus digestifs en constituent la plus grande partie : débris de membranes et de fibres cellulosiques. Il y a aussi des restes de champignons à divers états : filaments mycéliens, spores, parois de sporanges. On y trouve enfin une très grande quantité de bactéries, comme dans l'intestin de l'*Eutermes*.

La substance d'aspect plus vitreux, qui constitue les cloisons internes et double intérieurement les conduits de circulation, est de la matière excrémentitielle pure, pauvre en débris cellulaires et constituée presque uniquement par des bactéries accumulées. On s'explique ainsi sa plus grande cohésion, son élasticité et la difficulté qu'on éprouve à la désagréger par l'action de l'eau.

Nous pouvons, à présent, comparer d'une façon générale les divers modes de construction employés par les termites.

Les formes les moins élevées que j'ai rencontrées jusqu'ici en Indochine, appartiennent aux genres *Cryptotermes*, *Leucotermes*, *Coptotermes*. La première catégorie émet des crottes consistantes qui s'accumulent, sous forme d'une poussière sèche et ne servent pas à la construction. Il n'y a donc rien qui ressemble au carton de bois. Les galeries de circulation sont faites de terre ordinaire, apportée et triturée par les mandibules de l'insecte. Dans le second et le troisième genre, les cloisons protectrices et les couloirs de circulation sont encore faits de terre relativement grossière, travaillée de la même façon. Les excréments sont accumulés à l'intérieur des cavités creusées dans le bois. Déposés à l'état liquide, ils forment une sorte de réseau ; il y a déjà, ici, du carton de bois, mais il n'est pas utilisé systématiquement.

Ce sont là des adaptations rudimentaires à la construction, nous allons en trouver de plus complètes, développées dans deux sens différents.

Les genres *Macrotermes* et *Odontotermes* nous montrent un emploi exclusif de la terre élaborée par les mandibules, comme matériel de construction et un haut développement de l'art de bâtir. Les murs et cloisons, disposés suivant un plan spécialement adapté, sont faits de terre argileuse très fine rendue spécialement solide par l'imbibition de salive. L'édification des meules introduit une complication supplémentaire : pour les fabriquer, les termites substituent une pâte de débris foliaires à la terre battue, mais cette nouvelle matière est encore élaborée au moyen des mandibules et disposée de la même façon. Ils n'utilisent jamais leurs excréments comme matériaux. C'est là le terme de l'adaptation à l'emploi de la terre ; la plus grande puissance étant manifestée dans la grosse termitière de *Macrotermes carbonarius*, les nids des

Odontotermes, moins grands, réalisant une structure encore plus différenciée.

Voici, maintenant, l'autre série. Le genre *Hamitermes* nous montre beaucoup moins d'habileté que les précédents dans l'emploi des mandibules comme truelle. La partie de ses demeures qui est faite de terre est beaucoup moins importante et moins différenciée. Mais une nouvelle aptitude s'est développée chez lui : il utilise ses excréments à la construction de toute la partie intérieure de son habitation. Le plan qu'il réalise au centre de son nid, malgré d'importantes différences, n'est pas sans analogie avec celui que suivent les *Macrotermes* : c'est là, sans doute, une convergence de forme imposée par des nécessités biologiques communes à tous les termites, nécessités tenant à leur mode de respiration, d'alimentation, de reproduction.

Dans le genre *Eutermes*, et spécialement chez *Eutermes matangensis*, l'emploi de la terre comme substance de construction est réduit au minimum ; il est presque nul dans la dernière espèce et chez quelques autres. Il n'est plus représenté que par l'apport des minuscules particules minérales ou autres, que ces termites disposent, avec leurs mandibules, dans la maçonnerie externe de leurs galeries de circulation. Par contre, la part prépondérante, dans le nid, passe au carton de bois, à la matière rectale de l'animal déposée immédiatement à sa place définitive. C'est l'accumulation des déjections individuelles, disposées suivant un certain plan, qui réalise la forme de la termitière. Tout est fait de cette substance, y compris les galeries de circulation que les espèces moins spécialisées dans ce sens, font régulièrement en terre.

Il y a donc bien, chez les termites, à partir des formes inférieures deux adaptations divergentes à l'art de construire : on trouve l'ébauche de ces deux procédés chez les insectes archaïques, mais ils s'excluent l'un l'autre là où ils sont le plus hautement développés. D'ailleurs, les formes qui montrent, dans chaque série, la différenciation maximum, sont précisément celles que leurs autres caractères ont fait considérer comme les plus évoluées.

On sait comment les termites minent le bois : un conduit les amène à proximité de l'objet attaqué ; ils en détruisent l'intérieur

Fig. 1. — Termitière d'*Eutermes matangensis* installée à la fourche de deux branches, vue par devant.

Fig. 2. — La même, vue par derrière.

Fig. 3. — Fragment d'une termitière d'*Eutermes matangensis* établie sur un arbre à bois dur.

mais respectent la surface. Si on entame celle-ci, l'*Eutermes matangensis* aveugle immédiatement l'ouverture avec du carton de bois. A mesure qu'il creuse, il remblaie la cavité avec des cloisons faites de même substance, ce qui le rapproche absolument des *Coptotermes* par exemple. Un réseau friable se substitue ainsi, peu à peu, au bois solide. Si on examine les points par où l'animal travaille cette matière, la surface d'attaque frappe à première vue. Elle est bien unie, raccordée d'un endroit à l'autre par des courbes. Observée à la loupe, elle montre une saillie de certains éléments cellulaires ; on pense à une attaque chimique bien plutôt que physique. Il semble que le bois ait été dissous par un réactif qui agissait plus lentement sur certaines parties. Je suis porté à penser que les termites ont une salive particulièrement active qui digère les matières ternaires. Ils imbiberaient leurs aliments de cette sécrétion, puis aspireraient la bouillie nutritive ainsi formée. Ce n'est là, sans doute, qu'une hypotèse, mais il est intéressant de constater que certains bois durs ne résistent pas aux attaques des termites. C'est le cas de notre chêne d'Europe et des plantes indochinoises voisines. D'après OSHIMA, le *Coptotermes formosanus* serait même capable, par la voie physique, de faire son chemin dans le mortier de chaux et les briques. Je l'admets facilement car les *Coptotermes* que j'ai rencontrés à Hanoï me paraissent en faire autant. Inversement, les bois qui ne conviennent à aucun *Isoptère* sont souvent pourvus d'une odeur essentielle particulière, sans être toujours très durs. Tel est le cas du bois de Jacquier qui paraît résister à tous ces insectes.

S'ils agissaient physiquement, en rabotant le bois avec leurs mandibules, la question du mode de nourriture des soldats se poserait. Comment les nasuti d'*Eutermes matangensis* pourraient-ils se servir de leurs mandibules qui sont réduites à un très faible rudiment ? Et comment feraient les soldats des *Macrotermes* et autres genres, dont les mandibules sont en forme de stylets ou de lames tranchantes et atteignent une longueur supérieure à celle de la tête? Il faudrait que les ouvriers les nourrissent complétement, ce qui, jusqu'ici, est au moins douteux. Par contre, ouvriers et soldats ont de volumineuses glandes salivaires pourvues de grands réservoirs de sécrétion ; ainsi se trouve suggérée l'idée que les mandibules des ouvriers de termites fonctionnent plutôt comme mains que comme mâchoires (1).

Le 27 octobre 1922, j'entrepris la démolition de la pile de maçonnerie renfermant le nid que j'ai décrit précédemment. La partie qui dépassait le mur (fig. 7), ne renfermait rien de spécial. Mais, au-dessous, je la trouvai habitée par les insectes. Elle était faite de briques peu serrées, réunies par un mortier friable. Seul, le mortier de recouvrement était un peu dur. Les termites avaient pénétré par les interstices de celui-ci et agrandi les espaces vides rencontrés à l'intérieur. La figure 8 indique qu'ils disposaient ainsi d'une certaine place. On y voit d'assez larges espaces entre la partie extérieuré de la pile et le noyau central, composé de briques irrégulièrement cassées.

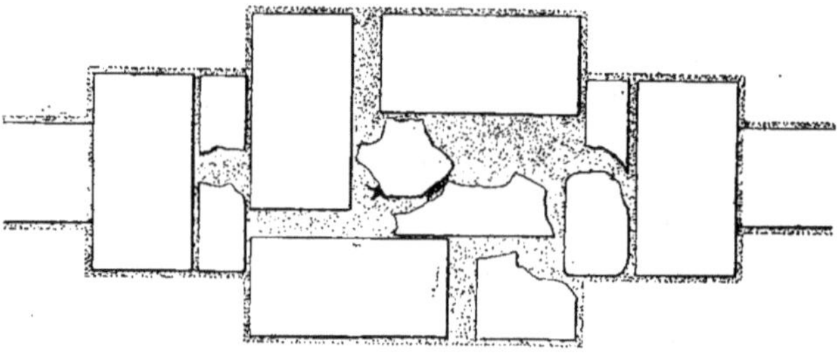

FIG. 8. — Plan de la pile renfermant le nid d'*Eulermes matangensis*.

Les cavités avaient été tapissées d'une couche d'excréments et servaient de logements. C'étaient surtout des fentes, orientées suivant les trois directions principales de la construction ; elles communiquaient entre elles, formant un réseau compliqué. Les vides plus larges étaient cloisonnés avec un carton de bois résistant. Les chambres s'étendaient, dans la pile, sur une hauteur d'environ 40 centimètres. Celles que je trouvai en-dessus, ne renfermaient guère que des ouvriers et des soldats ; sans doute, étaient-ils concentrés là par la violence de mon procédé et se préparaient-ils à essayer de défendre

(1) Les théories qui font jouer aux *Trichonymphides* un rôle important dans la digestion du bois par les termites ne peuvent avoir de valeur générale ; en effet, les infusoires intestinaux manquent chez les formes supérieures.

le nid. En dessous je trouvai des larves et des nymphes. Plus bas encore, je rencontrai dans une chambre latérale, la reine qui tentait de s'échapper et n'était pas accompagnée du mâle. Elle n'était plus dans son appartement, elle paraît très mobile. Il y avait sur le même plan, des loges où des œufs étaient disposés en amas ; d'autres, divisées par des cloisons, avaient reçu de jeunes larves. Enfin, à la base même de la termitière, se trouvait un réduit horizontal, établi dans une fissure du noyau de la pile.

Examinons, maintenant les objets intéressants rencontrés.

1º La reine, (fig. 1 et 2, pl. VI). Elle mesure 21 millimètres de long sur 4 de large. On distingue nettement, sur son abdomen, 7 petites plaques chitineuses. En arrière, il y a un ensemble confus qui se termine par le tube de ponte. Elle peut se déplacer assez rapidement et franchir des dénivellations relativement considérables. Elle est sans cesse agitée de contractions et pond sans interruption. Les ouvriers lui enlèvent les œufs au fur et à mesure qu'elle les évacue. Laissée sans soins, elle les englue sur elle-même en revenant traîner son abdomen aux endroits où elle en a déjà déposé.

J'ai remarqué un ouvrier absorbant une goutte de liquide opalescent, grosse comme sa propre tête, qui sortait des flancs de la mère. Cette goutte était obtenue par morsure. Cela semble être une sorte de soin, car le neutre procéda à cette opération en retrouvant la reine, jusque là abandonnée. Les antennes de cette dernière étaient tronquées, l'une conservant 10 articles, l'autre 13 (le nombre normal est 15).

2º Les œufs. Ils sont déposés en tas dans certaines chambres. Ils apparaissent blancs, hyalins, légèrement jaunâtres. L'ensemble fait penser à du sucre cristallisé fin et pas très pur. Vus à la loupe, ils se montrent cylindriques, légèrement arqués, avec les extrémités atténuées en hémisphères. Ils ont la forme de minuscules saucisses et mesurent, environ, $0^{mm}7$ de long sur $0^{mm}4$ de large. Ceux que je trouvai étaient presque au terme de leur évolution : de nombreux petits faisaient leur éclosion.

Rentré au laboratoire, je les disposai sur une brique ; les ouvriers les prirent et les cachèrent sous un morceau de cloison en carton de bois. J'écartai cet objet et le plaçai à 5 centimètres de sa première position ; j'observai alors, le déménagement des œufs. Les ouvriers les saisissent par paquets d'une quinzaine, collés les uns aux autres et vont les mettre à l'abri de la lumière. Les petits soldats porte-ampoules sont au comble de l'excitation ; ils secouent nerveusement leur tête et guident les files de travailleurs. Les jeunes venant d'éclore sont traités comme les œufs et pris, avec les mandibules, par le pronotum.

Ayant démoli le nid, j'essayai d'en conserver les débris au laboratoire dans une caisse de zinc, et de garder, aussi longtemps que possible, la reine et la population captives. La chose alla d'abord très bien. Je mis dans la caisse les morceaux de maçonnerie les mieux garnis de carton de bois que je pus trouver, avec, environ, la moitié de la population totale. J'ajoutai deux morceaux de bois pris au fond du jardin d'essai, et déjà entamés par les insectes maintenant captifs. En même temps, j'imbibai d'eau une brique et un petit bloc de mortier. Je pus constater un mouvement de circulation extrêmement actif : les insectes d'abord occupés uniquement à cacher les œufs et les jeunes et à se construire des retraites, se précipitaient en grand nombre pour boire et manger. Un véritable ruisseau de termites passait sur les parties humides et sur la provende.

J'ajoutai alors la reine, contenue dans une boîte de Petri et amenai en contact avec le fond de celle-ci, une extrémité du morceau de bois le plus visité. Au bout d'une dizaine de minutes, les ouvriers commençaient à découvrir leur mère. Il faisait très sombre et, cependant, je pouvais les distinguer enlevant les paquets d'œufs collés à sa peau. Ils étaient tous tournés vers elle, la léchant, lui dégorgeant des aliments. Autant que je pus m'en apercevoir, les soldats essaient de soigner la reine lorsqu'il n'y a pas d'ouvriers. Ceux-ci survenant, les nasuti paraissent les guider, les exciter au travail, allant sans cesse de l'un à l'autre.

L'expérience fut arrêtée le lendemain dans l'après-midi, de la façon suivante. Je voulais faire peindre la femelle vivante. En effet, son aspect n'est plus le même lorsqu'elle a été fixée. Son abdomen paraît alors blanc et opaque, tandis que, vivant, il est translucide, d'aspect cireux et teinté par les reflets brunâtres de la peau. Il me fallait donc, aux heures de travail, la remettre à un dessinateur. Je l'avais laissée dans une boîte de Petri, au milieu de la termitière captive, le soir du 27 octobre 1923. Le matin suivant, elle avait disparu.

Elle était cachée sur une brique, sous un fragment de carton de bois, près de sa première place. Elle avait donc affectué un trajet vertical de plusieurs centimètres, en utilisant probablement le morceau de bois qui touchait à la boîte de Petri. Je la pris et on commença de la peindre. L'isolement, la station dans un milieu non confiné, paraissaient la fatiguer beaucoup. Les œufs se collaient par paquets sur son corps, puis n'étaient plus évacués. Elle semblait perdre de l'embonpoint, ses mouvements se faisaient de plus en plus rares. A deux heures, je revins à l'Institut, et voulus la reprendre pour faire continuer le travail entrepris. Il me fut impossible de la découvrir. J'étalai sur le carreau tous les objets contenus dans la caisse de zinc et n'obtins aucun avantage ; elle était donc cachée dans les morceaux de bois déjà taraudés, que j'avais donnés, comme nourriture, aux captifs. Je me mis à fendre ceux-ci avec le plus de précautions possible. Les secousses imprimées par cette opération la firent tomber d'un morceau fendu. Elle était inerte, ne portait pas trace de blessure et conservait les apparences de la vie. Les chocs de la hache sur le bois avaient dû la tuer. Le dessinateur en prit possession et travailla d'urgence pour fixer l'aspect reproduit par les figures 1 et 2 de la planche VI.

Comparant la structure de la termitière que je viens de décrire avec celle d'autres habitations de la même espèce, nous pourrons arriver à une image générale. Il semble que le couple progéniteur préfère, pour établir le nid, les fissures de maçonnerie à tout autre milieu. Il faut, naturellement, que celles-ci soient situées à proximité de matières ligneuses susceptibles de nourrir la colonie. Aussi, est-il fréquent de trouver les placards de l'*Eutermes matangensis* sur les murs de hangars ou de vieilles habitations indigènes. Ils dévorent les poutres et la partie essentielle de la communauté est bien protégée. Les crevasses rocheuses naturelles doivent pouvoir jouer le même rôle.

Ces insectes élèvent aussi, au moyen de leurs déjections, de véritables édifices sur certains points du bois qui les nourrit.

Un nid que j'ai pu observer à Saigon, (fig. 9) était installé sur un
arbre à bois dur, croissant au revers d'un fossé faisant le tour d'une
maison. A 1^m 20 de hauteur, environ, se trouvait plaqué une sorte

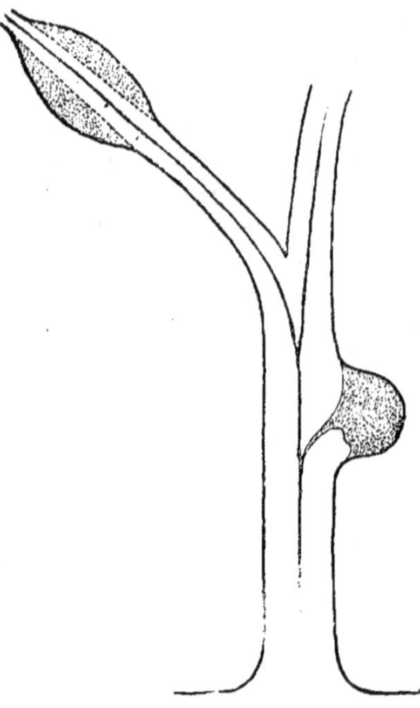

FIG. 9. — Schéma de la disposition d'un
nid d'*Eutermes matangensis*.

de dôme en carton de bois de
40 centimètres de diamètre.
Après en avoir desserti le
bord appliqué sur l'écorce, je
l'arrachai ; seule la couche
superficielle se détacha, formant une sorte de calotte de
10 centimètres d'épaisseur. Il
restait une partie semblable,
massive, adhérente à l'arbre.
Avec une tige métallique, je
la détachai et pus l'enlever
d'un seul bloc. Elle était constituée par une agglomération
de petites chambres construites en carton de bois très
dur ; elle renfermait une
quantité considérable d'œufs
près d'éclore, de jeunes larves, des nymphes presque
adultes. J'avais donc en ma
possession le centre de la
termitière et, probablement,
la loge royale. Je n'ai pas
capturé cette fois, le couple royal. Il avait dû s'enfuir par un
tunnel occupant le milieu de la cicatrice et le cœur du tronc. Ce
tunnel se prolongeait dans l'axe de la partie supérieure de l'arbre
(fig. 9). Il s'étendait à l'intérieur d'une branche tronquée située
à 2^m 60 du sol. Celle-ci mesurait environ 1^m 20 de long et 0^m 20
de diamètre. Elle était, en partie, enveloppée d'une construction
de carton de bois (fig. 3, pl. V) en forme de fuseau, atteignant
0^m 70 de long et 0^m 35 de diamètre. A l'intérieur, le bois était
presque entièrement rongé et remplacé par du carton de bois très

solide. Je trouvai, dans cette partie, des larves avancées et des adultes. Ce devait être surtout un lieu de pâture.

Les figures 1 de la planche IV et 1 et 2 de la planche V, représentent des termitières typiques d'*Eutermes matangensis*, observées dans les arbres du Jardin botanique de Saigon.

Nous pouvons synthétiser les résultats précédents en disant que le nid d'*Eutermes matangensis* peut être logé dans des anfractuosités solides ou, en partie, édifié en carton de bois. Il n'a pas de forme définie, est composé de petites chambres irrégulières. La partie extérieure est friable et peu habitée ; le centre est beaucoup plus solide et reçoit les œufs et les jeunes. On peut quelquefois reconnaître une loge royale, plus grande que les autres.

Si nous examinons, d'une façon générale, le système des galeries, nous trouvons des conduits mettant l'habitation en rapport avec les endroits où les termites se nourrrissent. Ils peuvent n'être pas continus, ce qui s'explique en songeant que les insectes envoyés par un nid, dans un amas de substance exploitable sont bien défendus et ne craignent pas d'adversaires. Il suffit donc de fortifications défendant l'entrée de l'édifice principal, d'une part, et celle du nouveau séjour, d'autre part.

Le couloir de circulation horizontal reliant entre elles les galeries descendant dans le sol et celles qui mènent aux endroits de pâture est sensiblement; constant, les nids d'une certaine étendue le montrent presque toujours. Il est parallèle à la surface du terrain et placé à une distance de celui-ci, qui varie de 10 centimètres à 1 mètre. En général, il est protégé par une saillie, en dessous ou en dessus de laquelle il est établi.

Quant aux galeries verticales atteignant le sol, elles sont absolument constantes. Il n'est pas de termitière qui en soit dépourvue. On a vu qu'elles aboutissaient à des chambres et à des tunnels s'enfonçant plus ou moins profondément dans la terre ; je pense que ce système est purement et simplement l'abreuvoir des *Eutermes*.

J'ai rapporté que les ouvriers et les soldats captifs viennent aspirer avec beaucoup d'avidité, l'eau humectant un peu de mortier mis à leur disposition ; ceci indique comment ils se procurent ce liquide. Il n'y a pas de raison pour que la terre ne leur livre pas son eau

d'imbibition, comme une brique ou un peu de ciment. Les galeries
verticales sont seulement une protection dans le trajet à effectuer
entre le nid et le sol humide. A l'appui de cette manière de voir, vient
la constatation suivante. J'ai souvent gardé en captivité des portions considérables de termitière d'*Eutermes matangensis*. Je les
plaçais dans une caisse de zinc, reposant sur des briques isolées par
de l'eau. Les insectes construisaient aussitôt un chemin couvert qui,
montant à l'intérieur de la caisse, redescendait à l'extérieur, passait
dessous et venait se terminer sur une brique, au contact même de
l'eau, par un placard large d'environ 5 centimètres. Une quantité
considérable d'animaux le parcourait sans cesse ; en détruisant la
partie terminale on les voyait occupés, sans aucun doute possible,
à boire. A la différence des fourmis, les termites ne peuvent d'ailleurs
pas grimper sur des parois verticales métalliques ou vitreuses, mais
ils tournent la difficulté. Ils recouvrent celle-ci d'une couche d'excré-
ment sans cesse étendue ; les parties anciennement tapissées fournissent un appui pour garnir celles qui sont au-dessus. C'est ainsi
que s'amorce la construction de tous les conduits de circulation.

D'autres observations s'accordent encore avec la précédente. Dans
un nid d'une certaine étendue, les conduits verticaux descendent,
de préférence, vers les points où le sol est le plus humide. Ils sont
plus fréquentés dans la saison sèche que dans le temps des pluies.
C'est pendant les mois privés d'averses qu'on observe les *Eutermes*
enfoncés le plus profondément dans le sol. Nous connaissons donc
la raison d'une des particularités les plus nettes de ces termitières.

Moyens de défense d'Eutermes matangensis. — J'ai dit avoir observé
la circulation d'insectes de cette espèce, sur le sol nu où ils effec-
tuaient un trajet de plusieurs mètres. Ceci ne saurait être considéré
comme exceptionnel ; ils ne craignent pas de sortir de leurs fortifications, même au milieu du jour. En général, lorsque des termites
se déplacent, il y a circulation simultanée dans le sens de la sortie
et du retour. Il n'en est pas autrement ici, les ouvriers vont et viennent par petits groupes, séparés, de temps en temps, par quelques soldats. Ceux-ci sont puissamment armés, leurs ennemis les
redoutent beaucoup ; les fourmis, en particulier, fuient devant ces
guerriers bien équipés. J'ai pu observer, à Saigon, en plein midi,

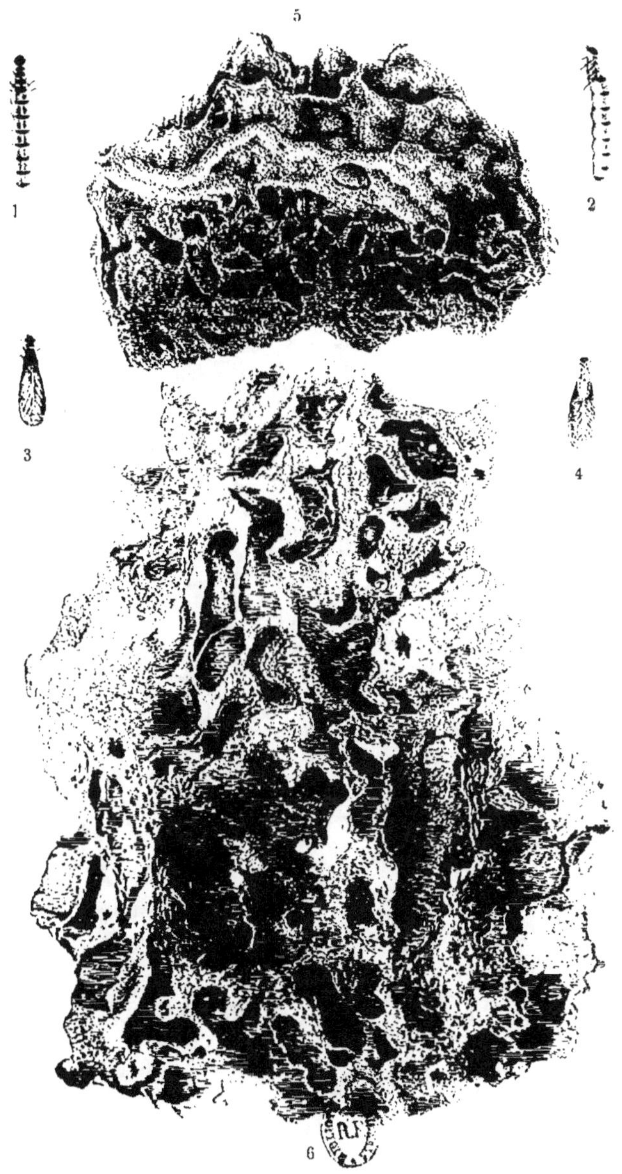

1, 2. Reine d'*Eutermes matangensis*. Vue par en dessous et de profil. — 3 et 4. Sexué
d'*Eutermes matangensis*. Vue par dessus et dessous. — 5. « Carton de bois »
d'*Eutermes matangensis*. Échantillon montrant la couche continue superficielle. —
6. « Carton de bois » de la même espèce, échantillon pris dans la masse.
NOTA : Toutes les figures de cette planche sont de grandeur naturelle.

une forte colonne d'*Eutermes malangensis*, qui, marchant le long
d'un mur et à terre, effectuait tranquillement une migration entre
deux points distants de plus de 30 mètres. La même immunité
est bien mise en évidence par ce qui se passe, lorsqu'on détruit,
comme je l'ai fait souvent, une galerie couverte fréquentée par ces
insectes ; j'ai déjà décrit le cordon de protection formé par les
nasuti, le long de la partie à reconstruire.

On pense bien que ce n'est pas la manœuvre correcte des soldats
d'*Eutermes* qui suffit à impressionner les fourmis et les force à
reculer. En réalité, la tête du nasutus renferme une poche sécrétrice
(fig. 56) dont la description a déjà été donnée par maints auteurs.
Elle est en forme de demi-tore et occupe la partie postérieure, arrondie, de la capsule céphalique. Elle produit une matière visqueuse,
évacuée au-dehors par un conduit occupant l'axe du prolongement
frontal caractéristique de la caste. J'ai pu apercevoir que la sorte
de glu ainsi produite est projetée à distance sur les assaillants.

On peut le démontrer de la façon suivante. Plaçons sur une lame
de verre bien propre, un soldat d'*Eutermes malangensis* et agaçons-le
avec la pointe d'une aiguille. Il prend l'attitude habituelle de la
défense : corps courbé en arc, avec l'extrémité postérieure relevée,
tête dressée, rostre braqué dans la direction de l'aiguille. Si on laisse
celle-ci près de l'insecte, elle est bientôt couverte de minuscules
gouttelettes visqueuses qu'on détaille parfaitement au binoculaire.
Mais, si on a soin de la retirer rapidement après avoir mis le petit
animal en fureur, on voit que la plaque de verre reçoit de petites
taches de « glu » projetées à plusieurs centimètres de distance. J'ai
fait plusieurs autres expériences concluantes à ce sujet. Voici l'une
des plus nettes. Ayant pris trois boîtes de Petri, je plaçai dans la
première une cinquantaine de soldats d'*Eutermes malangensis*. La
seconde reçut une quantité égale d'ouvriers de la même espèce, et
la troisième un nombre égal de nymphes. Je capturai alors une
dizaine d'*Oecophylla smaragdina*, j'en mis six dans la boîte n° 1,
deux dans la boîte n° 2, deux dans la boîte n° 3 et je recouvris les
récipients. Au bout de quelques minutes, j'enlevai les trois cou-
vercles. Une fourmi de la boîte n° 3 se sauva très vite, l'autre resta
quelques temps puis s'en alla, enlevant deux nymphes dans ses

mandibules. Les deux fourmis de la boîte n° 2 prirent aussi le temps de chasser et partirent en emportant chacune un ouvrier.

Quant aux fourmis de la boîte n° 1, je les voyais s'épuiser en efforts désespérés pour quitter la place. Chaque fois qu'elles frôlaient un soldat, celui-ci s'arrêtait et tournait son rostre vers la fourmi. L'une d'elles étant passée sur un amas de termites, j'en vis un s'y attacher obstinément et diriger son rostre à la face inférieure du corselet. Il n'y avait, d'ailleurs, pas contact et la tête ne gardait son orientation en avant que pendant un très court instant.

Trois des fourmis ne quittèrent la boîte n° 1 qu'avec mon aide. Elles avaient les mandibules engluées ; de petits grains de sable, de menus fragments de bois adhéraient à leur corps et surtout à leurs pattes. Les trois autres restèrent fixées à des objets contenus dans le récipient. Peu à peu et d'autant plus vite qu'elles se débattaient davantage, leurs membres se collaient entre eux, puis au long du corps. Enfin de compte, elles moururent là, complétement immobilisées. J'essayai de les dégager avec de l'eau : la substance qui les encollait ne me parut pas soluble dans ce liquide.

Observées au microscope, toutes les fourmis mises en contact avec des nasuti se sont montrées couvertes de petites taches rondes, transparentes, ayant l'aspect de gouttelettes de sirop très épais. Ces petites taches, très nombreuses sur les fourmis mortes, avaient retenu de nombreux corps étrangers. Elles étaient confluentes aux points sur lesquels les soldats s'étaient particulièrement acharnés.

Ainsi donc, les nasuti d'*Eutermes* possèdent une arme très efficace contre leurs ennemis.

J'ai fait quelques essais en vue de déterminer la nature chimique de ce que j'ai appelé jusqu'ici la « glu » d'*Eutermes malangensis*, Étant données les faibles dimensions de l'animal, il est clair que je ne pouvais me procurer de grandes quantités du liquide à étudier ; la longueur de la tête est voisine de $1^{mm}80$, je ne crois pas qu'elle contienne un millimètre cube de liquide visqueux.

J'ai eu recours aux procédés de la microchimie : par compression, je forçais les soldats à déposer une partie de leur sécrétion sur des lames de verre bien propres, lames du modèle habituellement employé pour les préparations microscopiques. Je faisais, ensuite, subir à celle-ci divers traitements et je contrôlais les transformations qu'elle subissait, avec une loupe binoculaire grossissant 20 fois.

Aspect physique. — La glu d'*Eutermes matangensis* se présente comme un liquide incolore, transparent, parfaitement limpide, même au microscope. Il est très visqueux, très réfringent, dégage une odeur aromatique très semblable à celle de l'essence de cèdre. Abandonné à l'air, il devient de plus en plus visqueux. Au bout de peu de temps, on peut déjà le toucher avec une aiguille sans qu'il s'y attache sensiblement. En moins d'une semaine, il a acquis une consistance vitreuse et se détache en éclats, sous le choc de la pointe d'acier. En même temps, l'odeur devient plus franchement résineuse.

Solubilité. — La glu d'*Eutermes matangensis* est insoluble dans l'eau. Si on écrase, dans ce liquide, une tête de soldat, la matière visqueuse qu'elle contient vient s'étaler à la surface de l'eau. Elle a donc une densité moindre que l'unité. Elle forme une sorte de pellicule qu'on peut, après quelques heures, retirer avec la pointe d'une aiguille. Elle y adhère, se plisse tandis qu'on l'enlève et forme enfin un petit amas visqueux à l'extrémité de l'aiguille.

Si on met de l'eau sur une lame de verre ayant déjà reçu des gouttelettes de sécrétion et qu'on chauffe le tout, la sécrétion abandonne totalement le support et vient s'étaler en disques, à la surface de l'eau. Elle est parfaitement soluble dans l'alcool à 95°, le xylol, l'éther, le chloroforme. l'essence de térébentine. On la retrouve ensuite par évaporation de ces différents solvants.

Action de la chaleur. — Si fort qu'on la chauffe, la glu d'*Eutermes matangensis* ne se coagule pas. Elle reste absolument limpide tant qu'elle n'est pas détruite. Voici ce qu'on remarque en faisant agir graduellement la chaleur. Tout d'abord, le produit devient de plus en plus liquide. Vers 70 ° il coule comme de l'eau. Alors, les gouttelettes, les taches irrégulières déposées sur le verre, se rassemblent en gouttes. A une température voisine de 100°, il laisse échapper des vapeurs aromatiques qui se condensent rapidement. Le résidu hyalin devient, à ce moment, bien plus visqueux. Refroidi à la température ordinaire, il se brise en éclats sous le choc de l'aiguille. Chauffé de nouveau, il fond. La chaleur augmentant, il y a encore émission de vapeur et, enfin, on observe un très faible résidu carbonisé.

J'ai étudié plus exactement l'action de la chaleur au-dessous de 100° par le procédé suivant. Ayant étiré un tube capillaire fin, j'en perçai successivement la tête de deux soldats et aspirai une partie du contenu visqueux. Je fermai, ensuite, le tube à la lampe par l'extrémité fine.

Ce tube fut placé dans un vase contenant de l'eau chauffée peu à peu ; un thermomètre indiquait la température à chaque instant. Chaque fois que la température montait d'un degré environ, j'observais le tube capillaire à la loupe binoculaire. Par suite du mode de remplissage, la glu contenue dans le tube était divisée en plusieurs index, séparés par des bulles d'air. La longueur totale occupée par ces bulles et le liquide était d'environ 8 millimètres, celle du liquide supposé continu, 6 millimètres.

Vers 83°, il y a sans doute, un premier départ de vapeur. La glu est fluidifiée, et les bulles d'air séparant les index ont disparu. Dès lors, le liquide forme une seule colonne. A 95°, il apparaît des bulles de vapeur qui divisent de nouveau cette colonne en trois fragments ; à 100° elles ont disparu et l'index est redevenu unique. Il semble donc, que lorsqu'on chauffe, il y a émission de plusieurs produits volatils, dont le plus volatil paraît abandonné vers 85°.

Tout ce qui précède indique que le liquide visqueux des *Eutermes* est une matière aromatique, une résine ; cela ressort encore plus nettement de ce qui va suivre.

Combustibilité. — La glu des soldats d'*Eutermes matangensis* est combustible. Prenons un de ces animaux avec une pince fine et présentons sa tête à la base d'une flamme d'alcool, là où elle est presque incolore : la tête émet de petites flammes courtes, éclairantes, un peu fuligineuses, très semblables à celles que donnerait un mince éclat de sapin placé dans les mêmes conditions. L'émission de flammes éclairantes est instantanée si on a fait sourdre une goutte de glu à l'extrémité du rostre du soldat. Une tête d'ouvrier de la même espèce, traitée de la même façon, se carbonise mais n'émet pas de flammes.

Action des alcalis. — Cette action a été étudiée avec de la soude, de la potasse, de l'ammoniaque. Au contact de l'alcali, la tension superficielle de la glu se rapproche de celle de l'eau ; elle se laisse étirer en longs filaments. Il devient facile, par agitation, d'y faire pénétrer du liquide aqueux : on obtient une émulsion blanchâtre. On peut rouler cette émulsion en boules, la séparer de l'aiguille et la disposer sur le verre. Par le repos, elle se défait.

L'action prolongée de l'alcali est un peu différente. Abandonnons trois jours des gouttelettes de glu dans une solution concentrée de soude. Elles restent ellipsoïdales, mais deviennent dures. Elles sont, à présent, nettement mouillées par l'eau. Si, dans ce liquide, nous les triturons à l'aiguille, elles se dépriment, s'aplatissent et n'adhèrent plus au support. Si on presse plus fort, elles se rompent en morceaux.

Si nous ajoutons à l'eau qui les contient un peu d'acide sulfurique concentré, la glu retrouve immédiatement sa viscosité première. Elle se sépare de l'eau, redevient fluide, adhère de nouveau à l'aiguille et au verre. Il y a, sans doute, par le traitement alcalin, une sorte de saponification que défait l'acide sulfurique.

Action de la teinture de Rouge Soudan III. — Le liquide visqueux d'*Eutermes matangensis* fixe électivement ce colorant. Exprimons sur une lame de verre, des gouttelettes de glu. Ajoutons-y quelques gouttes de solution saturée de Soudan III dans l'alcool à 70°. Le colorant se fixe sur les gouttelettes de glu, celles-ci devenant immédiatement bien plus colorées que l'alcool qui les environne. Elles s'y dissolvent d'ailleurs peu à peu, mais, bientôt, la teneur alcoolique du liquide baissant trop, la résine précipite sous forme de très petites gouttelettes fortement colorées en rouge.

La conclusion de tout ceci me paraît devoir être ainsi formulée : la matière visqueuse secrétée par le soldat d'*Eutermes matangensis* est une substance résineuse ; l'action de la chaleur en extrait des parties volatiles, essences ou huiles aromatiques, il reste un résidu solide, assez comparable à la colophane de la résine de pin.

Eutermes (Trinervitermes) disparatus SILVESTRI.

J'ai rencontré cette espèce sur la colline buissonnante, qui s'élève derrière le Laboratoire du Service Océanographique des pêches, à

Cauda près de Nhatrang. Ce termite édifie une construction qui n'est pas sans analogie avec celle d'*Hamitermes annamensis*, quant aux matériaux employés, du moins. Celle que j'ai rencontrée formait au-dessus du sol, une saillie conique d'environ 30 centimètres de diamètre à la base et de plus de 15 centimètres de haut. Elle avait une sorte de mur extérieur assez mince, riche en particules minérales.

A l'intérieur de celui-ci, la termitière se composait de loges petites, irrégulières, comme celles des autres *Eutermes* et dont les parois étaient faites de carton de bois.

Eutermes (Lacessititermes) cuphus Silvestri.

J'ai reçu plusieurs fois cette forme de M. Poilane, récolteur-botaniste de l'Institut Scientifique de l'Indochine, qui l'avait rencontré à Cana, dans la région de Nhatrang. Ce termite est arboricole, il édifie ses habitations aux fourches des petites branches, Les termitières que j'ai eues entre les mains étaient ellipsoïdales. mesuraient environ 10 centimètres dans leur plus grande dimension, sur 5 à 7 de diamètre transverse. Elles étaient uniquement faites de carton de bois et composées de petites chambres juxta-posées. Au milieu, se trouvait la loge royale, sorte de cavité lenticulaire à base horizontale, ayant environ trois centimètres de longueur sur un demi de hauteur. Le couple royal reste à peu près ce qu'il était lors de l'accouplement. L'abdomen de la reine paraît très légèrement distendu, mais ses plaques chitineuses restent au contact. Les neutres sont foncés, ont des pattes noires, longues, sont agiles et rappellent singulièrement des fourmis, tant par leur aspect général que par leur habitation.

Microcerotermes Bugnioni Holmgren.

Cette espèce a été rencontrée à Ceylan ; elle est assez commune en Cochinchine : je l'ai trouvée à Saigon et à Caybé, près des bouches du Mékong. Elle détruit les bois morts et pourrissants ; la termitière peut être placée sur un arbre, à faible hauteur, ou au niveau du sol. Elle ressemble beaucoup à celle d'un *Eutermes* ; elle est édifiée en carton de bois ainsi que les galeries de circulation.

TROISIÈME PARTIE

ÉTUDE DU DÉVELOPPEMENT DES TERMITES
DE L'INDO-CHINE
LA DÉTERMINATION DES CASTES

Position de la question.

Lorsqu'on ouvre une termitière où se rencontrent, en même temps, des sexués et plusieurs catégories de neutres, on ne peut qu'être frappé par les différences morphologiques considérables qui séparent les diverses sortes d'individus. Tous ces insectes ont cependant les mêmes parents, et il semble qu'on ait là un matériel extrêmement favorable à la recherche des causes qui produisent d'aussi grandes dissemblances dans la postérité d'un même couple. Pourquoi et comment les castes se séparent-elles ? Les termites nous feront-ils connaître quelques faits permettant de comprendre mieux le mécanisme de l'hérédité et de la transmission des caractères ?

L'étude du problème de la détermination des castes suppose la connaissance du développement des termites. Y a-t-il au sortir de l'œuf, plusieurs sortes de jeunes ? A quel moment peut-on reconnaître un sexué ? un soldat ? Y a-t-il le même nombre de mues pour chaque caste : telles sont les questions qui se posent d'abord. Si nous savons exactement comment évoluent les termites, nous pourrons, en dehors de toute étude cytologique, obtenir des renseignements sur les causes qui agissent au cours de cette évolution. Certaines hypothèses pourront se trouver éliminées ou renforcées par les faits acquis. Je me suis appliqué, pendant deux ans, à étudier le développement de la population entière de plusieurs espèces de termites ; j'ai examiné des dizaines de milliers d'insectes : c'est le résultat de ce travail que j'expose ici.

La cause même de la détermination des castes est très controversée. On sait que le sexe n'intervient pas puisque, dans beaucoup d'espèces, on peut facilement reconnaître des neutres présentant, respectivement, des traces de l'appareil génital de chacun des deux sexes.

Grassi (1) admet que les différences de caste sont dues à des modifications du régime alimentaire que les ouvriers imposeraient aux jeunes larves. Le développement plus ou moins complet des organes génitaux, serait en rapport inverse avec la quantité de protozoaires contenus dans l'intestin de chaque individu et celle-ci serait, elle-même, conditionnée par le genre de nourriture de l'insecte.

Escherich (2) pense que la différenciation des castes peut tenir à des conditions de température agissant sur la jeune larve.

Enfin, Bugnion soutient (3) que la caste, aussi bien que le sexe, se détermine, chez les termites, dans l'œuf, au moment de la fécondation et non durant la période larvaire. Cet auteur donne, à l'appui de sa théorie, une observation de jeune *Eutermes lacustris* sortant de l'œuf avec la corne céphalique et l'ampoule frontale qui caractérisent les soldats de ce genre.

Sur la question stricte du développement, les termitologues sont aussi peu d'accord. Escherich et la plupart des autres auteurs admettent qu'il y a quatre mues séparant cinq stades différents, pour

(1) Grassi et Sandias : *Constituzione e sviluppo della Societa dei Termitidi.* Atti Accad., Gioen. d. Sc. Nat. d. Catania (4) 6-7, 1893-94.

(2) Escherich : *Die Termiten oder weissen Ameisen,* Leipzig, 1909.

(3) Bugnion : *Observations sur les Termites, Différenciation des castes.* C. R., Séances Soc. Biol., t. 72, p. 1091-1094, 1912, et *La différenciation des castes chez les Termites.* Bull. Soc. Ent. de France, 1913, p. 213-218.

les castes neutres et cinq mues séparant six stades, pour les sexués.
Les jeunes seraient tous semblables extérieurement, à l'éclosion.
La distinction entre sexués d'une part, soldats et ouvriers de l'autre,
serait faisable dès après la première mue. Mes propres recherches
m'ont montré l'exactitude de ce dernier point.

En se basant [sur le fait indiqué plus haut, BUGNION pense
que les castes sont déjà distinguables dès la sortie de l'œuf. Il reconnaît, pour les neutres, une seule mue séparant deux stades, l'un
larvaire, d'aspect blanchâtre, l'autre chitinisé. Les sexués subi-
raient deux mues séparant trois stades.

Je ne saurais oublier les auteurs américains. Depuis longtemps
déjà, KNOWER (1) a mentionné qu'il n'avait jamais rencontré chez
Eutermes rippertii (pilifrons) de larve de soldat de taille sensiblement plus petite que celle de l'adulte. Par contre, il décrivit l'apparition d'une forme « soldat-nasutus » par mue, à partir d'une larve
à aspect d'ouvrier.

Miss Caroline Burlin THOMPSON (2) a publié bien plus récemment,
une étude sur « l'apparition des castes de neuf genres et treize
espèces de Termites ». L'auteur ne donne pas pour chaque espèce,
le tableau des stades actifs et des mues. Elle trouve que, dans toutes
les espèces examinées, les larves sont, à l'éclosion, semblables extérieurement. Cependant, après coloration, il serait facile de les séparer, au microscope, en sexuées et neutres ; les premières étant caractérisées par un cerveau plus gros, occupant plus de place dans la
tête, et des glandes génitales plus apparentes. Dès le deuxième
stade, les diverses catégories de neutres se sépareraient visiblement
les unes des autres.

On voit que les opinions les plus opposées trouvent des défenseurs ; la connaissance des faits allégués ne pouvait que m'inciter.
à la prudence.

(1) KNOWER : *Origin of the Nasutus-soldier of Eutermes.* Johns Hopkins Univ.
Circ. 13, pp. 58-59, 1894.

(2) THOMPSON : *The Development of the Castes of Nine genera and Thirteen
species of Termites.* Biol. Bull. t. 36, p. 379, 1919.

Technique employée.

J'ai examiné de grandes quantités de larves de plusieurs espèces. Je recueillai, de préférence, soit des meules à champignons couvertes d'insectes, soit des parties de termitières où les jeunes se trouvaient rassemblés. Je plongeai le tout, tel quel, dans du fixateur : BOUIN alcoolique ou CARNOY. Je me suis surtout servi du premier, moins coûteux, et dont j'ai employé, en une seule fois, jusqu'à plus de vingt litres.

Les animaux fixés étaient ensuite séparés des débris de meules ou de « carton de bois », puis rincés à l'alcool à 80°. On les triait ensuite un à un ; les formes intéressantes, individus en cours de mue, larves du stade spécialement en étude, étant mises à part dans des flacons étiquetés. Le matériel était ensuite conservé dans l'alcool à 80°. Pour l'observation, tant des animaux frais que fixés, je disposais d'une loupe binoculaire SPENCER à support articulé.

J'ai toujours employé un éclairage intensif : je me suis constamment servi d'un arc électrique pour ultramicroscopie, éclairant latéralement les objets. Ceci est nécessaire, lorsqu'on utilise les forts grossissements du binoculaire et qu'on veut « résoudre » le corps coloré d'une larve placé au sein d'un liquide réfringent.

Pour *Eutermes matangensis*, j'utilisais le plus souvent, dans ce but, un mélange à parties égales, d'acide phénique et de chloroforme. Ce médium gonfle les échantillons de telle sorte que tous les détails en deviennent précis ; sa réfringence est très bonne.

Il faut, pour teindre correctement les organes intérieurs d'un termite, si jeune qu'il soit, des colorants extrêmement pénétrants. J'ai employé d'abord le carmin chlorhydrique alcoolique. J'y plongeais les larves fixées et rincées, et les y laissais deux à trois jours. Je différenciais ensuite, soit par l'alcool chlorhydrique à 0,25 °/o, soit simplement par un séjour d'environ une semaine dans l'alcool à 80°. Plus tard j'ai substitué au carmin une solution d'hématoxyline que j'imaginai. C'est tout simplement l'hématoxyline chlorhydrique de WEIGERT, dans laquelle j'ai remplacé l'eau par de l'alcool à 90°. Ce mélange est plus électif et donne une meilleure différenciation que le carmin (1).

J'ai trouvé les jeunes larves de termites très difficiles à monter sous lamelle. La plupart des éclaircissants (toluène, terpinéol, essence de cèdre), les rétractent et les rendent inutilisables. J'ai obtenu d'assez bons résultats avec le baume au chloroforme, à condition d'opérer avec une très grande rapidité le passage de l'éclaircissant au milieu de montage. La difficulté de cette opération me paraît tenir à l'élévation de la température en Cochinchine.

Pour caractériser les catégories, j'ai eu plusieurs fois recours aux méthodes biométriques.

Notions générales nécessaires à la compréhension du travail.

Il ne sera pas sans intérêt de fixer d'abord les idées, quant au nombre totale des insectes qui peuvent habiter une même termitière. J'ai parlé précédemment des petits nids d'*Eutermes cuphus*. L'un d'eux, ellipsoïdal, dont le grand axe mesurait 8 centimètres, renfermait, en plus du couple royal, 1899 œufs et 1847 insectes. Or, *Eutermes cuphus* est à peu près de la même taille qu'*Eutermes matangensis*. Il n'est pas rare de trouver des habitations de cette dernière espèce, rappelant les premières par leur forme, mais atteignant 80 centimètres de long. Leur volume est à peu près mille fois plus grand que celui de la petite termitière dont j'ai compté les habitants. On peut donc admettre qu'elles renferment aussi mille fois plus d'insectes, ce qui donne le chiffre de 1.800.000.

J'ai essayé avec *Eutermes matangensis* un autre mode d'appréciation. Ayant recueilli la population d'une grosse construction, je la fixai et la répartis en dix flacons. J'admis comme probable que dans l'opération de la capture, un quart des habitants avait disparu,

---

(1) Pour employer cette méthode, faire deux solutions :

    sol. A.   Hématoxyline alcoolique à 1 °/₀ (alcool à 90°) ;

    sol. B. { Perchlorure de fer officinal ...... 4cc.

            Acide chlorhydrique pur.......... 1cc.

            Alcool à 80° .... 95cc.

Mélanger les deux solutions à volumes égaux, quelques instants avant l'usage.

soit parce qu'ils se trouvaient dans des dépendances du nid que je
n'avais pas enlevées, soit parce qu'ils avaient été écrasés dans la démolition, par la hache et la scie, du gros tronc d'arbre qui les abritait. Dans
chacun des flacons, le volume total occupé par les termites rassemblés au fond et complétement mouillés d'alcool, était de 450 centimètres cubes. Je prélevai un volume d'insectes placés dans les mêmes
conditions physiques, égal à 7 centimètres cubes. Comptant ensuite
les individus qui formaient cet échantillon, j'en trouvai 606, ce
qui donne pour cent centimètres cubes, 8657, et pour les dix
flacons, 389.565. Ceci, en admettant que les insectes de la termitière fussent tous semblables à ceux du premier flacon. Or, celui-
ci contenait surtout de gros animaux, des neutres adultes. En tenant
compte de ce que les larves étaient bien plus nombreuses dans certains bocaux et que les plus petites occupent un volume qui est
voisin du trentième de celui d'un gros termite, on peut admettre
comme chiffre moyen, pour les insectes contenus dans l'ensemble
des récipients, le quadruple du nombre des adultes qui rempliraient
ce même espace, soit environ 1.500.000 ; ce qui correspond pour la
population entière, à environ 2.000.000. Je pense que le chiffre des
habitants d'une grande termitière de *Macrotermes* ou d'*Odontotermes* est du même ordre.

J'ai peu de renseignements sur la durée de l'existence individuelle
des termites indochinois. J'ai remarqué que les vieux nids de *Macrotermes gilvus* possèdent souvent plusieurs couples royaux normaux,
logés chacun dans une amande différente. On peut admettre que ces
reproducteurs ont remplacé fonctionnellement les fondateurs de la
termitière. Ainsi, il est logique de prendre pour durée moyenne
de la vie des sexués, l'âge des plus grands édifices qu'on trouve
communément munis d'un seul couple progéniteur. Mais comment
apprécier celui-ci ? A Saïgon, ces termitières s'accroissent chaque
année, pendant la saison des pluies, d'un certain volume de constructions. Le travail fait en une fois se reconnaît pendant longtemps,
sous forme de saillies qui rompent le contour général extérieur.

On conçoit donc qu'on puisse définir ainsi, au moins approximativement, un volume annuel moyen d'accroissement pour une termitière donnée, et aussi, un âge moyen, obtenable en divisant le

volume total par le volume d'accroissement annuel. J'ai vu des constructions de *Macrotermes gilvus* sortir de terre, en une soirée, sous mes yeux. En les démolissant, je pus constater que le volume qu'elles occupaient, dans le sol, paraissait correspondre à quelque deux ou trois volumes d'accroissement annuel. Étendant le procédé aux nids plus âgés, je crois qu'il est prudent d'estimer à une douzaine d'années l'âge de celles qui sont bien développées tout en conservant régulièrement un seul couple royal. Ceci nous donnerait aussi la durée moyenne du fonctionnement de celui-ci.

Nous verrons plus loin que l'évolution larvaire des sexués d'*Eutermes matangensis* paraît s'effectuer en neuf à dix mois au maximum et souvent en moins de temps. Elle comporte six stades différents tandis que celle des neutres demande seulement, en général, trois stades larvaires. Il est donc logique d'admettre que cette dernière s'effectue en quatre à cinq mois, au maximum. J'ai gardé complétement isolés, pendant dix-huit mois, plusieurs nids ou fragments de nids de la même espèce, privés de reine. Durant ce laps de temps, les larves étaient devenues adultes, mais la population totale ne paraissait pas avoir beaucoup diminué. Il faut donc admettre que les neutres d'*Eutermes matangensis* peuvent vivre, devenus adultes, dix-huit mois environ.

En Cochinchine, et spécialement aux environs de Saigon, le rythme de la vie est marqué très fortement par l'alternance des saisons. Celle-ci domine la biologie des animaux et des végétaux ; les termites suivent la loi générale.

Les pluies débutent avec mai, leur effet devenant appréciable à la moitié du mois. A partir de juin, elles tombent tous les jours très abondamment. La température est alors de vingt-cinq à trente degrés ; l'air est complétement saturé d'humidité. En septembre, les précipitations sont à leur maximum, elles restent aussi importantes jusqu'au 15 octobre et décroissent peu à peu jusqu'à la fin de novembre. En décembre, elles sont rares et peu abondantes. Ces deux derniers mois sont les plus agréables pour les Européens. La température descend quelquefois au-dessous de vingt degrés ; l'air est léger et agité par du vent. En janvier la sécheresse est bien établie, elle dure pendant les deux mois suivants. La chaleur aug-

mente jusqu'en avril, ou la température dépasse, à l'ombre, trente-
cinq degrés. Les pluies suspendues pendant les mois précédents,
tombent de nouveau et, avec le mois de mai, le cycle recommence.

La période d'activité des termites est essentiellement représentée
par la saison des pluies, de juillet à septembre. Tout d'abord, lès
sexués devenus adultes s'envolent et vont fonder de nouvelles
colonies tandis que les anciennes augmentent leurs constructions.
Les remueurs de terre agissent, à cet égard, comme ceux qui éla-
borent le « carton de bois ». C'est en septembre que la ponte paraît
la plus abondante et comporte de grosses quantités de sexués. Les
termitières ne renferment plus d'insectes ailés : les derniers se sont
déjà envolés ; par contre, il y a de nombreuses petites larves montrant des rudiments d'ailes et se présentant à des stades différents
bien que peu avancés. Elles poursuivent leur évolution, tandis que
de nouveaux jeunes sont pondus. Cependant la production des
sexués se ralentit avec la saison sèche et semble se terminer à peu
près complétement en mars. A la fin de février, il est facile de trouver des ailés à tous les stades, sauf à l'état adulte qui est le sixième
reconnaissable extérieurement. Les larves les plus avancées l'atteignent à la fin d'avril. Elles sont alors chitinisées, mais leur corps
est encore gonflé et les intervalles compris entre les plaques de
l'abdomen restent jaunâtres. La ponte des sexués cesse à ce moment;
on ne peut plus trouver les premiers stades, seuls les derniers se
rencontrent. Le nombre des insectes complètement terminés augmente peu à peu. Le départ des ailés se produit, après les averses,
à partir du 15 mai ; certaines termitières conservent les leurs jusqu'à la fin de juillet. En août, la ponte des sexués reprend et on
trouve de nouveau les plus jeunes stades tandis que les insectes
ailés avancés sont absents.

Il faut remarquer que les sexués emploient un temps variable
pour effectuer leur développement, selon l'époque de l'année où
ils sont pondus. Ainsi, ceux qui naissent en septembre sont adultes,
au plus tôt, en mai suivant, ceux qui naissent en février quittent,
au plus tard, la termitière en juillet. Les premiers évoluent en huit
mois, les seconds en cinq, au maximum. La différence de ces chiffres
s'accentue encore, si l'on admet, ce que je pense moi-même, que

l'exode des sexués d'un nid donné se fait, en gros, le même jour, la sortie variant cependant en date d'un nid à un autre.

Les neutres sont produits en toute saison, mais surtout, me semble-t-il, au moment où l'on ne trouve plus de jeunes sexués : avril et mai. Il y aurait, en somme, une certaine alternance dans la production des différentes castes.

J'ai ouvert souvent et à toute époque de l'année des édifices de *Macrotermes gilvus* et d'*Eutermes matangensis* ; j'ai appris ainsi, qu'aussi longtemps que les sexués présentent encore l'aspect larvaire, il n'est pas difficile de les observer, ils sont mêlés à la population des neutres remplissant l'habitation. Mais, après leur dernière mue et lorsqu'ils sont aptes à sortir, on ne peut plus les apercevoir. Ils se rassemblent en troupeau et occupent les parties les plus profondes du nid ; ils deviennent extrêmement craintifs et fuient la lumière. Aussi, dès qu'on entame la construction, ils gagnent les galeries les plus lointaines et l'on ne peut que très difficilement parvenir jusqu'à eux. Chez [*Macrotermes gilvus*, ils se répandent dans le système de galeries souterraines, que j'ai désigné sous le nom de « système des larges canaux »; ce dernier s'étale dans un volume de plusieurs dizaines de mètres cubes et il est matériellement impossible d'en saisir une quantité. Au contraire, l'envol des sexués représente ce qu'on pourrait appeler une crise de phototropisme positif, crise qui est bien courte et s'encadre entre la période précédente et la pariade, à la suite de laquelle, comme on l'a vu plus haut, les couples désailés cherchent une retraite obscure.

Dans une station et pour une espèce déterminée, le temps de chacune des mues que traverse, à peu près simultanément, la majorité des sexués varie avec les années. Il en est de même de l'époque de leur sortie. Les Annamites, lorsqu'ils ont l'occasion d'ouvrir une termitière, ne manquent pas d'examiner soigneusement l'état des ailés et d'en tirer des pronostics à l'égard des conditions climatériques imminentes.

Au Tonkin, l'évolution annuelle des termites rappelle tout-à-fait celle de Cochinchine, bien que les climats de ces deux pays soient nettement différents. La fin de janvier, les mois de février et de mars sont marqués, dans le delta du Fleuve Rouge, par une humidité constante, pénétrante, C'est la période des brouillards, des pluies fines, du « crachin ». Le thermomètre descend au-dessous de 10°. Après Pâques, le temps change, se réchauffe, souvent même très rapidement. On subit, alors, un véritable climat chinois : des périodes de chaleur sèche alternent avec des orages qui amènent des pluies et refroidissent un peu la température. En juin, juillet et août, le thermomètre dépasse 40° à l'ombre. A partir d'octobre les orages s'espacent, la température baisse sensiblement ; le Tonkin est agréable à habiter. Le mois de décembre n'y est pas sans rappeler ceux de novembre et décembre en Cochinchine.

L'envol des termites ailés se fait à la période de transition entre le « crachin » et le temps des orages, c'est-à-dire du début d'avril aux premiers jours de juin. Après cette époque, je n'ai rencontré que des neutres dans les quelques nids que j'ai pu fouiller.

Lorsqu'on essaie, pour la première fois, de classer une population de jeunes larves d'*Isoptères*, on se trouve embarrassé par un fait sur lequel nous devons insister.

Au cours de chaque stadé, les jeunes termites changent de forme. Chacun d'eux parcourt, entre deux mues consécutives, un cycle qui est le même pour tous les stades et pour toutes les catégories. L'habitude s'acquiert bientôt et il est ensuite facile de reconnaître l'âge relatif d'un individu depuis sa dernière transformation. Le jeune insecte, n'ayant pas encore traversé un stade fortement chitinisé et qui vient de rejeter une exuvie, est parfaitement transparent. On distingue à merveille son tube digestif, son système nerveux, certaines cellules de son hypoderme. Il présente un abdomen court et élargi. Le corps et la tête sont plutôt aplatis, ce qui les fait paraître plus grands ; le cerveau n'occupe dans la tête qu'un volume relativement restreint. A mesure que l'animal vieillit, l'abdomen s'allonge, le volume du cerveau augmente peu à peu. En même temps, la transparence du corps diminue, A la fin d'un stade, alors qu'il est prêt à muer, chaque termite est opaque, son corps paraît rempli d'un fluide laiteux, légèrement jaunâtre. L'abdomen et la tête semblent gonflés et prêts à éclater. Cette tension de la chitine fait prendre à l'animal une section circulaire. La tête est sphérique et presque remplie par le cerveau, qui semble avoir déjà atteint la taille

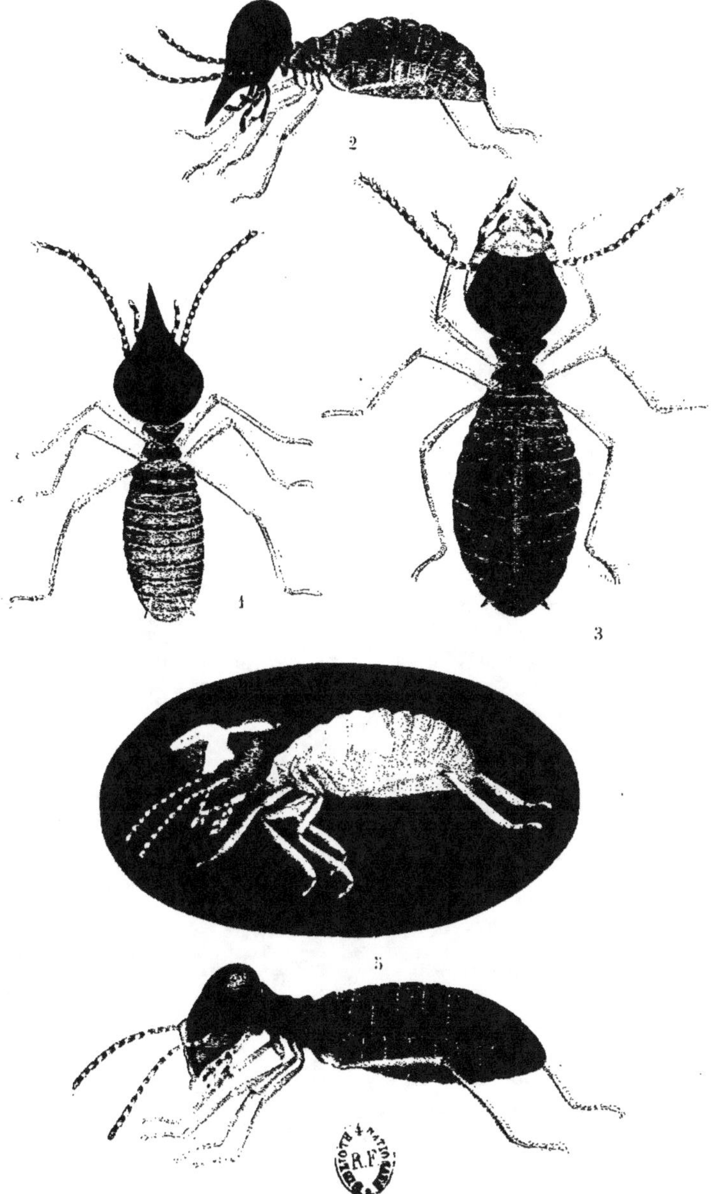

1 et 2. — Soldat nasutus d'*Eutermes matangensis*, vu par dessus et de profil.
3 et 4. — Ouvrier d'*Eutermes matangensis*, vu par dessus et de profil.
5. — Début de la mue faisant apparaître le soldat nasutus d'*Eutermes matangensis*,
       à partir d'une forme à allure d'ouvrier.
Grossissement : 12, environ.

qu'il devra posséder après la mue. La vieille chitine est d'ailleurs jaunie et contribue à donner la teinte particulière générale. Elle se fend sur la ligne dorsale, depuis la base de la tête jusqu'au milieu de l'abdomen. L'insecte se gonfle alors, probablement en absorbant de l'air. En effet, lorsqu'on plonge une population larvaire dans du fixateur, la plupart des insectes en cours de mue viennent flotter à la surface tandis que les autres tombent au fond. Les premiers contiennent de l'air dans leur tube digestif et non dans leur cavité générale. Si on perce la paroi intestinale avec une aiguille, ce gaz se dégage en petites bulles et l'insecte coule à pic. D'autre part, j'ai assisté, un jour, à l'éclosion d'un jeune *Microtermes incertoides* HOLMGREN. L'animal se dégage de l'œuf par la tête et par le dos, l'abdomen et les pattes y restant engagés. Puis, il avale de l'air : je pus voir et compter les mouvements de déglutition : de dix à vingt bulles gazeuses traversaient le pharynx au cours d'une minute. En une heure, le jeune insecte avait presque doublé. Je pense qu'il doit en être de même au cours d'une mue ; le tube digestif se gonfle d'air, c'est pour cela que l'insecte prend très rapidement la taille du stade suivant. M. SEMICHON m'a appris que les choses se passent ainsi pour les larves de libellules. L'accroissement de volume produit la position courbée, dite « d'hypnose ». Trop à l'étroit dans son enveloppe inextensible, le corps fait saillie par l'ouverture de la vieille chitine ; la base de la tête, le thorax, les premiers anneaux de l'abdomen sortent, tandis que la tête se trouve maintenue à une distance fixe de l'extrémité postérieure et paraît repliée sous le corps. Peu à peu la déchirure de l'exuvie s'accentue, celle-ci libère en même temps l'abdomen et la tête avec les antennes. Elle ne tient plus qu'aux pattes qui s'en débarrassent enfin. Dès que l'animal a pris la position courbe, sa taille a crû, de telle sorte que la mue est bien plus semblable au stade suivant qu'au stade précédent ; c'est là un fait qu'il ne faut pas perdre de vue lorsqu'on entreprend de classer une population larvaire entière.

Lorsqu'on fixe en même temps tous les habitants d'une termitière, on trouve toujours une catégorie d'insectes en cours de mue bien plus abondante que les autres, catégorie déterminée par la caste et le stade auquel elle appartient. Tous ces individus sont

évidemment de même âge et ceci suggère l'idée que les termites
sont pondus par paquets d'êtres de même caste.

J'ai cité plus haut un travail de Miss G. B. Thompson . Cet auteur
a examiné les nouveaux-nés des treize espèces suivantes :

Protermitidés.

  Termopsis angusticollis,
  Calotermes n. sp.
  Cryptotermes cavifrons,
  Neotermes castaneus,

Mesotermitidés.

  Arrhinotermes simplex,
  Reticulitermes flavipes,
  — virginicus,
  — n. sp.

Metatermitidés.

  Anoplotermes fumosus,
  Armitermes tubiformans,
  Eutermes morio,
  — sanchezi,
  — pilifrons.

Elle est arrivée aux conclusions suivantes :

« The newly hatched nymphs are externally all alike, but they
are differentiated by internal structural characters into two clearly
defined types : (*a*) the reproductive or fertile forms with large brain
and large sex organs and usually a dense opaque body ; and (*b*) the
worker-soldier or steril forms with small brain and small sex-
organs and usually a clear transparent body. »

L'affirmation est encore plus nette, en ce qui concerne un termite
voisin de ceux que j'ai moi-même étudiés, l'*Eutermes pilifrons.*
Miss C. B. Thompson écrit :

« *Eutermes pilifrons,* like all other termites described in this paper
has the two types of newly hatched nymphs which are all alike in

external structure : the reproductive nymphs with a large brain
and large sex organs and the worker-soldier nymphs with a smaller
brain and smaller sex organs. The difference between the bodies of
fixed specimens of the two types is more marked in this termite
than in any other that I have examined ; the body of the steril
worker soldier individuals is a very clear and transparent glistening
white while that of the reproductive individuals is a dull opaque
creamy white. »

J'ai observé bien souvent des jeunes termites sortant de l'œuf,
j'en garde encore des quantités, après fixation, dans l'alcool à 80°.
J'ai remarqué certains faits intéressants à l'égard des théories de
la détermination des castes, je les exposerai plus loin. Jamais je n'ai
rencontré — sur des milliers de cas — un seul termite à l'éclosion,
qui présentât un corps opaque ou même trouble ; je n'ai jamais vu
non plus un insecte du même âge avec un grand cerveau. Tous les
Isoptères nouveaux-nés que j'ai pu examiner étaient transparents,
avec des cerveaux un peu variables, mais trop peu pour que les
différences puissent être classées. En tout cas, cet organe occupait,
dans la tête, une place relativement petite. Etant donné que j'ai
fait ces constatations sur des animaux prélevés parmi des populations
comptant de nombreux sexués au deuxième stade, lequel suit,
de très peu de temps, l'éclosion, il n'est guère admissible que toutes
mes observations aient porté exclusivement sur des neutres.

De même, je n'ai jamais vu un termite prêt à muer qui fut transparent ; dans ce cas, il est toujours du « blanc sale, opaque et cré-
meux » dont parle Miss Thompson.

J'ai dit plus haut que la taille relative du cerveau croissait au
cours de chaque stade et que les insectes prêts à muer, en avaient
un qui paraissait occuper toute la tête. J'ai pu, de même, observer
après teinture par les procédés indiqués, que toutes les larves de
termites au premier stade, ont des rudiments de glande génitale,
et que ces rudiments deviennent plus nets à mesure que la petite
larve vieillit et s'approche de la première mue.

Pour ces diverses raisons, je suis porté à penser que Miss C. B.
Thompson a méconnu l'évolution que subit chaque larve au cours
d'un stade donné. Ses « sexués » seraient seulement des larves au

premier stade relativement âgées et ses « neutres » des larves au même stade relativement jeunes.

Il faut noter que Miss C. B. Thompson paraît avoir travaillé principalement sur du matériel fixé. En particulier, à propos d'*Eutermes pilifrons*, elle écrit : « Dr. Knower sent me an abundance of preserved material of *Eutermes pilifrons*, consisting of eggs, young nymphs, winged adult, reproductive forms and adult workers and nasuti... » Pour les autres espèces, nous lisons : « Most of my material was furnished me by the Bureau of Entomology of the U. S. Department of agriculture, and much of it was collected and fixed for me by Mr. T. E. Snyder to whom my sincere thanks are due ».

Sans doute, elle remarque aussi : « Many of the nymphs have actually been dissected out from their egg shells, so that there is absolutely no uncertainty as to the structure or the size of the newly hatched nymphs », et ceci va directement contre ma supposition, même s'il s'agit là d'œufs fixés. Mais j'ai examiné moi-même des centaines de larves à l'éclosion, tant vivantes que fixées, appartenant à une dizaine d'espèces et je ne puis que répéter ce que j'ai dit de leur aspect extérieur et de leur conformation.

Le naturaliste qui fait, pour la première fois, l'inventaire d'un nid de termites est stupéfait par le nombre prodigieux des habitants, par les différences évidentes que présentent les adultes, par l'abondance des larves et leur similitude. Les larves à ébauches alaires sont faciles à distinguer, mais toutes les larves d'aspect neutre sont d'abord inséparables à l'œil et paraissent former une série continue quant à la taille, série commençant aux jeunes termites venant d'éclore pour se terminer aux ouvriers adultes. Avec un bon binoculaire et en employant l'éclairage spécial que j'ai précédemment décrit, on arrive rapidement à discerner des formes bien nettes et à séparer, sans hésitation, des catégories différentes.

J'ai dit que la forme et la taille du corps varient, pour un même insecte, entre deux mues consécutives ; pour séparer les catégories, il faut se fier surtout à la forme et à la taille de la tête, au développement des organes des sens, au nombre, à la forme des articles des antennes. Les catégories larvaires étant bien établies, il reste à élucider les rapports qu'elles soutiennent, à reconnaître de quelle forme antérieure chacune d'elles tire son origine Il faut passer à l'étude des périodes de mue. Celles-ci, envisagées à divers états, révèlent leur stade initial et leur stade final. Elles fournissent encore un critérium pour l'appréciation du tableau généalogique général, qu'on croit être en droit de dresser pour l'ensemble des castes d'une espèce donnée. En effet, ce tableau permet de prévoir l'existence d'un nombre de mues précis, déterminé par le nombre de castes et par le nombre de stades existant dans chaque caste. Si ce nombre se rencontre réellement, le tableau établi se trouvera confirmé.

L'habitude, l'emploi de méthodes correctes permettent d'éviter les causes d'erreur dont les principales sont les suivantes. Si l'on confond, à un moment quelconque de leur évolution, deux castes différentes, on rapportera à une seule série des êtres appartenant à plusieurs. Si ces formes sont de tailles inégales, on sera porté à faire sortir les plus grosses des petites, alors qu'en réalité, elles représentent des stades équivalents de lignées parallèles. Ainsi ,on accordera plus de stades intermédiaires qu'il n'y en a réellement dans la catégorie d'insectes qu'on envisage. Inversement, si deux stades consécutifs diffèrent peu par l'aspect extérieur et qu'on néglige la recherche et l'étude des individus en cours de mue, on sera porté à confondre ces deux stades et à donner une représentation trop simple du développement de la forme étudiée.

Certains cas difficiles peuvent être résolus par l'emploi de méthodes numériques et biométriques ; on en trouvera des exemples dans la suite de ce travail. Je me suis acharné à l'étude des stades larvaires des termites communs en Cochinchine ; j'en étais arrivé à reconnaître d'un coup d'œil des formes différentes ne présentant extérieurement qu'une variation générale des proportions, dans le rapport de neuf à dix.

Pour fixer définitivement les résultats obtenus, pour permettre aux chercheurs à venir de les contrôler sans peine, j'ai fait reproduire à la chambre claire, à la même échelle, toutes les formes larvaires et adultes de deux espèces convenablement choisies, à savoir *Macrotermes gilvus* et *Eutermes matangensis* ; je les ai groupées en tableaux, qui montrent comment ces espèces paraissent différencier et réaliser leurs diverses castes.

J'ai appris ainsi, que le développement des ouvriers et des sexués est le même des deux côtés ; par contre, le développement des soldats nasuti est bien différent de celui des soldats à grandes mandibules. J'ai étudié d'abord *Macrotermes gilvus* et des espèces relativement voisines ; j'étais alors en possession d'une technique de coloration moins exactement adaptée, j'ai cependant obtenu des résultats nets avec ce premier groupe.

Étude du développement de Macrotermes gilvus

Les sexués de *Macrotermes gilvus* sont bien connus (fig. 1 et 2, pl. I) La fig. 10 en donne une autre représentation. Elle a été tracée à la chambre claire, en conservant un grossissement égal à celui qui a servi (1) pour toutes les images du même genre. Ces insectes ont des antennes comportant 19 articles et mesurent, en millimètres :

Longueur totale (avec les ailes) .... 29^{mm} 1

Longueur du corps et de la tête ensemble...... 14^{mm} 9

Longueur de la tête .... 3^{mm} 1

Long. des ailes, à partir de l'endroit du détachement. 22^{mm} 0

Largeur de la tête, en arrière des yeux........... 2^{mm} 1

Diam. transverse, à la plus grande saillie des yeux. 2^{mm} 7

Largeur du pronotum........................ 2^{mm} 6

Les sexués adultes proviennent d'un stade nymphal (fig. 15) antérieur, de couleur jaunâtre, pourvu d'antennes à 19 articles et dont l'extrémité des fourreaux alaires atteint le 7e anneau abdominal. Les dimensions sont les suivantes :

Longueur totale (corps et tête) .... 12^{mm} 1

Longueur de la tête .... 2^{mm} 5

Longueur apparente des fourreaux alaires ...... 5^{mm} 0

Largeur de la tête, en arrière des yeux......... 2^{mm} 1

Diam. transverse, à la plus grande saillie des yeux. 2^{mm} 3

Largeur du pronotum........................ 2^{mm} 7

(1) Ce grossissement est voisin de 6.

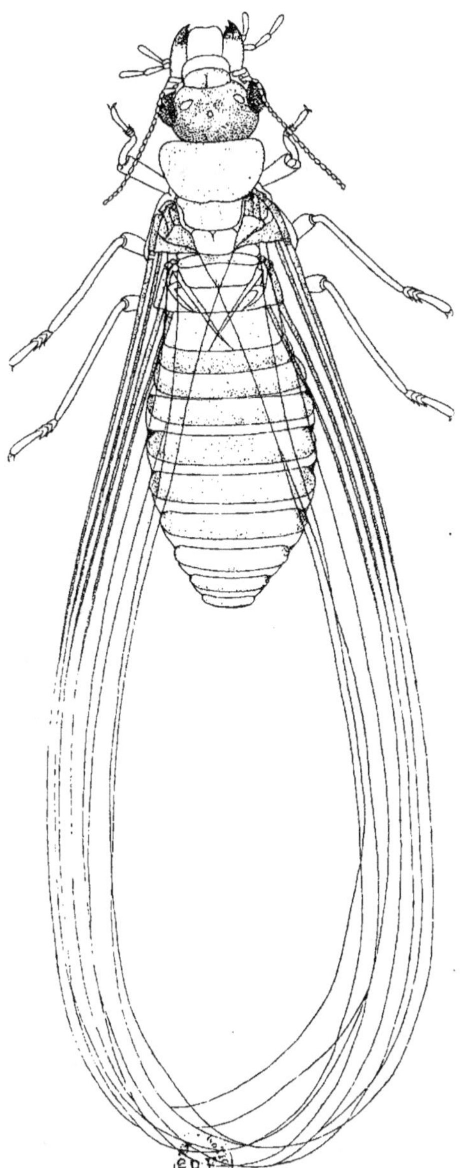

Fig. 10. — Sexué adulte de *Macrotermes gilvus*.

Les nymphes des deux stades antérieurs (fig. 14, 13) ont des fourreaux alaires atteignant respectivement les 3e et 2e anneaux abdominaux, leurs yeux sont déjà bien visibles, leurs antennes possèdent 19 et 18 articles, elles mesurent respectivement :

Longueur totale	8mm 0	5mm 9
Longueur de la tête	1mm 7	1mm 5
Longueur de l'abdomen	3mm 9	2mm 7
Largeur de la tête	1mm 6	1mm 2
Largeur du pronotum	1mm 8	1mm 2

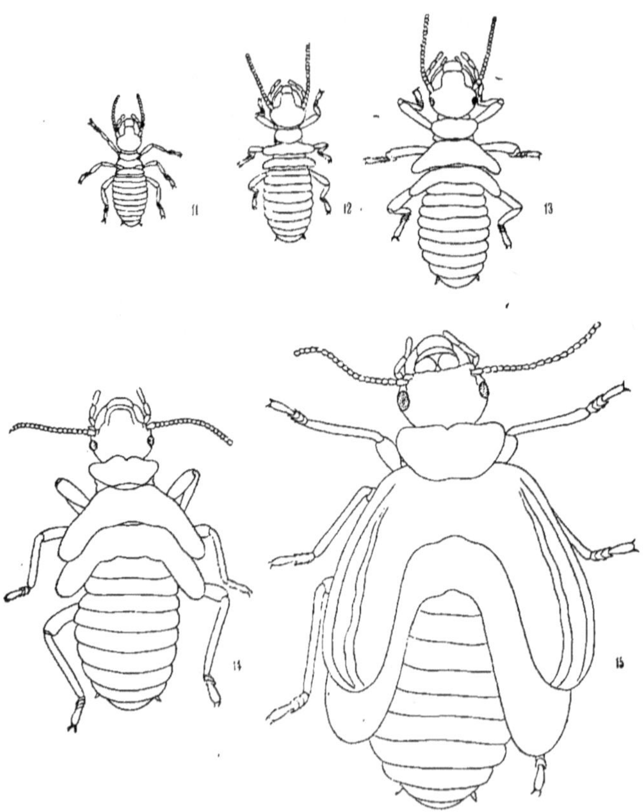

Fig. 11 à 15. — Les divers stades nymphaux de *Macrotermes gilvus*.

Avant les quatre stades sexués qu'on vient de signaler, on peut
encore en reconnaître deux autres, chez lesquels les yeux sont bien
évidents, dès qu'on colore in toto, au carmin par exemple. Le plus
âgé de ces deux derniers (fig. 12) montre des écailles alaires nettes
dépassant latéralement le thorax et un peu allongées vers l'arrière ;
il a des antennes pourvues de 17 articles et mesure :

Longueur totale .... 4^{mm} 0
Longueur de la tête .... 1^{mm} 0
Longueur de l'abdomen .... 1^{mm} 9
Largeur de la tête .... 0^{mm} 95
Largeur du pronotum .... 0^{mm} 73

Le stade immédiatement plus jeune (fig. 11) montre des rudiments d'ailes réduits à un prolongement latéral du méso et du
métanotum ; prolongement de forme triangulaire qui n'est pas
dirigé vers l'arrière. Ainsi, l'axe de ces pièces chitineuses reste droit
et transversal. Antennes à 15 articles. Les dimensions sont les
suivantes :

Longueur totale .... 2^{mm} 7
Longueur de la tête .... 0^{mm} 8
Longueur de l'abdomen .... 1^{mm} 5
Largeur de la tête .... 0^{mm} 68
Largeur du premier anneau thoracique......... 0^{mm} 50

Nous avons donc pour l'ensemble de la caste sexuée, six stades
distincts, séparables à l'œil nu, de taille croissante, à yeux, antennes,
ailes graduellement développés, séparés par cinq mues.

Voyons, maintenant, ce qui concerne les castes neutres. Les
adultes en montrent quatre bien différentes, à savoir : un grand et
un petit ouvrier, un grand et un petit soldat (fig. 17, 22, 16. 21).
On a vu, par la description donnée précédemment, que les antennes
du grand ouvrier ont 18 articles, celles de toutes les autres catégories seulement 17.

Voici les dimensions de ces insectes :

	Grand ouvrier	Petit ouvrier
Longueur totale	7^{mm} 3	5^{mm} 9
Longueur de la tête	2^{mm} 5	1^{mm} 6
Largeur de la tête	2^{mm} 4	1^{mm} 5
Largeur du pronotum	1^{mm} 3	1^{mm} 1

	Grand soldat	Petit soldat
Longueur totale	9^{mm} 1	6^{mm} 8
Long. de la tête, non compris le clypeocapical	3^{mm} 9	2^{mm} 3
Longueur apparente des mandibules.....	1^{mm} 9	1^{mm} 6
Largeur maxima de la tête	3^{mm} 2	2^{mm} 1
Largeur du pronotum	2^{mm} 6	1^{mm} 7

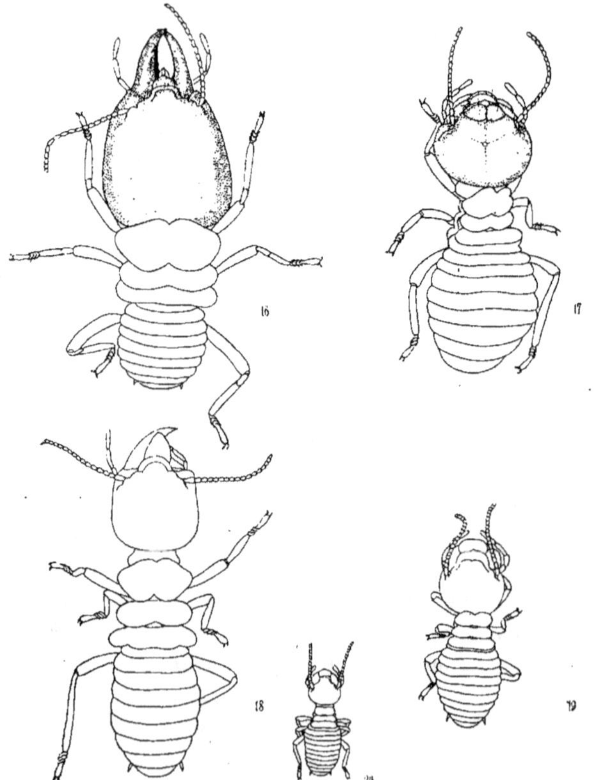

Fig. 16 à 20. — Grands neutres adultes de *Macrotermes gilvus* et leurs larves.

Ces quatre sortes de neutres dérivent directement chacune d'une forme larvaire absolument semblable, jusque par la structure des antennes, mais bien plus petite, blanche et dont la chitine reste molle. On trouve donc ainsi un grand ouvrier blanc (fig. 19) un petit ouvrier blanc, (fig. 24) un grand soldat blanc (fig. 18) et un petit soldat blanc (fig. 23). Ils mesurent respectivement :

	Grand ouvrier blanc	Petit ouvrier blanc
Longueur totale	4^{mm} 9	3^{mm} 6
Longueur de la tête	2^{mm} 0	1^{mm} 2
Largeur de la tête	1^{mm} 6	1^{mm} 1
Largeur du pronotum	0^{mm} 95	0^{mm} 76

	Grand soldat blanc	Petit soldat blanc
Longueur totale	8^{mm} 9	5^{mm} 9
Longueur des mandibules	1^{mm} 6	1^{mm} 3
Long. de la tête avec les mandibules.	3^{mm} 3	2^{mm} 5
Largeur de la tête.............	2^{mm} 2	1^{mm} 5
Largeur du pronotum	1^{mm} 9	1^{mm} 2

Si nous examinons l'ensemble des larves neutres plus jeunes, nous n'y trouvons plus que des insectes à allure d'ouvrier, c'est-à-dire à tête arrondie, mandibules du type broyeur, anneaux thoraciques relativement étroits et abdomen relativement large et épais. Elles sont complétement blanches et revêtues d'une chitine très souple.

Nous distinguons d'abord deux catégories de larves de tailles inégales (fig. 20 et 25) et possédant des antennes à 15 articles. Leurs dimensions sont respectivement :

	Grandes larves à 15 articles antennaires	Petites larves à 15 articles antennaires
Longueur totale	2^{mm} 7	2^{mm} 4
Longueur de la tête..	0^{mm} 90	0^{mm} 76
Largeur de la tête ..	0^{mm} 82	0^{mm} 72
Largeur du pronotum	0^{mm} 55	0^{mm} 51

On verra plus loin que la plus grande des deux sortes donne

naissance aux grands ouvriers et aux grands soldats blancs, la plus petite produisant, de même, les petits ouvriers blancs et les petits soldats blancs. Toutes deux dérivent par une mue, d'une forme de larves semblable, mais encore plus petite (fig. 27) et pourvue seulement de 12 articles antennaires, dont voici les dimensions :

Longueur totale	1mm 6
Longueur de la tête	0mm 53
Largeur de la tête	0mm 48
Largeur du pronotum	0mm 32

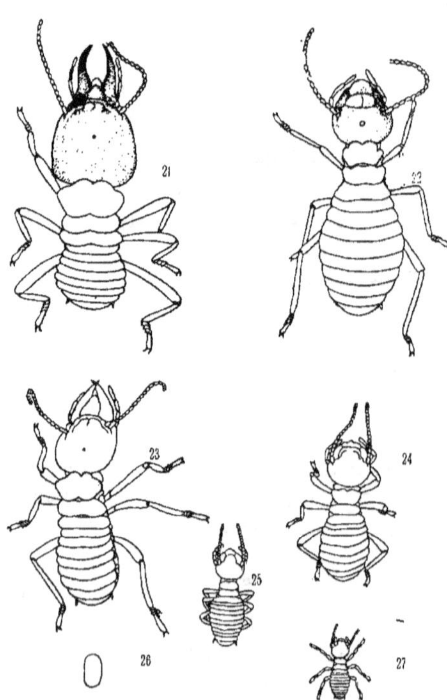

Fig. 21 à 25. — Petits neutres adultes de *Macrotermes gilvus* et leurs larves.
Fig. 26. — Œuf.
Fig. 27. — Jeune larve venant d'éclore, encore indifférenciée extérieurement.

Celles-ci proviennent directement de l'œuf (fig. 26) qui mesure
0^{mm} 37 sur 0^{mm} 45 ; ce sont donc des jeunes termites à l'éclosion. Il est intéressant de savoir quel rapport existe entre la série
des nymphes et les diverses formes neutres et d'où vient la plus
petite et plus jeune forme sexuée reconnaissable. Sort-elle directement de l'œuf ? Les choses ne se passent pas ainsi. Cette forme
provient, par une mue, de larves d'aspect neutre de la plus petite
catégorie décrite, c'est-à-dire de jeunes à l'éclosion, à antennes de
12 articles, absolument inséparables des autres sous le binoculaire. Le schéma du développement de *Macrotermes gilvus* peut
donc se tracer ainsi, en utilisant les données immédiates de nos
sens :

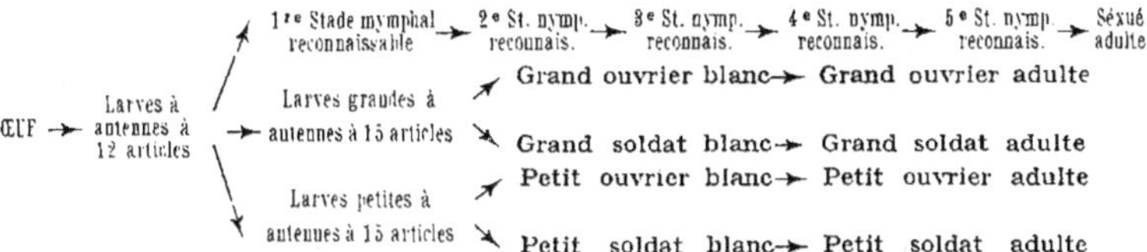

C'est par l'emploi de la méthode statistique que j'ai pu établir
les relations existant entre les catégories larvaires. Si la durée des
stades correspondants dans les diverses castes, est à peu près la
même, ce qu'il est logique de supposer, on voit que, pour une même
caste, le nombre des insectes rencontrés aux divers stades sera en
raison directe de la durée absolue de chaque stade. De la même
façon, si nous considérons des stades correspondants de lignées différentes, le rapport des nombres des insectes à ces divers stades sera
constant au cours de l'évolution des lignées et ne dépendra que de
l'abondance relative des diverses castes, dans la population totale.
On voit tout le parti qu'on pourra tirer de la numération des catégories différentes, pourvu, toutefois, qu'on opère sur une quantité
d'individus assez grande et choisie de façon à représenter correctement l'ensemble de la termitière. On peut arriver à ce résultat
en prélevant et fixant immédiatement un certain nombre de meules
à champignons avec les larves qui les recouvrent. On recueille, en
même temps, beaucoup de neutres adultes soignant les larves, ou

attirés par la démolition des cloisons. Ces derniers essaient de s'opposer à l'envahisseur et de protéger les larves menacées.

Une prise de *Macrotermes gilvus* faite dans les conditions que je viens de préciser, le 7 mai 1924, soit donc à une époque de l'année où les sexués sont presque tous adultes et où les petites larves sont toutes neutres, m'a donné les chiffres suivants :

Petits ouvriers	Petits soldats	Grands ouvriers	Grands soldats	Total des stades correspondants des diverses castes
590	137	202	23	953
Pet. ouv. blanc	Pet. sold. blanc	Gr. ouv. blanc	Gr. sold. blanc	
5034	376	3382	4	8796

5410   3386

Pet. larves à 15 art. antennaires :   Gr. larves à 15 art. antennaires :

4653   3800   8453

Jeunes sortant de l'œuf

7347   7347

Cette analyse montre, d'abord, une énorme prédominance de la population larvaire sur les adultes, s'expliquant par le fait que les meules sont surtout le séjour des jeunes ; les insectes terminés se trouvant répartis plus à l'extérieur de la termitière et dans les chantiers du dehors. La proportion des diverses formes blanches différenciées est bien représentative de la composition de la population, parce qu'il s'agit, ici, d'animaux que l'attaque et la démolition de la termitière n'ont pas émus et qui sont restés sur place. Si on compare ces larves avancées à l'ensemble des adultes récoltés, on trouve que les seconds comprennent, proportionnellement, beaucoup plus de soldats, petits et grands. Ceci est dû aux instincts belliqueux de ces dernières catégories ; les soldats affluent immédiatement aux points menacés de l'habitation. Si nous comparons les nombres des insectes des quatre formes différenciées, encore blanches, à ceux des formes à quinze articles antennaires, nous trouvons qu'il faut considérer comme probable que les 5034 petits ouvriers blancs plus les 376 petits soldats blancs, soit 5410 bêtes, proviennent des petites larves à 15 articles antennaires, desquelles nous rencontrons 4653, tandis que les 3382 grands ouvriers blancs, plus les 4 grands soldats blancs, proviennent des grandes larves à 15 articles antennaires, semblables à celles dont nous trouvons 3800. Il serait, inversement, tout-à-fait déraisonnable de supposer que, des deux catégories de larves à 15 articles aux antennes, qui se rencontrent en nombre presque égal, l'une donne naissance aux deux formes ouvrières dont le total atteint 7146 individus, tandis que l'autre donnerait naissance aux deux sortes de soldats, dont l'ensemble, 380, est inférieur au vingtième de la somme des ouvriers blancs.

Remarquons encore que le total des formes différenciées blanches monte à 8796, celui des stades immédiatement antérieurs à 8453. Ceci donne à penser que la durée de ces deux sortes de stades correspondants est approximativement égale. On pourrait légitimement appliquer le même raisonnement au stade « jeunes sortant de l'œuf » dont il y a, dans notre prise, 7347 exemplaires, si, dans les termitières, ces animaux se trouvaient répartis au hasard parmi les plus âgés. Mais il n'en est pas exactement ainsi ; les jeunes venant d'éclore se trouvent rassemblés pendant un certain temps sur des meules particulières, d'où les ouvriers les transportent ensuite sur des meules recouvertes de larves plus avancées.

Une autre prise d'insectes, faite le 10 juin 1924, parle aussi nettement que la précédente. Elle comprenait :

Petits ouvriers	Petits soldats	Grands ouvriers	Grands soldats	Total des stades correspond.
142	193	75	7	417
Pet. ouv. blanc	Pet. sold. blanc	Gr. ouv. blanc	Gr. sold. blanc	
210	28	192	3	433
Pet. larves à 15 art. aux antennes.		Gr. larves à 15 art. aux antennes.		
208		187		395

J'ai fait d'autres prélèvements de neutres de la même espèce, adultes et larves ; toutes les numérations suggèrent fortement les mêmes remarques.

L'étude des périodes d'hypnose fournit un bon moyen de contrôle des rapports de descendance des diverses formes larvaires. Tout schéma général de l'évolution des castes d'une espèce, suppose l'existence d'un certain nombre de mues que l'on observera, en effet, si le schéma est exact. On peut prévoir, non seulement leur nombre, mais aussi la taille des insectes qui les subissent et ses variations selon le progrès du phénomène ; elles sont donc déterminées quantitativement et qualitativement.

J'ai rencontré toutes les mues que me faisait prévoir, pour *Macrotermes gilvus*, le schéma de développement que j'ai adopté, à l'exception d'une seule, sur laquelle je reviendrai. Une des plus intéressantes est celle qui fait apparaître la plus petite forme sexuée reconnaissable, à partir d'un jeune stade d'éclosion ne montrant, extérieurement, rien de particulier. On voit se dégager, d'une enveloppe chitineuse à thorax sans expansions, une jeune nymphe dont le méso et le métanotum présentent déjà les accentuations latérales caractéristiques. La mue qui développe le petit soldat blanc à partir d'une forme plus petite, à allure générale d'ouvrier, est aussi bien curieuse. Les mandibules du soldat sont, au début, pliées en zig-zag à l'intérieur des mandibules de la forme ouvrière. Puis, la tête de l'insecte sort par l'arrière de l'ancienne chitine et les nouvelles mandibules se déploient peu à peu (fig. 1, 2, 3, 4, de la pl. VIII.)

Je n'ai pas récolté de phase d'hypnose montrant le passage de la grande larve à 15 articles antennaires au grand soldat. Un calcul simple établit que ce n'est pas étonnant. Il y a un rapport assez constant entre le nombre des formes blanches différenciées et le nombre des mues dont elles sortent, que l'on peut rencontrer dans une même prise. Ce n'est, d'ailleurs, que l'expression approximative du rapport de durée existant entre le stade et la mue considérés. Pour le grand ouvrier blanc, le petit ouvrier blanc et le petit soldat blanc, il est voisin de 100. Par les chiffres que j'ai donnés précédemment, on a pu voir que les grands soldats blancs sont relativement très rares et dans l'ensemble des prises que j'ai analysées complètement, je suis loin d'en avoir récolté cent. Si on admet, ce qui est naturel, que le rapport de durée entre le stade « grand soldat blanc » et la mue dont il provient, est sensiblement le même que pour les stades correspondants des autres neutres de la même espèce, on reconnaîtra que j'avais peu de chances de rencontrer la mue, qui donne naissance au grand soldat blanc.

En résumé l'étude minutieuse des formes larvaires de *Macrotermes gilvus* met en évidence les points suivants :

a) le développement complet des sexués de cette espèce com-

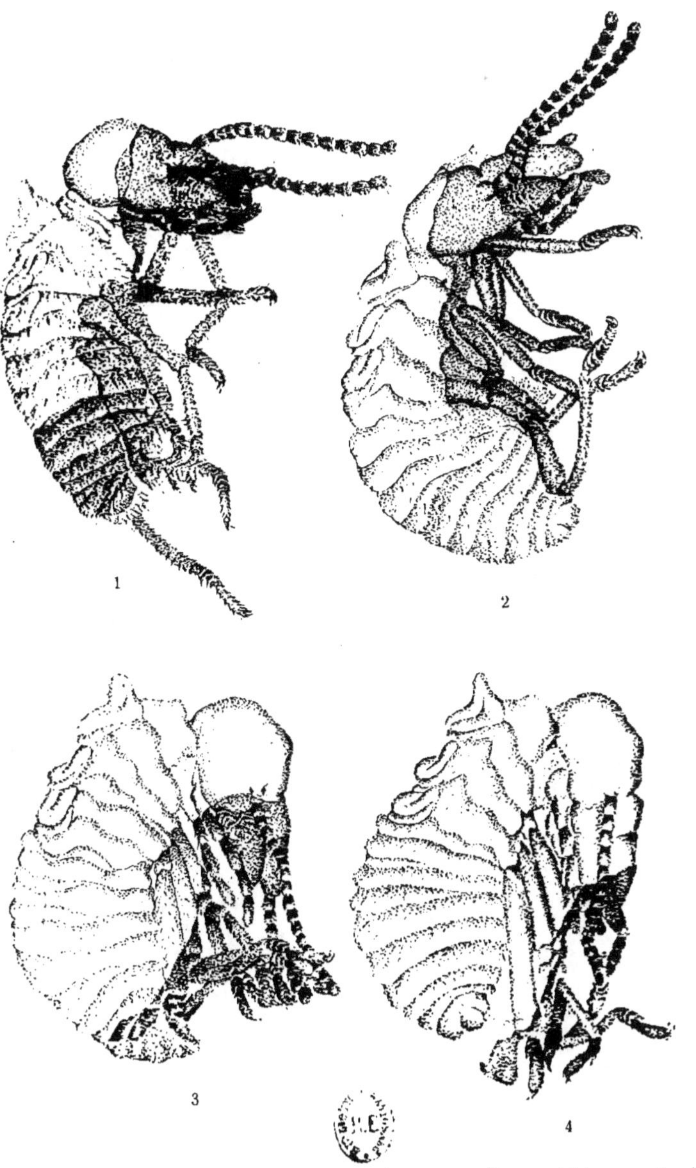

1, 2, 3, 4. Phases successives de la mue de *Macrotermes gilvus*, qui fait apparaitre le petit ouvrier blanc à partir d'une petite larve d'aspect commun. Noter le déplissement graduel des longues mandibules enfermées d'abord dans l'exuvie.

porte, au total, sept stades séparés par six mues ; celui des neutres comporte quatre stades différents séparés par trois mues.

b) tous les jeunes issus de l'œuf sont semblables extérieurement et indiscernables par l'observation simple.

c) dès la première mue, les sexués deviennent reconnaissables par de minuscules ébauches alaires. Les neutres sont alors divisibles à l'œil en deux catégories. Après la seconde mue, on peut reconnaître dans les larves neutres, les mêmes catégories que dans les adultes.

Développement d'espèces de Termites relativement voisines de Macrotermes gilvus

J'ai pu étendre mes observations à d'autres espèces, se rapprochant grossièrement de *Macrotermes gilvus* par divers caractères et, en particulier, par les mandibules de leurs soldats ; le développement des neutres et des sexués y est, de tous points, comparable.

Chez *Hamitermes annamensis*, il existe, outre les sexués adultes, cinq catégories de nymphes à antennes, yeux, ailes, graduellement développés. Les neutres adultes, soldat et ouvrier, proviennent respectivement d'un stade larvaire de même forme et plus petit. Mais tandis que ce dernier est blanc, pourvu d'une chitine molle chez le soldat, chez l'ouvrier il est plus fortement chitinisé, possède des mandibules dures et prend part aux travaux de la communauté. J'ai, pour l'une et l'autre caste, trouvé les mues intermédiaires entre les catégories dont je viens de parler.

Les deux stades consécutifs chitinisés de l'ouvrier sont faciles à séparer, surtout lorsqu'ils sortent de leurs mues d'origine respective, parce qu'à ce moment le premier est relativement très petit ; l'animal accroît ensuite notablement sa taille, se revêt de chitine brune et entre dans la mue suivante avec une tête mesurant 1 millimètre de largeur maxima et 1 millimètre de longueur, depuis le bord occipital jusqu'à la pointe du clypeus. De cette mue, sort un insecte dont la chitine est absolument blanche et souple et dont la tête est plus grande. La chitinisation s'accentue sans que l'animal augmente

                    JEAN BATHELLIER

sensiblement ; sa tête mesure alors $1^{mm}12$ sur $1^{mm}12$ dans les
dimensions qu'on vient d'indiquer.

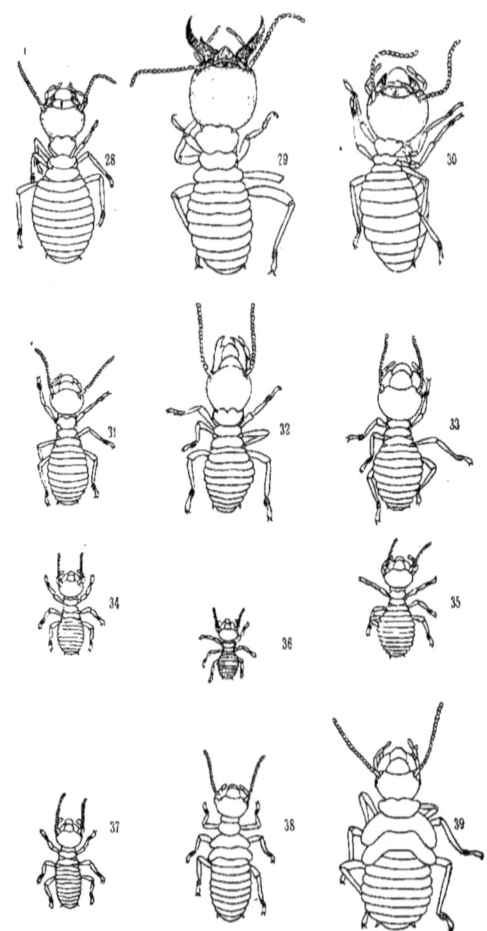

Fig. 28 à 35. — Les neutres adultes d'*Odontotermes Horni* et leurs
   formes larvaires.
Fig. 36. — Larve venant d'éclore, encore indifférenciée extérieurement.
Fig. 37 à 39. — Les trois premiers stades nymphaux.

Avant les stades où les formes neutres sont déjà différenciées extérieurement, on trouve des petites larves de forme commune, ayant 13 articles à leurs antennes. Si on groupe les insectes de cette catégorie selon leur état de développement dans le stade, un observateur exercé reconnaît, dans chacun des groupes, l'existence de deux formes différant légèrement mais nettement par la taille. Il est fort probable que l'une appartient à la caste des soldats et l'autre à celle des ouvriers. Enfin, ces larves proviennent elles-mêmes des jeunes sortant de l'œuf, par une mue que j'ai trouvée. Ces derniers insectes sont nettement plus petits, leurs antennes ont seulement 12 articles, ils sont tous semblables extérieurement et indistinguables à l'œil. Le développement de l'*Hamitermes annamensis* reproduit donc exactement celui de *Macrotermes gilvus*.

J'ai fait dessiner les diverses phases du développement d'*Odontotermes Horni* à la même échelle que pour *Macrotermes gilvus*. Ici encore, l'identité s'avère complète. De l'œuf sortent uniquement des jeunes tous semblables, (fig. 36) pourvus d'antennes à douze articles qui, par le moyen de mues que je possède, donnent soit de petites nymphes (fig. 37) à méso et métanotum accentués, soit des larves de forme ordinaire pourvues d'antennes à 15 articles et répartissables en deux catégories. De la plus petite (fig. 34) sortent de petits ouvriers blancs, (fig. 31) qui en muant eux-mêmes, produisent les petits ouvriers adultes (fig. 28), pourvus d'antennes à 17 articles. La plus grande (fig. 35) fera apparaître, au stade ultérieur, soit des grands ouvriers blancs (fig. 33) pourvus d'antennes à 18 articles, soit des soldats blancs (fig. 32) dont les antennes ont 17 articles et ces deux catégories donnent, en muant, les grands ouvriers (fig. 30) et les soldats (fig. 29) adultes. J'ai observé la mue d'apparition du soldat blanc ; elle montre le développement des grandes mandibules de cette catégorie, enfermées, d'abord, dans les mandibules courtes et larges des grandes larves munies d'antennes à 15 articles.

Le développement de cette espèce peut donc s'écrire ainsi :

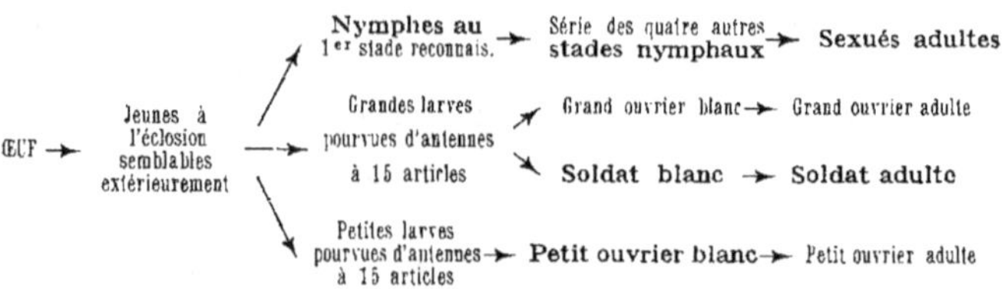

Les sexués montrent exactement les mêmes stades nymphaux que *Macrotermes gilvus* ; le développement des ailes est, en particulier, absolument superposable. Voici les dimensions des divers états :

	Grand ouvrier	Petit ouvrier
Longueur totale.................	5^{mm} 4	4^{mm} 5
Longueur de la tête.............	2^{mm} 0	1^{mm} 3
Largeur maxima de la tête........	1^{mm} 6	1^{mm} 1
Largeur du pronotum	0^{mm} 74	0^{mm} 64

	Grand ouvrier blanc	Petit ouvrier blanc
Longueur totale	3^{mm} 9	3^{mm} 4
Longueur de la tête	1^{mm} 6	1^{mm} 0
Largeur maxima de la tête........	1^{mm} 2	0^{mm} 87
Largeur du pronotum	0^{mm} 63	0^{mm} 5

	Soldat adulte	Soldat blanc
Longueur totale	5^{mm} 9	4^{mm} 5
Long. de la tête sans le clypeoapical	1^{mm} 9	1^{mm} 4
Longueur apparente des mandibules	1^{mm} 2	0^{mm} 92
Largeur maxima de la tête	1^{mm} 7	1^{mm} 2
Largeur du pronotum	1^{mm} 2	0^{mm} 83

	Petites larves à antennes de 15 articles	Grandes larves à antennes de 15 articles	Jeunes à l'éclosion
Longueur totale ...	2^{mm} 2	2^{mm} 5	1^{mm} 5
Longueur de la tête.	0^{mm} 71	0^{mm} 81	0^{mm} 58
Largeur de la tête ..	0^{mm} 63	0^{mm} 76	0^{mm} 53
Largeur du pronotum	0^{mm} 38	0^{mm} 41	0^{mm} 39

	Nymphes au 1er stade reconnaissable	Nymphes au 2e stade reconnaissable	Nymphes au 3e stade reconnaissable
Longueur totale	2mm 3	3mm 5	4mm 8
Longueur de la tête ...	0mm 74	0mm 82	1mm 5
Larg. maxima de la tête	0mm 68	0mm 82	1mm 2 (yeux saillants)
Largeur du pronotum..	0mm 43	0mm 6	1mm 1

Le développement de *Microcerotermes Bugnioni* est identique à celui des espèces que nous venons d'étudier. L'ouvrier adulte y est précédé d'un stade correspondant à l' « ouvrier blanc » de *Macrotermes gilvus*, mais qui, comme chez *Hamitermes annamensis*, est assez fortement chitinisé pour prendre part aux travaux de la colonie.

Le stade antérieur au soldat adulte que j'ai appelé « soldat blanc », montre, en général, des mandibules épaisses qui ne présentent pas du tout les caractères spécifiques. Il est très frappant de voir, chez *Microcerotermes Bugnioni*, ces mandibules relativement fortes, porter de petites dents qu'on ne trouve plus sur les mandibules minces du soldat achevé. Il est logique d'admettre que le type original des mandibules de toutes les castes de toutes les espèces de termites est une forme broyeuse, semblable à celle qui se trouve réalisée dans l'ensemble des ouvriers. L'allongement des pièces buccales en tenailles, est alors un fait relativement récent et la disparition des dents accompagnée d'un amincissement des tenailles, chez les soldats de certaines espèces, serait une acquisition encore plus récente. Si l'on applique ces considérations aux deux formes de soldats de *Macrotermes gilvus*, on trouvera raisonnable de considérer la petite forme comme plus évoluée que la grande.

Le développement des diverses espèces de termites que nous venons d'examiner se ramène à un schéma unique qui est le suivant :

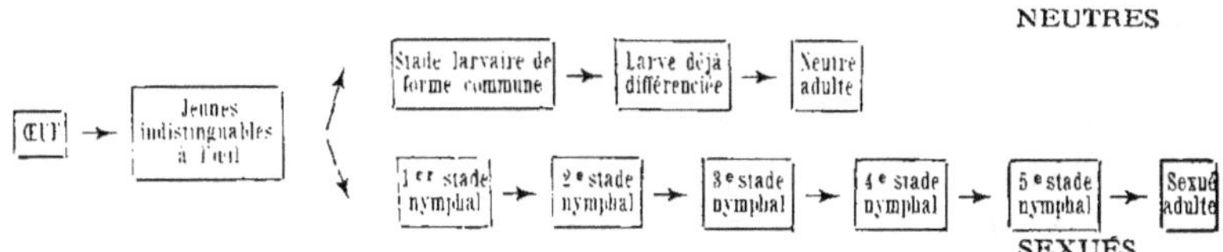

Détermination de la caste chez Macrotermes gilvus

La séparation des sexués d'avec les neutres se manifeste donc dès
la première mue. Une question se pose aussitôt. Les sexués sont-ils
différenciés au cours du premier stade, entre l'éclosion et la première
mue, ou bien dès l'éclosion même ?

Après la première mue, on peut reconnaître, à l'œil, chez *Macrotermes gilvus*, deux catégories de larves neutres. Chacune de celles-ci
donne, au cours de la seconde mue, naissance à une sorte d'ouvrier
et à une sorte de soldat. La différenciation entre ouvrier et soldat
s'établit-elle au cours du stade qui précède la deuxième mue, ou bien
est-elle plus ancienne ? De la même façon la différenciation entre les
deux catégories de larves neutres, visibles alors, s'établit-elle juste
avant la première mue qui les fait apparaître, ou bien est-elle plus
précoce et remonte-t-elle à l'œuf ? Quand se fait la différenciation
des diverses castes neutres et sexuées que l'on obseve chez les termites ?

J'ai fait quelques recherchès sur *Macrotermes gilvus*, dans le but
de résoudre ce problème. Elles nous apporterons d'utiles renseignements et confirmeront le schéma de développement auquel je me
suis arrêté.

Si l'on colore par le carmin chlorhydrique et de la façon que j'ai
dite, des larves différenciées de *Macrotermes gilvus*, on peut observer
chez le petit ouvrier blanc et le petit soldat blanc, des traces évidentes de glande génitale. J'ai pu reconnaître cet organe avec certitude parce qu'on l'observe à la même place et avec un aspect
semblable chez les jeunes nymphes de la même espèce. Je l'ai
retrouvé absolument identique chez les sexués et les neutres d'*Eutermes malangensis ;* des coupes pratiquées sur toutes les larves
neutres et les plus jeunes nymphes de cette dernière forme ne laissent place à aucun doute, comme on le verra par la suite.

Chez le petit ouvrier blanc, (fig. 40) les gonades se présentent,
de chaque côté, comme un cordon irrégulier, renflé à la base,
s'étendant du 7e au 3e segment abdominal ; il suffit de monter
un de ces insectes convenablement coloré, entre lame et lamelle

pour les apercevoir. Il est facile de détacher au moyen d'une aiguille plate, la paroi dorsale du corps : on emporte ainsi le tissu génital qui peut être étudié à part. Les petits soldats blancs montrent (fig. 41) des cordons semblables, mais plus grêles. Il est quelquefois difficile de les voir par examen « in toto », mais la dissection de la larve colorée les montre toujours. Ils ont une évolution sensible ; plus mince chez la larve jeune, ils sont plus épais et plus renflés chez la larve âgée. Comme chez le petit ouvrier blanc, ils ont une structure pleine, irrégulière ; ils sont formés de cellules rondes, ovoïdes, parfois allongées, d'environ 5 μ, pourvues d'un noyau volumineux, renfermant des éléments chromatiques très nets.

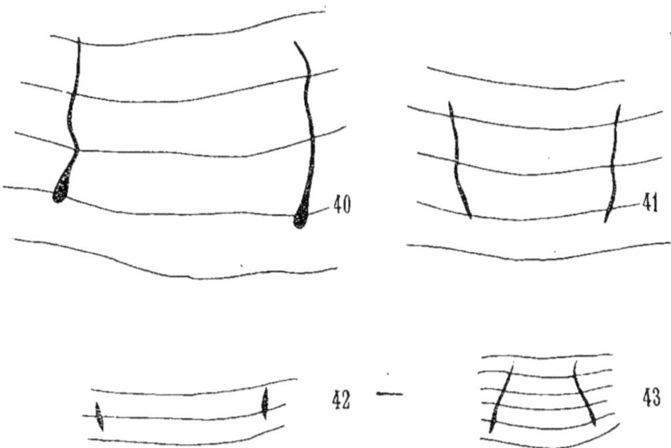

Fig. 40 à 43. — Ebauches génitales des larves de *Macrotermes gilvus*.
40. Petit ouvrier blanc.
41. Petit soldat blanc.
42. Grand ouvrier blanc.
43. Petite larve neutre au 1er stade.

Les choses sont bien différentes pour le grand soldat blanc et le grand ouvrier blanc. Sur ce dernier on ne peut rien voir par transparence, mais la dissection montre, chez les sujets correctement colorés, contre la paroi dorsale, à la limite commune des 6e et 7e segments abdominaux, deux petites masses de tissu adipeux assez mobiles. Elles renferment chacune une agglomération de cellules à gros noyau (fig. 42) tout à fait semblables aux cellules reproductrices jeunes du petit ouvrier. Chez le grand soldat, je n'ai rien pu trouver, même à la dissection, qui rappelle une gonade.

En résumé, les petites formes différenciées blanches de *Macrotermes gilvus* ont des ébauches génitales grêles mais bien nettes, les grandes formes au même stade n'en ont pas.

Si nous colorons et disséquons une certaine quantité de termites neutres au stade antérieur, c'est-à-dire ayant seulement 15 articles aux antennes (mes recherches ont porté sur 80 larves de ce groupe), on trouve que toutes les petites larves montrent (fig. 43) deux cordons génitaux placés sous l'hypoderme du dos. Ceux-ci sont déjà irréguliers, formés de cellules arrondies, à gros noyau renfermant une grande quantité de granulations chromatiques. Rien de semblable ne se rencontre chez les grosses larves à 15 articles antennaires ; je n'y ai vu aucune trace de glande sexuelle.

Ceci confirme le schéma de développement que j'ai donné précédemment ; il est logique de faire sortir le petit ouvrier blanc et le petit soldat blanc, pourvus d'ébauches génitales reconnaissables, des petites larves du stade précédent qui ont, elles aussi, des gonades nettes ; inversement, les grands ouvriers blancs et les grands soldats blancs, dépourvus de glandes sexuelles, doivent sortir, par mue, des grandes larves du stade précédent qui n'en ont pas non plus.

Dans chacune des catégories à antennes de 15 articles, serait-il possible d'établir, par l'étude des glandes génitales ou autrement, deux groupes, indiscernables à l'examen simple et desquels l'un correspondrait au futur ouvrier et l'autre au futur soldat ? Jusqu'ici je n'ai pas obtenu de résultat de ce genre. J'ai observé des variations dans l'épaisseur de la glande sexuelle de la petite larve à 15 articles, mais je n'ai pas pu les classer systématiquement, ni les rapporter à une forme donnée. Serait-il possible, du moins, de retrouver dans les larves indistinctes sortant de l'œuf, une séparation en deux catégories, l'une devant donner les petits neutres à glande génitale apparente, l'autre produisant les gros neutres privés de gonades ? Je crois pouvoir apporter une réponse affirmative à cette question.

Je prélevai environ deux cents larves de *Macrotermes gilvus* au stade suivant immédiatement l'éclosion. Je pris soin d'opérer à un moment de l'année où cette espèce ne produit par de sexués ; cette dernière caste se trouvait donc éliminée de l'étude par le fait même. Ces insectes furent colorés au carmin chlorhydrique alcoolique et bien différenciés. Observés ensuite au binoculaire, avec un grossissement d'environ cent diamètres, ils étaient classés selon leur état de développement reconnu par comparaison côte à côte, dans des groupes comptant, chacun, une dizaine d'individus. Cette précaution était absolument indispensable, pour que les comparaisons ultérieures ne portassent que sur des exemplaires rigoureusement comparables et éliminer l'influence obscurcissante des variations possibles de taille de la glande sexuelle, au cours du premier stade.

Chaque groupe fut ensuite examiné sous un éclairage latéral intense, dans un mélange, à parties égales, de chloroforme et d'acide phénique. Cette inspection permettait, réguliérement, d'y reconnaître des insectes un peu plus gros et des insectes un peu plus petits — bien qu'au même état de développement — qui étaient séparés. L'observation au microscope, de ces larves montées individuellement entre lame et lamelle, fit apparaître que, systématiquement, les spécimens classés comme petits présentaient des glandes génitales bien nettes, tandis que les spécimens classés comme gros avaient des glandes génitales très faibles, souvent invisibles.

Voici quelques extraits de mon cahier d'expérience.

TUBE 9. Individus plus gros venant d'éclore.
a) Insecte bien transparent, glandes peu visibles.
b) Insecte bien transparent, nouveau-né, glandes peu visibles.
c) Insecte bien transparent, glandes invisibles.
d) Insecte bien transparent, glandes visibles.
e) Insecte bien transparent, glandes peu visibles.

TUBE 8, Individus plus gros, déjà éclos depuis quelques temps.
a) Insecte transparent, glandes peu visibles.

TUBE 9 *bis*. Individu plus petit, venant d'éclore.
a) Insecte transparent, glandes bien visibles.

TUBE 8 *bis*. Individus plus petits, déjà éclos depuis quelques temps.
a) Insecte peu transparent, glandes très visibles.

b) Insecte transparent, glandes peu visibles.

c) Insecte transparent, glandes presque invisibles.

d) Insecte très transparent, glandes peu visibles.

e) Insecte bien transparent, glandes presque invisibles.

TUBE 4 Individus plus gros, d'âge moyen.

a) Insecte transparent, glandes très peu visibles.

b) Insecte transparent, glandes peu visibles.

c) Insecte assez transparent, glandes peu visibles.

d) Insecte transparent, glandes très peu visibles.

e) Insecte assez transparent, glandes peu visibles.

f) Insecte très transparent, glandes peu visibles.

b) Insecte bien transparent, glandes très visibles.

c) Insecte assez transparent, glandes visibles.

TUBE 4 *bis.* Individus plus petits d'âge moyen.

a) Insecte assez transparent, glandes bien visibles.

b) Insecte assez transparent, glandes visibles.

J'ai dit précédemment que l'opacité des larves de termites était une fonction régulière de l'âge des exemplaires dans leur stade et croissait régulièrement avec celui-ci. On pourrait donc s'étonner, à première vue, des variations de transparence que signalent mes notes parmi des insectes qui sont rigoureusement de même âge : elles sont dues aux irrégularités de coloration et de différenciation.

L'ensemble des observations dont je viens de donner une partie est très net ; il faut considérer comme très probable que dès l'éclosion, les jeunes neutres de *Macrotermes gilvus* comprennent deux catégories distinguables par le moyen d'artifices de coloration : des insectes un peu plus gros, ayant des glandes génitales rudimentaires et devant donner par la suite, l'ensemble des grands neutres, ouvriers et soldats et des insectes un peu plus petits, à glandes génitales plus développées qui deviennent des petits neutres, ouvriers et soldats. Après la première mue cette différence dans le développement des gonades s'accentue, et, après la seconde mue, chaque catégorie fait apparaître, à la fois, des ouvriers et des soldats. Il est donc très probable que chacune des castes neutres était différenciée dès l'œuf ; probable, également, que les sexués sont aussi déterminés à ce stade embryonnaire, eux qui deviennent recon-

naissables à l'œil, en même temps que les deux grandes catégories de
neutres et qui possèdent, à ce moment, des glandes génitales bien
plus développées que celles de ces neutres.

Étude du développement d'Eutermes matangensis.

Cette hypothèse se trouvera pleinement confirmée par les faits
que nous révélera l'étude du développement d'*Eutermes matangensis*.

Si nous prélevons, à un moment quelconque, un assez grand
nombre de neutres de cette espèce, nous pouvons distinguer, à
première vue, des insectes à chitine jaunâtre ou brune, dont l'intestin contient apparemment de la pâte de bois, et des larves dont
la chitine transparente recouvre un corps complétement blanc.

Laissant de côté les jeunes et la série des formes sexuées, nous
considérerons seulement, pour le moment, les insectes les plus
avancés. Nous y reconnaissons deux catégories principales.

1º Les soldats nasuti, (pl. VII et fig. 49). Ceux-ci, fortement chitinisés, présentent approximativement les caractéristiques suivantes :

Longueur totale, de l'extrémité du « rostre » à
l'extrémité postérieure 4mm 1
Longueur de la tête 1mm 8
Long de l'abdomen et des anneaux thoraciques (1). 2mm 4
Largeur de la tête 1mm 1
Largeur du pronotum 0mm 53

Les antennes ont 13 articles, le troisième étant très notablement
plus long que le quatrième. Ces soldats nasuti sont armés d'une
glande résinifère bien développée. On en trouve fréquemment de
presque blancs, dont la chitine présente seulement une légère coloration jaunâtre.

---

(1) La longueur totale peut ne pas être égale à la somme de la longueur de
la tête et de la longueur du corps, si ces deux parties font toujours un certain
angle entre elles. Elle peut aussi être plus grande, par exemple, si la chitine
joignant la tête au premier anneau thoracique est, normalement, étendue.

Il y a aussi des nasuti tout à fait blancs, (fig. 48) dont le corps est de même taille que celui des précédents, mais dont la tête est moins large, possède une glande résinifère plus petite ; le rostre est moins aigu et semble tronqué à l'extrémité.

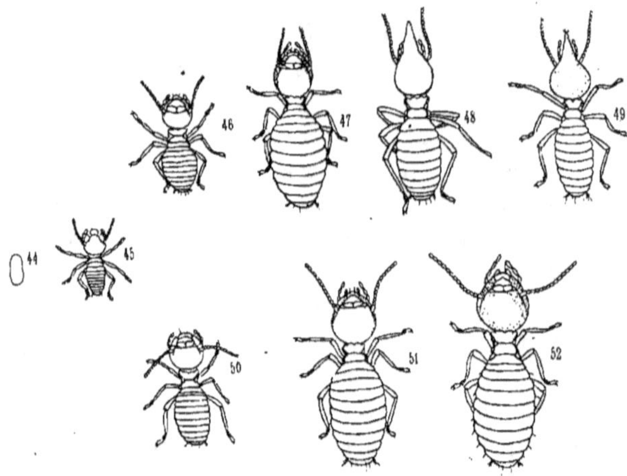

Fig. 44. — Œuf d'*Eutermes matangensis*
Fig. 45. — Jeune larve venant d'éclore, encore indifférenciée extérieurement.
Fig. 46 à 52. — Ouvrier et soldat-nasutus adulte avec leurs diverses formes larvaires.

J'ai cru longtemps que tous ces termites appartenaient à un même stade et que les plus petits donnaient les plus grands simplement par accroissement de taille, changement graduel de forme accompagné d'un épaississement de la chitine. Mais, dans les derniers temps de mes recherches, j'ai découvert tout un lot de nasuti tronqués prêts à muer et même quelques individus en cours de mue. Je suis donc obligé de considérer ces deux formes, bien que très semblables, comme deux stades différents séparés par une mue, au cours de laquelle apparaissent les fortes soies qui décorent l'extrémité du rostre du nasutus adulte.

Voici les mesures du stade larvaire « soldat blanc » d'où sort le soldat terminé.

Longueur totale . . . . 4^{mm} 3

Longueur de la tête . . . . 1^{mm} 8

Longueur de l'abdomen et du thorax . . . . 2^{mm} 4

Largeur de la tête . . . . 1^{mm} 0

Largeur du pronotum . . . . 0^{mm} 58

2° A côté des soldats, il y a la nombreuse population des ouvriers qui diffèrent par la taille et l'aspect. Ils semblent d'abord former une série continue, mais lorsqu'on les a souvent examinés vivants sous le binoculaire, on arrive à les classer d'un seul coup d'œil, dans l'une des trois catégories suivantes :

a) On reconnaît, à première vue, une classe d'insectes plus gros, (fig. de la pl. VII et fig. 52). La chitine de leur abdomen, épaisse, cache le dessin de l'intestin ; comme chez les soldats adultes, le vaisseau dorsal apparaît encadré, de chaque côté, d'une ligne noire. La chitine de la tête est brun-marron, la suture en Y où ce revêtement est toujours plus faible, est marquée par une bande jaune quelquefois si étroite qu'on l'aperçoit à peine. Les antennes montrent 14 articles. Voici les caractéristiques moyennes :

Longueur totale (de l'extrémité du labre à l'extrémité postérieure) . . . . 5^{mm} 0

Longueur de la tête . . . . 1^{mm} 5

Longueur de l'abdomen et du thorax . . . . 3^{mm} 5

Largeur de la tête . . . . 1^{mm} 3

Largeur du pronotum . . . . 0^{mm} 67

b) Une seconde catégorie (fig. 51) réunit des animaux à abdomen plus court et plus trapu que celui des précédents. Leur chitine est bien transparente et laisse voir les détails de l'intestin. De même, la tête, plus petite, est aussi plus claire et n'est bien colorée qu'aux centres de chitinisation, au milieu de chacune des moitiés de l'épicrane, en arrière des deux branches de la suture en Y. Celle-ci reste toujours marquée par une large bande blanche. Les pattes et les antennes sont peu chitinisées ; les dernières ont 14 articles, le troisième et le quatrième n'étant par toujours très bien séparés. Ces termites mesurent :

Longueur totale .... $4^{mm}\,3$
Longueur de la tête............................. $1^{mm}\,3$
Longueur de l'abdomen et du thorax............. $3^{mm}\,0$
Largeur de la tête .... $1^{mm}\,1$
Largeur du pronotum .... $0^{mm}\,58$

c) Enfin, il y a un troisième groupe de formes ouvrières (fig. 47) qui ressemblent aux secondes. Elles en diffèrent par une taille plus réduite, une chitinisation encore moins avancée. On trouve aussi 14 articles aux antennes, le troisième et le quatrième ne sont pas mieux séparés. Les dimensions sont :

Longueur totale .... $3^{mm}\,9$
Longueur de la tête .... $1^{mm}\,1$
Longueur de l'abdomen et du thorax............ $2^{mm}\,8$
Largeur de la tête .... $1^{mm}\,0$
Largeur du pronotum .... $0^{mm}\,51$

La deuxième catégorie présente une bien plus large variation de taille que les deux autres.

La division que je viens d'indiquer parmi les formes ouvrières chitinisées n'est pas arbitraire, j'ai pu lui donner une expression matérielle par l'emploi d'une méthode biométrique.

Je prélevai, dans un large ensemble de ces insectes, 58 individus représentant toutes les conditions possibles de taille et de chitinisation. Ils furent ensuite décapités et je dessinai, à la chambre claire, avec un grossissement linéaire de 58, les têtes posées bien à plat, dans un verre de montre contenant de l'alcool à 30°. J'obtins ainsi 58 calques. Ils étaient affectés du signe ⊙ lorsqu'il s'agissait d'un individu très chitinisé (chitine brune, suture en Y étroite) et du signe — dans le cas d'une chitinisation remarquablement faible. Le signe ◯ correspondait à une condition moyenne. Sur chacun de ces dessins, j'ai mesuré la largeur maxima de la tête et la longueur comprise entre l'incisure qui sépare les deux tubercules du clypeobasal et le bord postérieur de la tête.

Voici le relevé de mes mesures :

Numéros des Insectes	Longueur (1)	Largeur	Indice de chitinisation	Numéros des Insectes	Longueur	Largeur	Indice de chitinisation
1	39 mm	56 mm.	—	30	57 mm.	78 mm.	—
2	45	59,5	○	31	44,5	65,5	—
3	43,5	58	○	32	49,5	67	—
4	42	60	○	33	43,5	66	—
5	45,5	60	⊙	34	50,5	66	—
6	43,5	59	○	35	42,5	59,5	⊙
7	44	62,5	⊙	36	55	75,5	⊙
8	43	60,5	○	37	40	58,5	○
9	39	58,5	—	38	54	69,5	○
10	44	59	—	39	55,5	72		
11	40,5	60,5	⊙	40	49	66	○
12	45	62	⊙	41	47	65	⊙
13	62,5	80	⊙	42	54	72	⊙
14	52,5	73	○	43	54	73	○
15	57	75,5			44	51	70	○
16	60	79	⊙	45	50	65	○
17	41,5	63,5	⊙	46	45	64		
18	40	59	○	47	50,5	69,5	○
19	38	58	○	48	52	69		
20	50	67	—	49	55,5	72	○
21	37,5	57,5	○	50	51	67		
22	42,5	57	—	51	52,5	66	—
23	40	60	○	52	59	77	○
24	42	58	○	53	48	64	—
25	58	72	⊙	54	56	75	⊙
26	61,5	78	⊙	55	49	70,5	○
27	60	78,5	⊙	56	57	73	⊙
28	41,5	61,5	○	57	46	64	—
29	54,5	71	○	58	38	53,5	—

La deuxième dimension étant prise en abscisse et la première en ordonnée, on obtient pour chaque calque, un point figuratif particulier ; ceux-ci reportés sur un diagramme mettent en évidence l'existence de trois catégories de formes ouvrières, (fig. 53). Chacune d'elles est bien délimitée, en bas, par des insectes de petite taille, peu chitinisés et, en haut, par des individus de grande taille à chitine épaisse. Il n'y a pas d'erreur de classement possible, parce que, dans chaque catégorie, les spécimens peu chitinisés le sont beaucoup moins que les formes les plus chitinisées de la catégorie inférieure, lesquelles sont cependant de taille plus petite. On trouve ici ce fait que l'inspection prolongée m'avait permis de saisir, la première et la troisième classe sont peu variables, la seconde l'est davantage :

(1) Les dimensions indiquées dans ce tableau, sont celles de chaque calque, entre les repères indiqués.

elle représente un stade pendant lequel la taille des insectes s'accroît sensiblement.

Quels rapports peuvent soutenir entre elles, ces trois sortes de termites ? Remarquons que le deuxième et le troisième groupe se

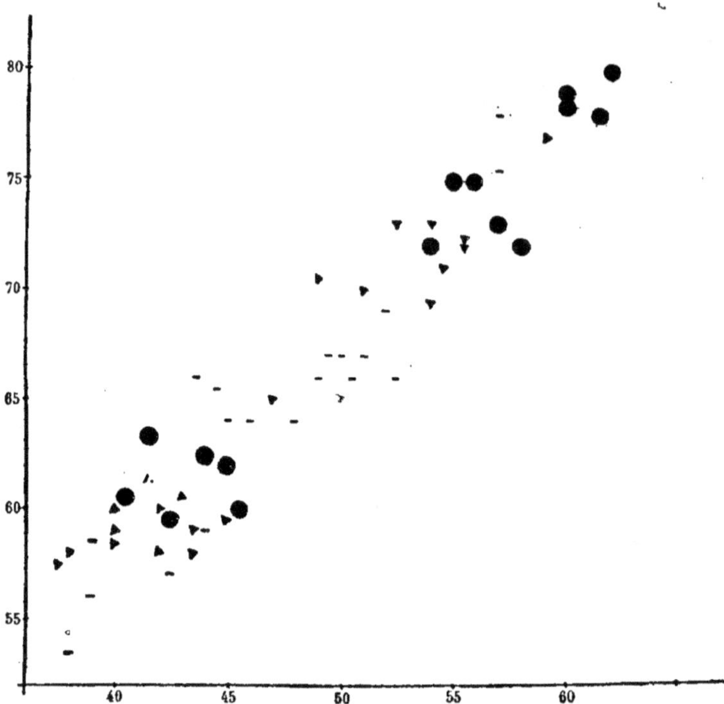

Fig. 53. — Répartition graphique des têtes des formes ouvrières
d'*Eutermes matangensis*.

⬤ désigne un insecte fortement   chitinisé.
▼   —   —   moyennement   —
—   —   —   faiblement   —

ressemblent beaucoup, à la taille près. De plus, les insectes de chacun de ces stades demeurent, après leur apparition, assez longtemps blancs, exactement comme des larves. Les jeunes de ces deux sortes sont alors difficiles à distinguer ; il y a entre eux bien moins de différence dans la taille qu'il n'y en aura plus tard, quand leur chitine

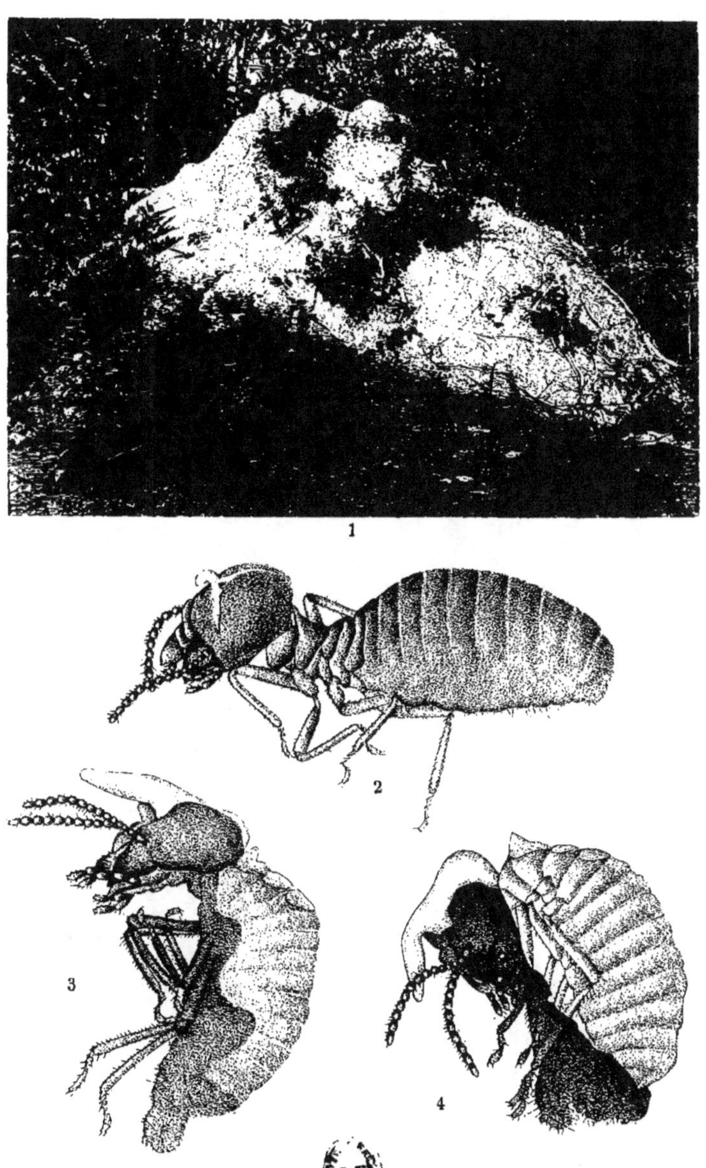

1. Termitière de *Macrotermes gilvus* (hauteur réelle 1^m20). — 2, 3, 4. Phases graduelle de la mue d'*Eutermes matangensis* qui fait apparaître le " Soldat nasutus blanc " à partir d'une sorte de petit ouvrier à chitine épaisse.
Remarquer l'extension progressive du tube excréteur de la glande frontale.

sera épaissie. Il est donc peu probable que la plus grande de ces deux catégories dérive de la plus petite : ses jeunes sont trop petits pour cela. Il n'y a pas entre elles de différence de degré d'organisation. En fait, je n'ai jamais rencontré de mues qui puissent être intermédiaires entre ces deux formes. Je les considère donc comme constituant chacune un stade équivalent, mais appartenant à une série différente ; un fait très important viendra confirmer cette manière de voir.

Il n'en est pas de même pour les plus grands insectes ; il existe des mues établissant le passage entre ce groupe et celui que j'appelle le deuxième. Il y a, de l'un à l'autre, progrès dans la taille et la chitinisation. On observe facilement des insectes de la deuxième forme qui se préparent à l'hypnose, puis la mue elle-même et enfin les insectes de la grande catégorie qui en sortent. Ceux-ci, dès leur éclosion, montrent la chitine épaisse des adultes, ils sont aussitôt jaunâtres et non pas blancs, leur tête se colore très rapidement. Nous pouvons donc relier ces formes par le schéma suivant :

| Formes ouvrières de la 2ᵉ catégorie | → MUE → | Ouvriers adultes (Formes de la 1ʳᵉ catég.) |

Les « ouvriers » de la deuxième sorte représentent l'avant-dernier stade de la forme « ouvrier » au sens strict. Les formes de la troisième catégorie restent donc, jusqu'ici, isolées.

C'est aussi le cas des soldats nasuti. Je ne les ai jamais rencontrés que presque parfaits quant à la taille et l'organisation. Je n'en ai jamais vu de petits ; je n'ai jamais trouvé d'intermédiaire entre eux et les formes ouvrières.

Le 22 mai 1923, examinant des insectes récoltés le 25 octobre 1922, fixés et conservés dans l'alcool à 80°, j'y découvris ce que j'appelai d'abord « un soldat-ouvrier ». C'était un insecte en état d'hypnose. Il présentait tous les caractères de la troisième catégorie établie précédemment. Il avait des antennes à 14 articles et les mandibules ordinaires chez les ouvriers. La chitine de sa tête était fendue et par la suture en Y ouverte, passait une « corne » blanche, tout à fait semblable à celle des soldats les plus jeunes. Dès lors, rappro-

(1) KNOWER, *loc. cit.*

chant ma trouvaille de celle de KNOWER (1), je pensai qu'il était bien probable que les soldats nasuti apparaissent tardivement, à partir de formes à aspect d'ouvrier.

Le 7 septembre 1923, je récoltai près de l'Institut Scientifique de Saigon, une termitière complète d'*Eutermes matangensis*. J'eus la chance de découvrir parmi les larves, douze mues de la même forme, montrant le passage du petit ouvrier au soldat nasutus. Ici, le doute n'était plus permis ; il y avait tout les degrés depuis le moment où le rostre commence à apparaître par la fente de la capsule céphalique, jusqu'au moment où la chitine de la tête étant ouverte en deux moitiés, la tête du jeune soldat devient complétement visible, (fig. 2, 3, 4, de la pl. IX). Je retrouvai celle-ci telle que je l'avais observée chez les plus jeunes nasuti, c'est-à-dire conservant la forme d'une tête d'ouvrier avec simplement une « corne » plantée sur le vertex. Plus tard, le profil de cette protubérance se raccorde à celui du clypeus par une courbe adoucie ; au début il y a encore un angle (fig. de la pl. VII). Sur l'exuvie, je reconnus les mandibules caractéristiques des ouvriers, les antennes à 14 articles. Le très jeune soldat avait déjà les mandibules réduites de sa catégorie, bien qu'elles fussent proportionnellement plus grandes que chez l'adulte. La fusion des articles 2 et 3 de ses antennes ramenait le nombre total des éléments à 13. Il est, d'ailleurs, facile de trouver des soldats blancs chez lesquels cette coalescence ne s'est pas faite ou bien s'est imparfaitement accomplie ; j'en conserve une quinzaine qui possèdent ainsi 14 articles antennaires comme les ouvriers.

Nous devons donc considérer les soldats nasuti d'*Eutermes matangensis*, comme provenant de la troisième catégorie d' « ouvriers » que j'ai définie plus haut (1). Ceci nous permet de dresser un second schéma de développement parallèle au précédent, mais comportant une mue supplémentaire.

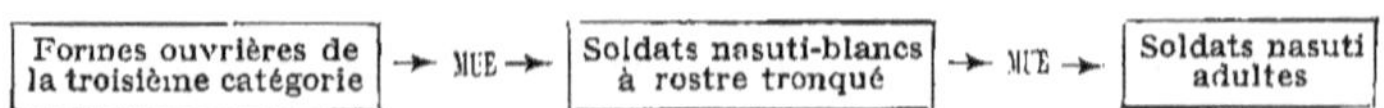

(1) J'ai signalé ce fait dans les C. R. A. S. t. 179, 1924. pp. 483-485. Un américain, EMERSON, a observé la même chose sur *Eutermes cavifrons* et l'a communiqué en 1926.

Une question accessoire se pose maintenant. On sait la place qu'occupe dans la tête du soldat adulte, la glande résinifère dont il est armé. Comment se forme celle-ci ? Est-elle déjà marquée dans les stades larvaires ? J'ai examiné attentivement, à cet égard des « ouvriers » de la troisième catégorie. Leurs têtes colorées au carmin, étaient différenciées, puis montées au Baume de Canada. Comme chez les autres formes ouvrières de la même espèce, la pointe de la suture en Y présente une dépression occupée par la fontanelle, mais rien de plus. Des coupes pratiquées en long et en travers, dans la tête des larves plus jeunes de cette catégorie, ne font voir aucun détail particulier. Si nous examinons de jeunes soldats blancs sortant de la mue d'origine, nous trouvons (fig. 54) que leur tête n'a pas la

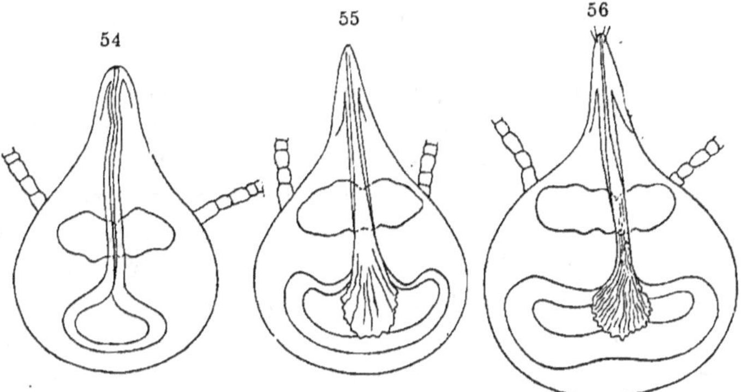

Fig. 54 à 56. — Développement de la poche glandulaire du soldat nasutus d'*Eutermes malangensis*.
On a indiqué, sur ces trois figures, le contour du cerveau.
54 représente un soldat blanc encore très jeune,
55 représente un soldat adulte encore blanchâtre,
56 représente un soldat adulte déjà bien chitinisé.

largeur qu'elle atteindra chez l'adulte. La « corne » est aussi plus courte, beaucoup plus obtuse. Son axe est occupé par un conduit qui se termine en arrière, dans la tête même, par une sorte de sac. Cette formation est en continuité avec l'hypoderme qui double intérieurement la chitine ; son épaisseur est relativement grande le long du conduit. Il n'est pas douteux que ce dernier ne soit formé par l'allongement du col de la poche, allongement conditionné lui-même par le développement de la « corne », d'abord repliée et cachée sous l'exuvie. Ce processus ne peut s'effectuer avant la rupture de la chitine du « petit ouvrier ». A mesure que le soldat blanc vieillit, la tête s'élargit, le rostre croît (fig. 55). La poche terminale s'étend aussi sur les côtés, et passe de la forme d'une poire à celle, approximative, d'une portion de tore, l'épaisseur de sa paroi augmente ; elle devient sécrétrice chez le soldat adulte : la glande céphalique du soldat s'est ainsi constituée graduellement (fig. 56). La paroi du canal excréteur subit une évolution inverse ; d'abord épaisse, elle diminue peu à peu, à mesure qu'elle élabore le revêtement chitineux interne du tube évacuateur. D'abord blanc, puis jaunâtre, puis brun, ce dernier est orné de plis longitudinaux qui mettent en évidence son raccordement avec la poche sécrétrice.

Ainsi, l'ouvrier adulte provient d'une forme active, mangeuse de bois que j'appelle « forme ouvrière de la deuxième catégorie », le soldat à l'avant-dernier stade sort d'une forme plus petite, également active et mangeuse de bois que j'appelle « forme ouvrière de la troisième catégorie ». Toutes deux ont, aux antennes, 14 articles bien individualisés. D'où proviennent, à leur tour, ces insectes ? quels stades les précèdent dans l'évolution ?

Nous trouvons ici le troupeau des larves blanches dont l'intestin ne renferme jamais de pâte ligneuse. Essayons de les classer.

On reconnaît d'abord facilement les jeunes qui sortent de l'œuf, plus petits, (fig.45) ne montrant, à la loupe, que douze articles antennaires. On sépare aussi sans difficulté des larves plus avancées, qui possèdent 13 articles aux antennes. Tous ces jeunes termites présentent l'aspect général d'un petit ouvrier ; les mandibules ont les grosses dents caractéristiques, l'abdomen est relativement réduit et la tête est proportionnellement plus forte que chez l'adulte. On voit aisément le cerveau par transparence ; les organes digestifs sont aussi très apparents dans le temps qui suit la mue. D'une catégorie à l'autre, ils ne diffèrent que par la taille et le nombre des articles antennaires.

Si nous examinons une quantité assez considérable de larves au

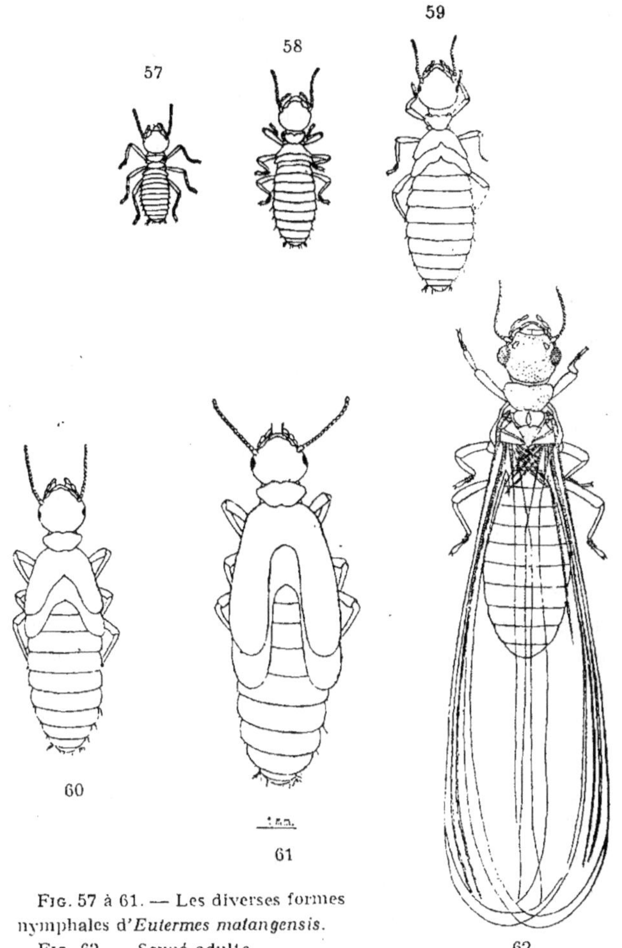

FIG. 57 à 61. — Les diverses formes
nymphales d'*Eutermes matangensis*.
FIG. 62. — Sexué adulte.

deuxième stade, nous trouvons que, quel que soit leur âge, dans ce
stade, ces insectes sont répartissables en deux groupes (fig. 50 et 46).
La différence extérieure ne réside, à la vérité, que dans la taille et
est peu considérable. Mais elle est parfaitement constante. La tête
conserve, dans chaque forme, des dimensions bien fix s, elle n'aug-

mente pas au cours du stade ; il n'y a pas d'intermédiaires entre les deux sortes. Au binoculaire, sous le grossissement 100, n'importe qui les reconnaît sans hésitation ; un observateur entraîné les sépare très bien à l'œil nu. De la plus grande sortent les formes ouvrières de la 2e catégorie, de la plus petite, les formes ouvrières de la 3e catégorie.

Leurs dimensions sont les suivantes :

	Grandes larves	Petites larves
Longueur totale	2^{mm} 7	2^{mm} 3
Longueur de la tête...............	0^{mm} 89	0^{mm} 83
Long. du corps (abdomen et thorax).	1^{mm} 80	1^{mm} 56
Largeur de la tête...............	0^{mm} 83	0^{mm} 72
Largeur du pronotum	0^{mm} 49	0^{mm} 46

En dehors de ces deux catégories, il n'y a que les jeunes directement sortis de l'œuf (fig. 45) dont voici les mesures :

Longueur totale	1^{mm} 5
Longueur de la tête	0^{mm} 53
Longueur du corps	1^{mm} 0
Largeur de la tête	0^{mm} 53
Largeur du pronotum	0^{mm} 31

L'œuf, lui-même, (fig. 44) mesure 0^{mm} 71 de longueur sur 0^{mm} 34 de largeur. Il est cylindrique, arqué en forme de petite saucisse et ses deux extrémités sont arrondies. A la ponte, l'embryon est au stade blastula ; le développement se poursuit dans les chambres d'incubation et on peut l'observer par transparence. L'œuf augmente peu à peu de volume : à l'éclosion, il atteint sa taille maximum, il est comme gonflé par le jeune embryon qui y occupe une position semblable à celle de la mue.

Les sexués adultes de cette espèce sont notablement plus petits que ceux de *Macrotermes gilvus*, (fig. 3, 4, de la pl. VI, et fig. 62). Ils mesurent :

Longueur totale (avec les ailes)	15mm 5
Longueur du corps et de la tête	8mm 6
Longueur de la tête	1mm 6
Long. des ailes, à partir de l'endroit du détachement.	12mm 0
Largeur de la tête, en arrière des yeux	1mm 3
Diamètre transverse, à la plus grande saillie des yeux	1mm 7
Largeur du pronotum	1mm 3

Ce sexué adulte provient d'une grande nymphe (fig. 61) dont les fourreaux alaires ont le même développement que ceux du stade correspondant de *Macrotermes gilvus ;* ils atteignent le cinquième anneau abdominal.

On trouve, auparavant, quatre stades nymphaux reconnaissables, (fig. 60, 59, 58, 57) ; les rudiments d'ailes des plus avancés atteignent respectivement les troisième et premier anneaux abdominaux. Celles des secondes nymphes ne dépassent pas le thorax, mais sont un peu courbées vers l'arrière ; les plus petites ne montrent que des expansions latérales droites du méso et du métanotum. Ces derniers insectes dérivent, par une mue, des jeunes sortant de l'œuf (fig. 45) tous semblables extérieurement. Voici les mesures respectives :

	5e Nymphe	4e Nymphe	3e Nymphe	2e Nymphe	1re Nymphe
Longueur totale ...	9mm 0	6mm 9	5mm 9	3mm 9	2mm 5
Long. apparente des fourreaux alaires.	3mm 6	»	»	»	»
Longueur du corps .	7mm 8	5mm 7	4mm 6	2mm 9	1mm 7
Long. de la tête ..	1mm 4	1mm 3	1mm 2	0mm 96	0mm 73
Long. de l'abdomen.	5mm 2	3mm 8	3mm 4	2mm 1	1mm 2
Larg. de la tête ..	1mm 4 (yeux sail.)	1mm 2	1mm 0	0mm 84	0mm 68
Larg. du pronot ..	1mm 3	1mm 0	0mm 73	0mm 55	0mm 46
Nomb. des articles antennaires ...	1mm 5	1mm 5	1mm 5	1mm 4	1mm 3

Ces nymphes ressemblent, d'une façon générale, à celles de *Macrotermes gilvus ;* elles en diffèrent nettement par la taille.

Le développement d'*Eutermes matangensis* peut se résumer comme il suit :

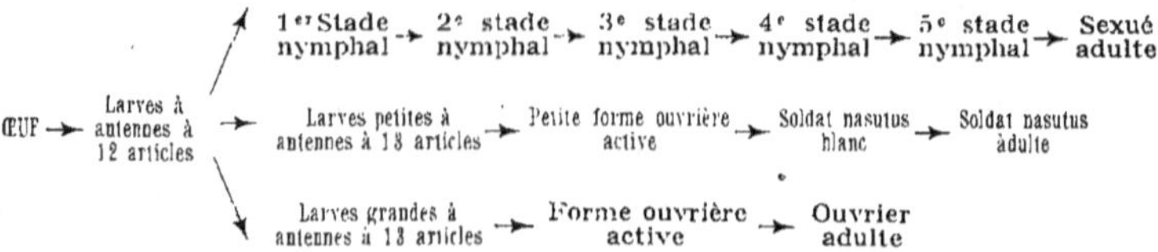

J'ai observé toutes les mues que fait prévoir ce tableau ; j'ai déjà décrit la plus intéressante. La proportion des diverses formes larvaires s'accommode aussi de cette interprétation. Par exemple, une prise faite dans une termitière d'*Eutermes malangensis*, le 7 septembre 1923, me donna :

Soldats nasuti-adultes 2.588	
Soldats nasuti blancs 182	Ouvriers adultes 600
Formes ouvrières de la 3e catégorie 346	Formes ouvrières de la 2e catégorie 493

Il y avait aussi une grande quantité de larves neutres au deuxième stade ; le nombre des grandes y était à celui des petites comme 13 est à 10, ce qui est sensiblement le rapport habituel de ces deux sortes. On voit qu'il est presque le même que celui existant dans notre prise, entre les formes ouvrières de la deuxième catégorie et les formes ouvrières de la troisième catégorie, puisque 493 est à 346 comme 14 à 10. Notons aussi le chiffre très élevé des soldats accourus au point où le nid était attaqué.

Le schéma précédent est exactement superposable à celui du développement de *Macrotermes gilvus*, en ce qui concerne les sexués et les ouvriers. Au contraire, le soldat nasutus diffère du soldat ordinaire, en ce que sa réalisation demande une mue supplémentaire et en ce que son type particulier s'établit à un stade postérieur au stade correspondant à l'apparition du type du soldat ordinaire. Il est logique, après cela, de considérer le soldat nasutus comme une forme bien différente du soldat à grandes mandibules, forme apparue plus tard dans l'évolution des termites et hautement spécialisée. Au contraire, les soldats à grandes mandibules doivent être considérés comme moins distants des ouvriers. Il serait bien intéressant de connaître avec précision le développement des soldats de ces termites américains, les *Armitermes* qui possèdent, à la fois, une grosse glande frontale avec un long tube excréteur et de grandes mandibules en forme de pince.

Eutermes cuphus différencie ses castes comme *Eutermes matangensis*. J'ai noté que les larves neutres au deuxième stade, se répartissent en deux catégories de taille très inégale, que la forme ouvrière d'où sort le soldat nasutus blanc, est très petite. De même, les deux derniers stades de l'ouvrier sont très facilement séparables. Les jeunes à l'éclosion ont des antennes pourvues de 12 articles, les deuxièmes stades en possèdent 14 ; les trois formes ouvrières en montrent 15 et le soldat nasutus 14.

Détermination de la caste chez Eutermes matangensis.

L'étude micrographique des larves de cette espèce, m'a conduit à la conclusion que la caste est déterminée dès l'éclosion de l'œuf et se fixe, par conséquent, au plus tard, dans celui-ci. Si l'on colore par l'hématoxyline alcoolique ou par le carmin chlorhydrique les larves au deuxième stade ou les plus jeunes nymphes, et qu'on les monte dans le mélange acide phénique-chloroforme, on obtient en les portant au microscope, des résultats intéressants. Les sexués au premier stade reconnaissable montrent de longues et grosses glandes génitales dont la largeur, dans mes observations, variait de 13 à 20 divisions micrométriques oculaires. Dix divisions micrométriques valant, dans ce cas, 0^{mm} 0377, cela fait une largeur de 0^{mm} 05 à 0^{mm} 075. Chaque gonade a l'aspect d'un corps cylindrique à contenu granuleux, à contour extérieur rectiligne bien net. Elle s'étend du troisième au septième segment abdominal sur une longueur de 0^{mm} 7 environ (fig. 63).

Les gros neutres au deuxième stade contiennent régulièrement des cordons génitaux semblables à ceux des sexués (fig. 64). Ils ont, dans leur partie moyenne, le même aspect cylindrique, le même contenu granuleux, mais leur largeur est plus faible et atteint seulement

4 à 5 divisions micrométriques, c'est-à dire un peu moins de $0^{mm}02$. La glande paraît s'étendre dans les 5ᵉ, 6ᵉ et 7ᵉ segments abdo-

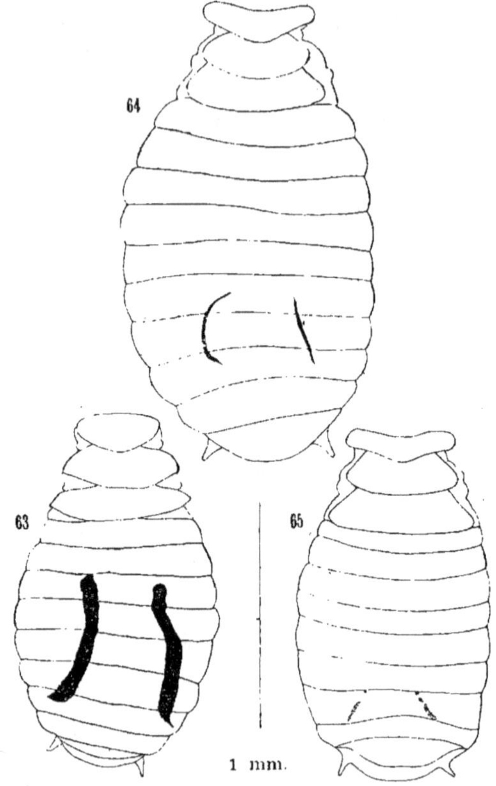

Fɪɢ. 63 à 65. — Ébauches génitales des diverses castes d'*Eutermes malangensis*, vues par transparence, après la première mue.

 63. Jeune nymphe.
 64. Grande larve neutre à antennes de 13 articles (ouvrier).
 65. Petite larve neutre à antennes de 13 articles (soldat).

minaux sur une longueur de $0^{mm}45$. Il n'y a pas de variations sensibles d'un animal à un autre, tous sont semblables. Chez les petites larves neutres à 13 articles antennaires, la loupe binoculaire révèle l'existence d'une petite gonade. Au microscope, on trouve que la masse glandulaire ne forme plus, ici, un cordon continu, mais est dissociée (fig. 65) en un certain nombre de petits lobules, quatre à six généralement, disposés dans le 7ᵉ segment sur une longueur de 0ᵐᵐ15. Leur diamètre atteint environ deux divisions micrométriques, soit 0ᵐᵐ008. Ils présentent à leur intérieur, le même aspect granuleux que la glande plus développée des autres castes, mais paraissent plus colorables ; ils sont disposés en chapelet irrégulier contre la paroi dorsale de l'animal.

Ainsi, le microscope montre dans la structure des larves d'*Eutermes malangensis* au deuxième stade, des différences correspondant à celles que l'on peut saisir à l'œil nu.

L'étude des insectes des mêmes castes aux stades postérieurs fait retrouver les mêmes faits. Chez les secondes nymphes, la glande génitale a pris un grand développement et se présente de chaque côté, comme un gros cordon cylindrique de 0ᵐᵐ1 de diamètre et de 1ᵐᵐ1 de long, s'étendant du 7ᵉ au 2ᵉ anneau abdominal. Chez l'ouvrier adulte et le stade antérieur (2ᵉ catégorie), on observe une petite ébauche sexuelle placée moitié dans le 7ᵉ, moitié dans le 6ᵉ segment abdominal. Sa longueur est d'environ 0ᵐᵐ2 et son diamètre voisin de 0ᵐᵐ10. C'est à peine les dimensions du même organe dans les larves de cette caste, après la première mue. Chez le soldat adulte, le soldat blanc et la forme ouvrière antérieure (3ᵉ catégorie), l'examen, au microscope, de larves préparées in-toto, ne m'a pas permis de découvrir la moindre trace de gonade. J'apercevais très bien, par contre, les noyaux du tissu adipeux. Ces constatations appuient le schéma de développement que j'ai indiqué pour *Eutermes malangensis*.

Puisque les diverses castes de cette espèce sont et demeurent, à partir de la première mue, bien reconnaissables par les dimensions et la forme de leurs glandes germinales, il était naturel de rechercher si les mêmes différences ne se retrouveraient pas parmi les jeunes au premier stade, immédiatement après l'éclosion. La question à une grosse importance théorique, puisque beaucoup de biologistes considèrent encore comme imprécise l'époque de la détermination des castes chez les termites... S'il se trouvait qu'au sortir de l'œuf le jeune insecte présente, dans son corps, les attributs fixes d'une catégorie déterminée, il faudrait admettre, malgré les faits allégués par ailleurs, que la caste est déterminée dans l'œuf.

J'ai examiné, à cet égard, environ deux cents exemplaires d'*Eutermes mantangensis* au premier stade. Pour éliminer l'influence que la croissance au cours du stade peut avoir sur la taille relative des glandes génitales, j'ai trié attentivement les bêtes en expérience, prenant soin de ne réunir dans chaque lot que des animaux paraissant au même état de développement. J'ai obtenu, ainsi, dix-huit groupes de dix insectes chacun. Les groupes pairs furent colorés au carmin chlorhydrique alcoolique, les groupes impairs à l'hématoxyline alcoolique au fer. Chaque larve, placée sous lamelle, dans le chloroforme phéniqué, était d'abord observée au binoculaire. En regard de son numéro et de sa lettre de groupe, je notais une première observation. Puis le même individu était monté définitivement au baume de Canada et revu au microscope. J'exprimais alors l'état de sa glande génitale et enregistrais la mesure de celle-ci, en divisions micrométriques. Voici ce qu'a donné ce travail ; j'ai commencé l'examen par les termites les plus âgés dans le premier stade et ai poursuivi avec des échantillons de plus en plus jeunes.

	INDICATION D'IDENTITÉ	OBSERVATION AU BINOCULAIRE	OBSERVATION AU MICROSCOPE	LARGEUR DE LA GONADE	CASTE PRÉSUMÉE
Groupe 18 Insectes prêts à muer.	18 a	Abdomen isolé. Très avancé, glandes modérément larges.	Glandes cylindriques. Bon échantillon.	4, Div. 5	Ouvrier
	18 b	Peu coloré. Glandes invisibles.	Glandes très minces, moniliformes.	»	Soldat
	18 c	Glandes modérément larges.	»	4 Div.	Ouvrier
	18 d	Glandes très larges.	Un peu écrasé, glandes bien visibles.	10 Div.	Sexué
	18 e	Glandes petites. Écrasé.	Glandes visibles, moniliformes.	»	Soldat
	18 f	Glandes modérément larges.	»	4, D. 5	Ouvrier
	18 g	Glandes modérément larges.	»	5, D. 5.	Ouvrier
	18 h	Très peu coloré. Glandes modérément larges.	»	4, D. 5	Ouvrier
	18 i	Très peu coloré, glandes peu larges.	Glandes moyennes.	4 D.	Ouvrier
	17 a	Glandes étroites.	Glandes modérément larges, bien visibles.	4, D. 5	Ouvrier
	17 b	Glandes très minces.	Glandes moniliformes.	»	Soldat
	17 c	Peu coloré. Glandes visibles, moyennes.	»	4 D.	Ouvrier
	17 d	Très coloré. Glandes visibles, étroites.	Glandes moniliformes.	»	Soldat
	17 e	Glandes étroites.	Glandes moniliformes.	»	Soldat
	17 f	Glandes étroites.	Glandes moniliformes.	»	Soldat
	17 g	Peu coloré. Glandes très larges.	»	10 D.	Sexué
	17 h	Glandes étroites. Peu coloré.	Glandes cylindriques.	3 D.	Ouvrier
	17 i	Peu coloré. Glandes larges.	»	9 D.	Sexué
	17 j	Peu coloré. Glandes modérément larges.	»	3. D. 5	Ouvrier

	INDICATION D'IDENTITÉ	OBSERVATION AU BINOCULAIRE	OBSERVATION AU MICROSCOPE	LARGEUR DE LA GONADE	CASTE PRÉSUMÉE
Groupe 16 Insectes très avancés	16 a	Glandes presque invisibles.	Glandes moniliformes.	»	Soldat
	16 b	Très peu coloré. Glandes faibles.	Glandes cylindriques moyennes.	3, D. 5	Ouvrier
	16 c	Peu différencié. Glandes bien visibles.	Glandes assez larges.	4, D. 5	Ouvrier
	16 d	Glandes très visibles.	Glandes très larges.	8, D. 5	Sexué
	16 e	Glandes invisislbes.	Détérioré au montage, inutilisable.	»	»
	16 f	Peu coloré. Glandes moyennes.	»	4, D. 5	Ouvrier
	16 g	Glandes très larges, cylindriques.	»	8, D.	Sexué
	16 h	Peu coloré, glandes peu apparentes.	Glandes larges.	8, D.	Sexué
Groupe 15 Insectes avancés	15 a	Glandes bien nettes.	Glandes larges.	8, D.	Sexué
	15 b	Peu coloré. Glandes invisibles.	Rétracté au Xylol. Inutilisable.	»	»
	15 c	Glandes bien visibles.	Glandes assez larges.	4, D. 5	Ouvrier
	15 d	Glandes bien visibles.	»	4, D. 5	Ouvrier
	15 e	Très coloré, Glandes bien visibles.	»	4 D.	Ouvrier
	15 f	Très coloré. Glandes peu visibles.	Glandes assez larges, peu nettes.	5 D.	Ouvrier
	15 g	Peu coloré, glandes presque invisibles.	Glandes moniliformes.	»	Soldat
	15 h	Très coloré. Glandes invisibles.	Glandes étroites, moniliformes.	»	Soldat
	15 i	Glandes réduites.	Glandes cylindriques.	3, D. 5	Ouvrier
	15 j	Peu coloré. Glandes invisibles.	Glandes moniliformes.	»	Solda'

	INDICATION D'IDENTITÉ	OBSERVATION AU BINOCULAIRE	OBSERVATION AU MICROSCOPE	LARGEUR DE LA GONADE	CASTE PRÉSUMÉE
Groupe 11 Insectes avancés	11 a	Glandes très peu nettes.	Glandes invisibles. Douteux.	»	»
	14 b	Glandes visibles.	Glandes assez larges.	4 D.	Ouvrier
	14 c	Glandes invisibles.	Glandes visibles, moniliformes.	»	Soldat
	14 d	Très peu coloré. Glandes visibles.	Glandes assez larges.	4 D.	Ouvrier
	14 e	Disloqué. Grosses glandes bien visibles.	Glandes cylindriques.	8 D.	Sexué
	14 f	Détérioré. Inutilisable.	»	»	»
	14 g	Très peu coloré. Glandes visibles.	Glandes assez larges.	4, D. 5	Ouvrier
	14 h	Peu coloré. Glandes assez étroites.	Glandes cylindriques.	2, D. 5	Ouvrier
	14 i	Glandes déviées vers la droite.	Glandes assez larges.	4, D. 5	Ouvrier
	14 j	Très peu coloré. Glandes faibles	Trop peu coloré, inutilisable.	»	»
Groupe supplémentaire n° 19	19 a	Insecte assez avancé.	Glandes assez larges, très visibles.	4, D. 5	Ouvrier
	19 b	Insecte assez avancé, bien coloré.	Glandes assez larges.	4 D.	Ouvrier
	19 c	Insecte assez avancé.	Glandes assez larges.	4, D. 5	Ouvrier
	19 d	Insecte assez avancé.	Glandes moniliformes.	»	Soldat
Groupe 13 Insectes, d'âge moyen	13 a	Bien coloré. Glandes très visibles.	Glandes larges.	6 D.	Sexué
	13 b	Glandes bien visibles, assez larges.	»	4, D.	Ouvrier
	13 c	Glandes longues.	Glandes bien nettes, assez larges	4, D. 5	Ouvrier
	13 d	Bien coloré. Glandes invisibles.	Glandes moniliformes.	»	Soldat
	13 e	Glandes étroites.	Glandes assez larges.	4 D.	Ouvrier
	13 f	Glandes réduites, peu visibles.	Glandes moniliformes.	»	Soldat
	13 g	Glandes étroites.	Rétracté au Xylol, inutilisable.	»	»
	13 h	Glandes larges, bien visibles.	»	6 D.	Sexué
	13 i	Glandes étroites.	Glandes moniliformes.	»	Soldat
	13 j	Peu coloré. Glandes invisibles.	Glandes moniliformes.	»	Soldat

INDCATION D'IDENTITÉ		OBSERVATIOIN AU BINOCULAIRE	OBSERVATION AU MICROSCOPE	LARGEUR DE LA GONADE	CASTE PRÉSUMÉE
Groupe 12 Insectes d'âge moyen	12 a	Peu coloré. Glandes visibles.	Glandes assez larges.	4ᵐ D.	Ouvrier
	12 b	Peu coloré. Glandes presque invisibles.	Glandes moniliformes.	»	Soldat
	12 c	Assez avancé. Glandes très minces.	Glandes moniliformes.	»	Soldat
	12 d	Peu coloré. Glandes assez larges.	Rétracté par le Xylol. Inutilisable.	»	»
	12 e	Glandes bien visibles.	»	7 D.	Sexué
	12 f	Glandes bien visibles.	Glandes un peu floues.	4, D. 5	Ouvrier
Groupe 11 Insectes d'âge moyen	11 a	Glandes visibles.	Glandes moniliformes.	»	Soldat
	11 b	Glandes assez visibles.	Rétracté au Xylol. Inutilisable.	»	»
	11 c	Glandes bien visibles.	Rétracté par le Xylol. Inutilisable.	»	»
	11 d	Glandes assez visibles.	Glandes moniliformes.	»	Soldat
	11 e	Glandes visibles.	Rétracté par le Xylol. Inutilisable.	»	»
	11 f	Coloration trop intense.	Rétracté par le Xylol. Inutilisable.	»	»
	11 g	Bonne coloration. Glandes bien visibles.	Glandes larges.	6 D.	Sexué
	11 h	Coloration peu nettes. Glandes peu visibles.	Glandes développées.	6, D. 5	Sexué
	11 i	Coloration peu nette. Glandes peu visibles.	Glandes moniliformes.	»	Soldat
	11 j	Coloration trop forte.	Inutilisable.	»	»
	11 k	Coloration foncée. Glandes étroites, peu visibles.	Glandes moniliformes très nettes.	»	Soldat
Groupe 10 Insectes d'âge moyen	10 a	Coloration peu nette.	Détérioré par le Xylol. Inutilisable.	»	»
	10 b	Glandes visibles.	Glandes moniliformes.	»	Soldat
	10 c	Peu coloré. Glandes bien nettes.	Glandes assez larges, bon exemplaire.	4 D.	Ouvrier
	10 d	Trop coloré. Glandes peu nettes.	Rétracté par le Xylol. Inutilisable.	»	»
	10 e	Bien coloré. Glandes très réduites.	Rétracté par le Xylol. Inutilisable.	»	»
	10 f	Bonne coloration. Glandes bien vis.	Glandes larges.	6, D. 5	Sexué
	10 g	Glandes peu visibles.	Glandes moniliformes.	»	Soldat
	10 h	Glandes bien visibles.	Glandes assez larges.	4 D.	Ouvrier
	10 i	Très rétracté. Glandes assez larges.	Complètement rétracté par le Xylol. Inutilisable.	»	»
	10 j	Bonne coloration. Glandes assez visibles.	Glandes assez larges	3, D. 5	Ouvrier

	INDICATION D'IDENTITÉ	OBSERVATION AU BINOCULAIRE	OBSERVATION AU MICROSCOPE	LARGEUR DE LA GONADE	CASTE PRÉSUMÉE
Groupe 9 Insectes assez jeunes.	9 a	Bonne coloration. Glandes bien visibles.	Glandes assez larges.	4 D.	Ouvrier
	9 b	Glandes peu nettes.	Glandes moniliformes bien visibles.	»	Soldat
	9 c	Peu net.	Glandes moniliformes.	»	Soldat
	9 d	Glandes bien visibles.	Glandes assez larges.	4 D.	Ouvrier
	9 e	Glandes larges.	Glandes larges, bien visibles.	7 D.	Sexué
	9 f	Peu coloré. Glandes peu nettes.	Glandes bien nettes et assez lar-ges. Bon échantillon.	4 D.	Ouvrier
	9 g	Glandes peu visibles.	Glandes peu nettes, mais assez larges.	4 D.	Ouvrier
	9 h	Glandes invisibles.	Rétracté par le Xylol. Inutilisable.	»	»
	9 i	Glandes invisibles.	Glandes moniliformes.	»	Soldat
	9 j	Glandes peu visibles.	Rétracté par le Xylol.	»	»
Groupe 8 Insectes assez jeunes. Groupe mal différencié, beaucoup de pertes.	8 a	Glandes étroites.	Glandes moniliformes.	»	Soldat
	8 b	Bien coloré. Glandes peu visibles.	Glandes assez larges.	4 D.	Ouvrier
	8 c	Mal coloré.	Préparation indistincte.	»	»
	8 d	Glandes minces.	Rétracté par le Xylol. Inutilisable.	»	»
	8 e	Peu coloré. Glandes assez larges.	Rétracté parle Xylol. Inutilisable.	»	»
	8 f	Mal coloré.	Rétracté par le Xylol. Inutilisable.	»	»
	8 g	Assez pâle.	Glandes larges.	6, D 5	Sexué
Groupe 7 Insectes assez jeunes.	7 a	Peu coloré. Glandes étroites.	Glandes moniliformes.	»	Soldat
	7 b	Peu coloré. Glandes douteuses.	Glandes invisibles.	»	»
	7 c	Peu coloré. Glandes assez fortes.	Glandes assez larges.	4 D.	Ouvrier
	7 d	Peu coloré. Glandes bien nettes.	Glandes assez larges.	4 D.	Ouvrier
	7 e	Glandes très minces peu visibles.	Glandes moniliformes.	»	Soldat
	7 f	Glandes assez visibles, bien coloré.	Glandes assez larges.	4, D. 5	Ouvrier
	7 g	Glandes visibles.	Glandes bien nettes.	4 D	Ouvrier
	7 h	Glandes étroites.	Glandes moniliformes.	»	Soldat
	7 i	Peu net. Glandes visibles.	Glandes assez lar., mais peu nettes.	4 D.	Ouvrier

	INDICATION D'IDENTITÉ	OBSERVATION AU BINOCULAIRE	OBSERVATION AU MICROSCOPE	LARGEUR DE LA GONADE	CASTE PRÉSUMÉE
Groupe 6 Insectes jeunes	6 a	Glandes assez larges, contour peu net.	Glandes assez larges.	4 D.	Ouvrier
	6 b	Glandes nettes.	Glandes bien développées.	6 D.	Sexué
	6 c	Glandes bien visibles.	Glandes moniliformes.	»	Soldat
	6 d	Glandes peu nettes mais distinguables.	Glandes assez larges.	4 D.	Ouvrier
	6 e	Glandes invisibles.	Glandes moniliformes.	»	Soldat
Groupe 5 Insectes jeunes	5 a	Glandes très peu visibles.	Glandes moniliformes.	»	Soldat
	5 b	Glandes visibles.	Glandes moniliformes.	»	Soldat
	5 c	Glandes bien visibles.	Glandes assez larges.	3, D. 5	Ouvrier
	5 d	Peu coloré. Glandes visibles.	Glandes moniliformes.	»	Soldat
	5 e	Peu coloré. Glandes visibles.	Net. Glandes assez larges	4 D.	Ouvrier
	5 f	Insecte écrasé, peu net.	Glandes moniliformes.	»	Soldat
	5 g	Peu coloré, glandes étroites.	Ecrasé, glandes invisibles.	»	»
	5 h	Mal coloré, glandes invisibles.	Glandes assez larges.	4 D,	Ouvrier
Groupe 4 Insectes jeunes	4 a	Glandes génitales minces, assez nettes.	Glandes moniliformes.	»	Soldat
	4 b	Glandes peu nettes, mais visibles.	Glandes assez larges, bien dévelop·	4 D.	Ouvrier
	4 c	Glandes très faibles.	Rétracté par le Xylol. Inutiilsable.	»	»
	4 d	Glandes génit. larges, peu nettes.	Glandes très larges, peu nettes.	7 D	Sexué
	4 e	Glandes étroites, presque invis.	Rétracté par le xylol, Inutilisable.	»	»
Groupe 3 Insectes venant d'éclore	3 a	Glandes peu nettes.	Glandes moniliformes.	»	Soldat
	3 b	Glandes peu visibles.	Glandes moniliformes.	»	Soldat
	3 c	Glandes visibles.	Glandes assez larges.	3, D. 5	Ouvrier
	3 d	Glandes visibles.	Glandes assez larges.	3, D. 5	Ouvrier
	3 e	Glandes visibles.	Glandes assez larges.	3, D. 5	Ouvrier
	3 f	Glandes nettes.	Gandes assez larges.	3, D. 5	Ouvrier
	3 g	Glandes à peine visibles.	Glandes moniliformes.	»	Soldat
	3 h	Glandes larges.	Glandes très larges.	6 D.	Sexué

	INDICATION D'IDENTITÉ	OBSERVATION AU BINOCULAIRE	OBSERVATION AU MICROSCOPE	LARGEUR DE LA GONADE	CASTE PRÉSUMÉE
Groupe 2	2 a	Glandes bien visibles.	Glandes fortes.	6 D.	Sexué
Insectes	2 b	Glandes peu visibles.	Glandes assez larges.	3, D. 5	Ouvrier
venant d'éclore	2 c	Glandes peu visibles.	Glandes assez larges.	3, D. 5	Ouvrier
	2 d	Insecte détérioré. Inutilisable.	»	»	»
	2 e	Glandes assez visibles.	Glandes assez larges.	4 D.	Ouvrier
	2 f	Glandes assez visibles.	Glandes assez larges.	4 D.	Ouvrier
Groupe 1	1 a	Glandes nettes.	Glandes assez larges.	3 D.	Ouvrier
Insectes	1 b	Glandes invisibles.	Glandes moniliformes.	»	Soldat
venant d'éclore	1 c	Glandes bien visibles.	Glandes assez larges.	3, D. 5	Ouvrier
	1 d	Glandes visibles.	Glandes moniliformes.	»	Soldat
	1 e	Glandes bien visibles.	Glandes larges.	5, D. 5	Sexué
	1 f	Insecte détérioré. Inutilisable.	»	»	»
	1 g	Glandes peu visibles.	Glandes moniliformes.	»	Soldat
	1 h	Glandes peu visibles.	Rétracté par le Xylol. Inutilisable.	»	»
	1 i	Insecte spécialement jeune.	Glandes bien marquées, très larges.	5, D. 5	Sexué

Je n'ai pas indiqué, dans ce qui précède, de largeur générale pour les glandes génitales formées d'une trainée de granules, cela se comprend facilement. La largeur des plus gros de ceux-ci était sensiblement constante et voisine de 2 divisions micrométriques.

La largeur des gonades cylindriques était mesurée non pas à la base même qui est un peu renflée, mais à la partie la plus facilement observable sur l'insecte in-toto, c'est-à-dire au-dessous de la projection de l'anse intestinale inférieure.

Les catégories extrêmes étaient évidemment les mieux triées ; elles se composaient de spécimens d'aspect particulièrement frappant : termites prêts à muer ou venant d'éclore, dont la sélection était facile... Or ces groupes sont très démonstratifs. Si on examine le tableau analytique du plus âgé (n° 18), on trouve qu'il ne peut y avoir d'indécision.

Sur 10 insectes, on en rencontre deux dont les glandes sexuelles couvrent, en largeur, dix divisions micrométriques (0^{mm} 04) et ont l'aspect des glandes des sexués au stade suivant (fig. 66). Cinq termites ont des glandes semblables à celles des gros neutres au stade suivant : ce sont des cordons cylindriques réguliers (fig. 67), formés

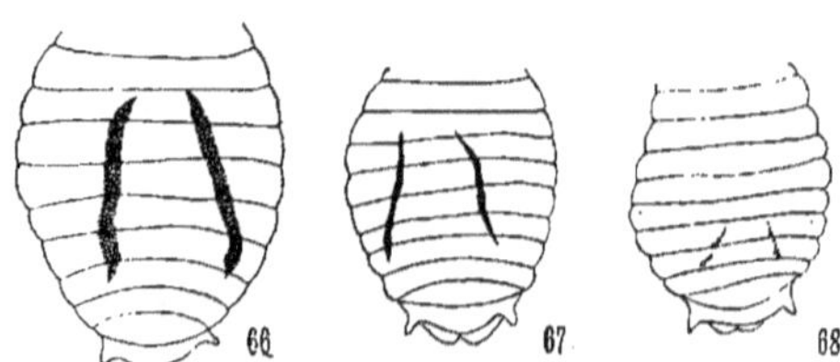

FIG. 66 à 68. — Ébauches génitales des diverses castes
d'*Eutermes matangensis* au premier stade larvaire.
66. Futur sexué.
67. Futur ouvrier.
68. Futur soldat.

de cellules granuleuses, allant du 2e au 7e segment abdominal sur une longueur de 0^{mm} 45, plus étroits que les précédents puisque leur diamètre est moindre que 0^{mm} 02. Deux échantillons, enfin, montrent des glandes en chapelet (fig. 68) rappelant tout à fait celles des petits neutres du second stade. Elles s'étendent dans les

6e et le 7e segments abdominaux, sur une longueur apparente de 0mm 1 et paraissent constituées par 6 à 7 granules de 0mm 008 de diamètre.

A mesure que l'on étudie des classes formées de termites plus jeunes, on constate que la largeur des glandes diminue. Cependant, la distinction en trois catégories demeure bien nette. Dans le groupe n° 10, par exemple, on trouve un individu à glandes marquées « bien visibles » dès l'observation au binoculaire, qui possède des gonades larges de 6,5 divisions. Il y a deux insectes à glandes larges de 4 divisions et deux échantillons à glandes moniliformes.

Les plus jeunes séries, celles qui comprennent des insectes éclos depuis un temps très court, que j'estime compris entre une demi-heure et un jour pour la classe n° 1, montrent la même division en trois sortes, avec des largeurs de glande atténuées encore. Deux exemplaires marqués « à glandes bien visibles » dès le binoculaire, ont présenté, sous le microscope, des glandes larges de 5,5 divisions ; deux autres ont des glandes larges de 3 et 3,5 divisions ; un autre jeune termite montre des glandes en chapelet.

En général, les préparations colorées à l'hématoxyline alcoolique ont donné les résultats les plus nets, étant les mieux différenciés et les plus lisibles.

Le lecteur pourra d'ailleurs faire lui-même toutes ces remarques ; voici un tableau de classement des insectes observés, par catégories semblables, avec indication de la largeur respective des gonades exprimée en divisions micrométriques. J'ai noté, pour chaque groupe, la nature de la coloration.

GROUPE 18 (Carmin chlorhydrique) :

Ouvriers présumés	Soldats prés.	Sexués prés.
a 4,5	b mon.	d 10
c 4	e mon.	
f 4,5		
g 5,5		
h 4,5		
i 4		

GROUPE 17 (Hématoxyline alcoolique) :

Ouvriers présumés	Soldats prés.	Sexués prés.
a 4,5	b mon.	g 10
c 4	d mon.	i 9
h 3	e mon.	
j 3,5	f mon.	

GROUPE 16 (Carmin chlorhydrique) :

Ouvriers présumés	Soldats prés.	Sexués prés.
b 3,5	a mon.	d 8,5
c 4,5		g 8
f 4,5		h 8

GROUPE 15 (Hématoxyline alcoolique) :

Ouvriers présumés	Soldats prés.	Sexués prés.
c 4,5	g mon.	a 8
d 4,5	h mon.	
e 4	j mon.	
f 5		
i 3,5		

GROUPE 14 (Carmin chlorhydrique) :

Ouvriers présumés	Soldats prés.	Sexués prés.
b 4	c mon.	e 8
d 4		
g 4,5		
h 2,5		
i 4,5		

GROUPE 19 (Hématoxyline alcoolique) :

Ouvriers présumés	Soldats prés.	Sexués prés.
a 4,5	d mon.	
b 4		
c 4,5		

GROUPE 13 (Hématoxyline alcoolique) :

Ouvriers présumés	Soldats prés.	Sexués prés.
b 4	d mon.	a 6
c 4,5	f mon.	h 6
e 4	i mon.	
	j mon.	

GROUPE 12 (Carmin chlorhydrique).

Ouvriers présumés	Soldats prés.	Sexués prés.
a 4	b mon.	e 7
f 4,5	c mon.	

GROUPE 11 (Hématoxyline alccolique) :

Ouvriers présumés	Soldats prés.	Sexués prés.
	a mon.	g 6
	d mon.	h 6,5
	i mon.	
	k mon.	

GROUPE 10 (Carmin chlorhydrique) :

Ouvriers présumés	Soldats prés.	Sexués prés.
c 4	b mon.	f. 6,5
h 4	g mon.	
j 3,5		

GROUPE 9 (Hématoxyline alcoolique) :

Ouvriers présumés	Soldats prés.	Sexués prés.
a 4	b mon.	e 7
d 4	c mon.	
f 4	i mon.	
g 4		

GROUPE 8 (Carmin chlorhydrique) :

Ouvriers présumés	Soldats prés.	Sexués prés.
b 4	a mon.	g 6,5

GROUPE 7 (Hématoxyline alcoolique) :

Ouvriers présumés	Soldats prés.	Sexués prés.
c 4	a mon.	
d 4	e mon.	
f 4,5	h mon.	
g 4		
i 4		

GROUPE 6 (Carmin chlorhydrique) :

Ouvriers présumés	Soldats prés.	Sexués prés.
a 4	c mon.	b 6
d 4	e mon.	

GROUPE 5 (Hématoxyline alcoolique) :

Ouvriers présumés	Soldats prés.	Sexués prés.
c 3,5	a mon.	
e 4	b mon.	
h 4	d mon.	
	f mon.	

GROUPE 4 (Carmin chlorhydrique) :

Ouvriers présumés	Soldats prés.	Sexués prés.
b 4	a mon.	d 7

GROUPE 3 (Hématoxyline alcoolique) :

Ouvriers présumés	Soldats prés.	Sexués prés.
c 3,5	a mon.	h 6
d 3,5	b mon.	
e 3,5	g mon.	
f 3,5		

GROUPE 2 (Carmin chlorhydrique) :

Ouvriers présumés	Soldats prés.	Sexués prés.
b 3,5		a 6
c 3,5		
e 4		
f 4		

GROUPE 1 (Hématoxyline alcoolique) :

Ouvriers présumés	Soldats prés.	Sexnés prés.
a 3	b mon.	e 5,5
c 3,5	d mon.	. i 5,5
	g mon.	

Nous avons ici des observations portant effectivement sur un total de 126 insectes, desquels 22 seraient des sexués, 44 des soldats et 60 des ouvriers. 44 est à 60 comme 10 est à 13 environ. Or c'est à peu près le rapport du nombre des petites larves neutres au deuxième stade à celui des grandes larves de même âge. J'ai trouvé dans diverses prises, 10 à 12 sensiblement. L'accord est donc aussi bon que possible.

Il est possible de pousser plus loin l'investigation. Le 5 janvier 1925, je pris une vingtaine d'œufs d'*Eutermes matangensis* en cours d'éclosion et je sortis les jeunes termites de leur coque déjà ouverte, au moyen d'aiguilles ; ils étaient donc tous de même âge, à quelques quart d'heures près. Je les traitai ensuite comme les précédents. Je pus faire, au microscope, des observations qui sont résumées ci-dessous.

Insecte n° 1	Mal préparé, douteux.
» n° 2	Glandes bien visibles, larges de 3 divisions micrométriques.
» n° 3	» visibles » 3 » »
» n° 4	» bien visibles » 4,5 » »
» n° 5	» bien visibles » 3 » »
» n° 6	» bien visibles » 3,5 » »
» d° 7	» assez visibles » 3 » »
» n° 8	» étroites, moniliformes.
» n° 9	» étroites, moniliformes.
» n° 10	» étroites, moniliformes.
» n° 11	» visibles, larges de 3 divisions micrométriques.
» n° 12	» étroites, moniliformes.
» n° 13	» bien nettes, larges de 4,5 divisions micrométriques.
» n° 14	» bien visibles, larges de 3 divisions micrométriques.
» n° 15	» étroites, moniliformes.
» n° 16	» étroites, moniliformes.
» n° 17	» peu nettes, larges de 3 divisions micrométriques.
» n° 18	» moyennes, » 3 » »
» n° 19	» bien visibles, » 3 » »
» n° 20	Mal préparé, douteux.

»	n° 21	Glandes très visibles, larges de 4,5 divisions micrométriques.
»	n° 22	» bien visibles » 3 » »
»	n° 23	» peu visibles. moniliformes.
»	n° 24	» très visibles, larges de 4,5 divisions micrométriques.

On retrouve, ici, les individus à glande très étroite disposée en chapelet, et parmi les termites à glande cylindrique, une catégorie à gonades plus larges (4, d. 5) et une catégorie à gonade plus étroite (3 d.). Il est logique de considérer les premiers insectes comme des sexués et les autres comme des ouvriers. En somme, la distinction entre les ouvriers et les sexués s'atténue à mesure que l'on considère des formes plus jeunes dans le premier stade ; les insectes à glande moniliforme demeurant, par contre, très nettement séparés. La proportion est, dans cette prise, de 4 sexués pour 11 ouvriers et 7 soldats, ce qui est assez normal.

J'ai examiné les jeunes larves de termites dans leurs divers détails pour voir si d'autres organes ne varieraient pas sensiblement comme les glandes sexuelles ; mes recherches sont demeurées négatives. Les ébauches des yeux, en particulier, se présentent de la même façon chez toutes les larves au 1er stade de l'*Eutermes matangensis*.

Ce qui précède peut se résumer ainsi :

Dès que les jeunes *Eutermes matangensis* sont arrivés au milieu du premier stade, on y reconnaît trois catégories d'insectes nettement distinguées par la largeur et l'aspect de leur glande génitale. (Glandes cylindriques larges, Glandes cylindriques étroites, Glandes moniliformes).

L'écart de dimension des glandes des deux premières catégories diminue si on considère des insectes moins âgés ; cependant, les jeunes à l'éclosion, eux-mêmes, ne sont pas semblables entre eux. Ils montrent des différences considérables dans la largeur et l'aspect des ébauches sexuelles, et ces différences permettent encore de les grouper en trois catégories.

L'aspect des glandes génitales dans chacune de celles-ci, correspond à celui qu'on observe dans chacune des sortes observées après la première mue : Sexués, Grands neutres (Ouvriers), Petits neutres (Soldats).

La conclusion logique de tout ceci est que la caste des termites est déjà déterminée lors de leur éclosion.

Je me proposais, en janvier 1925, de compléter cette étude par des coupes pratiquées dans l'abdomen des larves en question, mais ayant du quitter alors, inopinément, l'Institut Scientifique de Saigon, je fus obligé de renoncer à mon projet. Je l'ai exécuté depuis sur les indications de M. Bouvier, et avec l'aide bienveillante de M. Semichon.

J'ai utilisé la méthode de triple coloration (hématoxyline - éosine - aurantia), dans les proportions que cet auteur a préconisées dès long-temps (1) ; elle m'a été fort utile pour tirer parti de matériaux dont la colorabilité se trouvait atténuée, par un séjour d'environ deux ans dans l'alcool à 80º. Les résultats obtenus confirment pleinement ce qui a été dit précédemment.

Les ébauches sexuelles des insectes ayant subi la première mue présentent, sur les coupes, l'aspect que j'ai déjà indiqué ; nous ac-quérons de nouvelles précisions. En particulier, la base de ces ébau-ches chez la jeune nymphe et chez le futur ouvrier est nettement renflée. Dans la dernière caste, la gonade est plus longue, en réalité, que ne le montrait l'observation par transparence. Elle est effilée à son extrémité antérieure.

Les coupes longitudinales pratiquées dans les plus jeunes nym-phes reconnaissables (fig. 69), montrent une structure histologique de la gonade hautement suggestive. Elle possède déjà une ébauche de canal évacuateur ; les éléments histologiques qui la composent sont de deux sortes. Les uns, — évidemment les éléments génitaux proprement dits — possèdent des noyaux très volumineux, presque sphériques, à contenu chromatique abondant, placés au sein d'un protoplasma plus ou moins indivis. Ils sont groupés par quantités variables, jusqu'à une dizaine, en masses allongées, ovoïdes, sphé-riques : ce sont ces masses qui apparaissent disposées en travées perpendiculaires au conduit génital (fig. 69, haut et bas). La section de celles-ci est de plus en plus circulaire à mesure qu'elle est plus

---

(1) Semichon. L'emploi des colorants nitrés et les substances neutropilesh, *Bull. Soc. Zool. de Fr.* xxxviii, 1913.

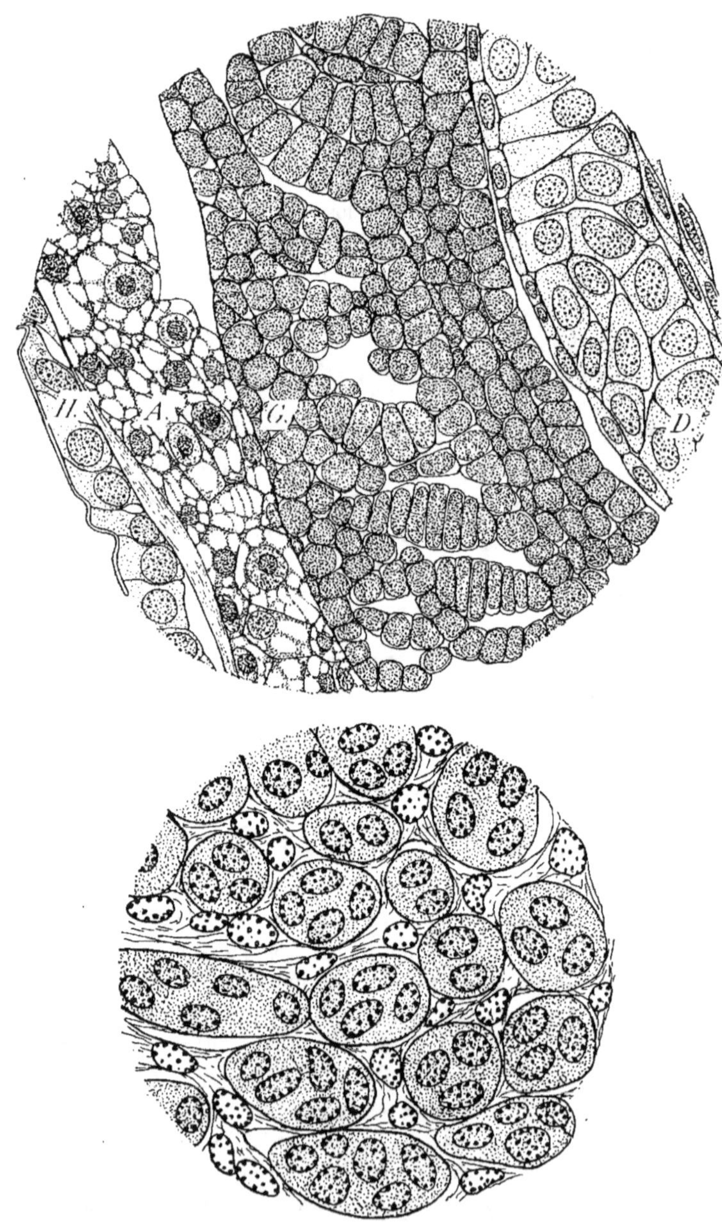

Fig. 69. — Ébauche génitale d'un *Eutermes matangensis* sexué au deuxième stade.
En haut, coupe longitudinale de la partie moyenne de la glande, montrant ses relations avec les organes voisins.

A, tissu adipeux ; G, glande sexuelle ; H, hypoderme ; D, tube digestif.

En bas, coupe représentant les deux sortes d'éléments histologiques de l'ébauche.

voisine de la normale à la direction d'allongement. Les mitoses y sont fréquentes ; il n'est pas difficile d'en rencontrer les phases caractéristiques.

Entre ces masses, on aperçoit des noyaux plus petits, à contenu granuleux, inclus dans un protoplasma qui paraît étiré en lamelles et en fibres. Ces éléments revêtent extérieurement la glande ; ils pénètrent aussi dans l'intérieur, séparant les travées précédentes, comblant les intervalles. Ce sont là des cellules mésodermiques moins différenciées. Sur les coupes, elles paraissent souvent comprimées, occupant les espaces anguleux subsistant entre les éléments génitaux proprement dits.

Les coupes des ébauches génitales du futur ouvrier mettent en évidence la même forme cylindrique de la glande (fig. 70), le même aspect des cellules sexuelles. Mais ici, nous ne voyons pas trace du conduit évacuateur des cellules germinales : par rapport à la caste sexuée, la glande reproductrice est arrêtée dans son développement ; elle ne le reprendra pas, à moins de circonstances spéciales. L'étude histologique suggère la même idée : les différences sont, ici, beaucoup moins accentuées entre les cellules génitales proprement dites et les éléments mésodermiques.

Les premières sont moins grandes, plus individualisées, moins fondues en travées. Les secondes sont surtout reconnaissables à la surface de la glande ; elles y ont une forme allongée.

Le futur soldat (fig. 71) montre la disposition en nodules successifs que j'ai signalée, la longueur de l'ébauche génitale est très faible : elle tient toute entière dans le champ du microscope qui n'embrassait qu'à peine un quart des formations des autres catégories. Un détail anatomique permet de retrouver facilement cet organe, quelque petit qu'il soit : dans toutes les castes, à ce stade et au précédent, la glande sexuelle est située, par sa partie inférieure et moyenne, au milieu d'un cordon longitudinal de tissu adipeux qui la rattache à la paroi dorsale du corps ; ainsi, c'est au sein de ce cordon, facile à découvrir sur les coupes, qu'il faut chercher les cellules sexuelles. La différenciation histologique est plutôt plus faible encore que dans l'ébauche génitale de l'ouvrier au même stade.

J'ai procédé au même examen sur des jeunes *Eutermes matan-*

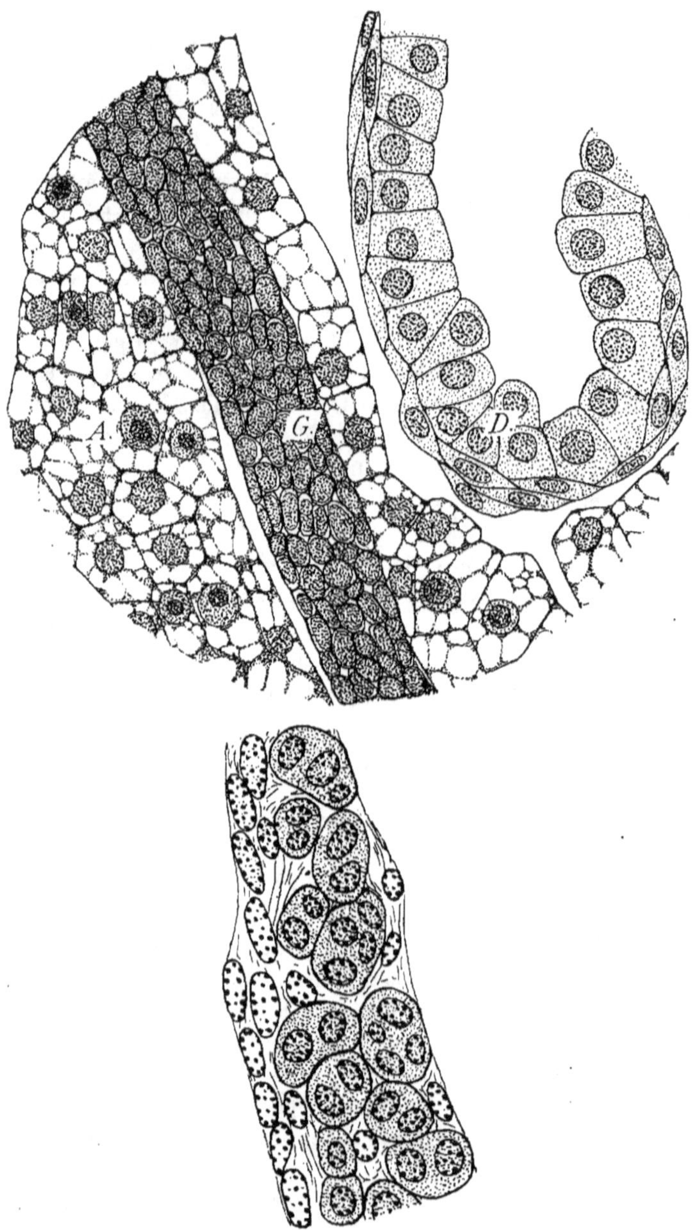

Fig. 70. — Ébauche génitale d'un ouvrier d'*Eutermes matangensis* au deuxième stade larvaire.

En haut, coupe longitudinale de la partie antérieure de la glande ; en bas, détail histologique.

Mêmes échelles, mêmes conventions de lettres que précédemment.

gensis à l'éclosion, avant la première mue. Je choisis dans plusieurs centaines de ces larves, une quarantaine d'individus d'âge moyen et sensiblement égal. Les insectes prélevés étaient donc tous semblables extérieurement ; je les colorai par l'hématoxyline alcoolique au fer, comme il est dit précédemment. Je pus ainsi, par observation à la loupe et au microscope, séparer les trois castes indiquées.

Des coupes longitudinales pratiquées sur la région droite de divers exemplaires, me montrèrent les aspects reproduits par les figures 72, 73 et 74. Celles-ci diffèrent un peu entre elles par l'orientation et la distance au plan médian du plan de coupe ; elles ont porté sur des insectes inégalement rétractés. On peut, cependant, reconnaître sur toutes le cerveau, les sections du tissu hypodermal (hachures) et du tissu musculaire (hachures pointillées). On voit aussi les sections droites ou obliques des anses du tube digestif. La plus haute se rapporte à une partie voisine du jabot, la section dorsale à l'intestin moyen, la ou les sections ventrales à la partie postérieure du tube digestif. Le rectum a été coupé « en cuiller » sur les trois échantillons choisis. On reconnaît aussi les coupes obliques ou droites de tubes de Malpighi. L'aspect des ébauches génitales allongées sous la partie dorsale, est des plus nets ; les trois castes diffèrent évidemment à cet égard.

Il est bon de remarquer que chez le sexué, la gonade s'accroîtra beaucoup en longueur et en diamètre au stade suivant ; l'augmentation sera moins forte pour l'ouvrier et consistera surtout en un allongement. Il y aura, au contraire, chez le soldat, réduction à la partie basale qui s'épaissit un peu.

Les coupes transversales sont aussi instructives (fig. 75, 76, 77). Les ébauches génitales des sexués sont déjà plus épaisses qu'elles ne le seront au stade suivant, chez le jeune ouvrier. On retrouve sur ces figures, les mêmes organes que sur les précédentes : les coupes passent par la partie inférieure de l'une ou des deux anses que forme le tube digestif. Le rectum occupe toujours la partie centrale. En 75 et 77 on aperçoit le vaisseau dorsal. J'ai représenté la section approximative du cordon de tissu adipeux qui contient les glandes sexuelles : on voit que les tubes de Malpighi peuvent y pénétrer. Il se trouve que la coupe du futur soldat (fig. 75) passe par le groupe

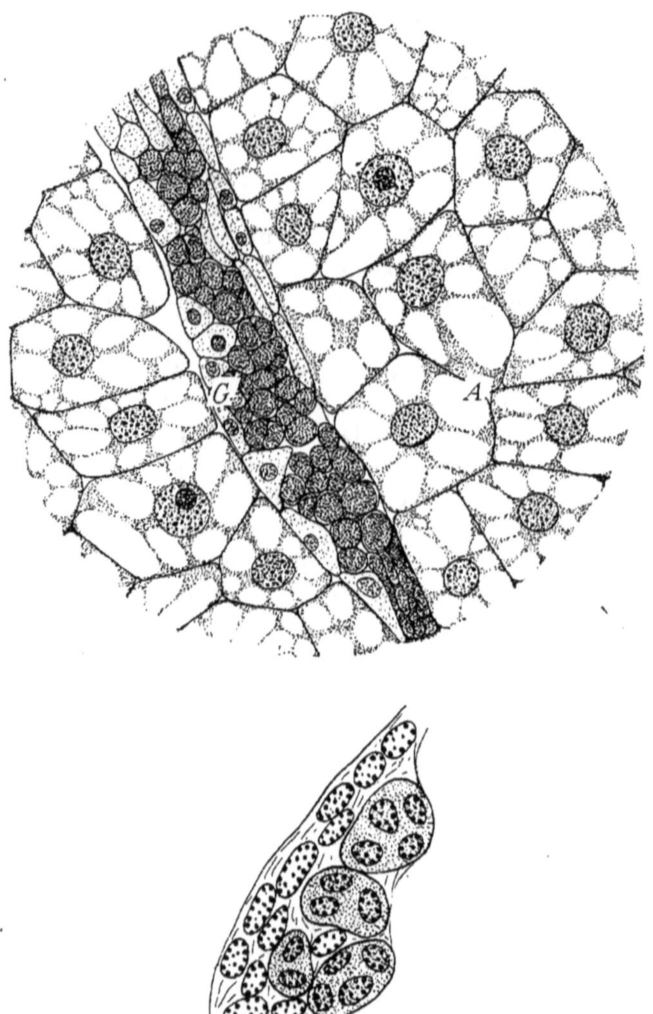

Fig. 71. — Ébauche génitale d'un soldat d'*Eutermes malangensis* au deuxième stade larvaire.

En haut, coupe longitudinale de la glande ; en bas, détail histologique d'un des « nodules » glandulaires. Mêmes échelles, mêmes conventions de lettres que précédemment.

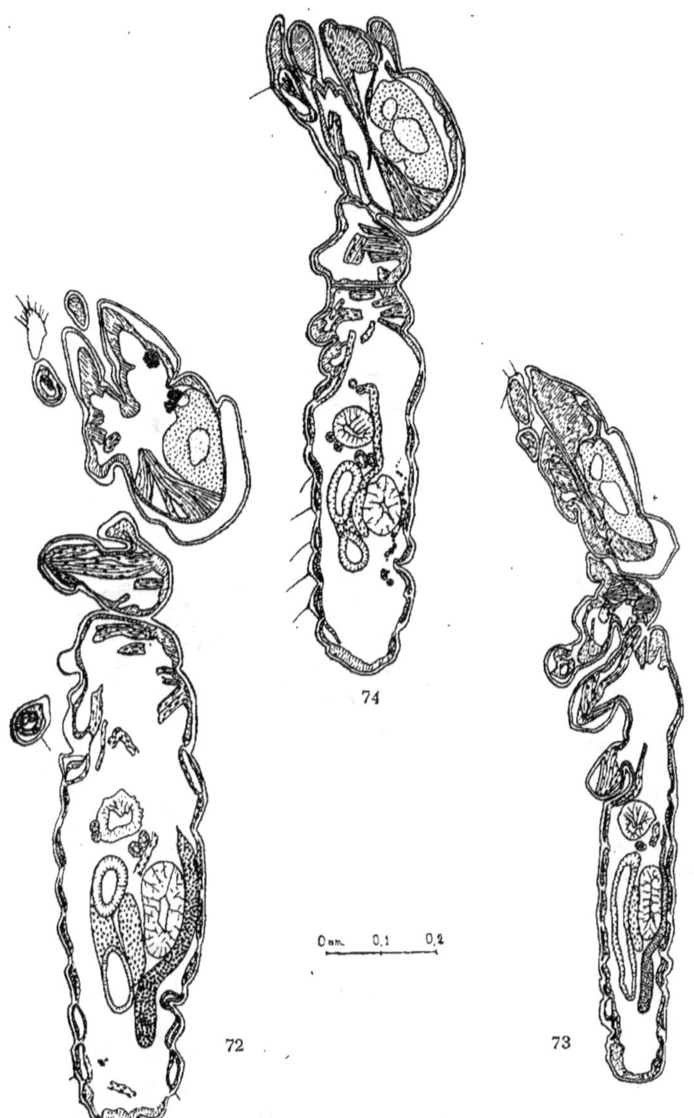

Fig. 72 à 74. — Coupes longitudinales montrant la disposition de l'ébauche génitale droite, dans les larves des trois castes d'*Eutermes matangensis* au premier stade larvaire.

Les hachures indiquent le tissu hypodermal, les hachures pointillées le tissu musculaire. Remarquer les sections du cerveau, des tubes de Malpighi, des diverses anses intestinales, de l'ébauche génitale, contre la paroi dorsale.

72, futur sexué ; 73, futur ouvrier ; 74, futur soldat.

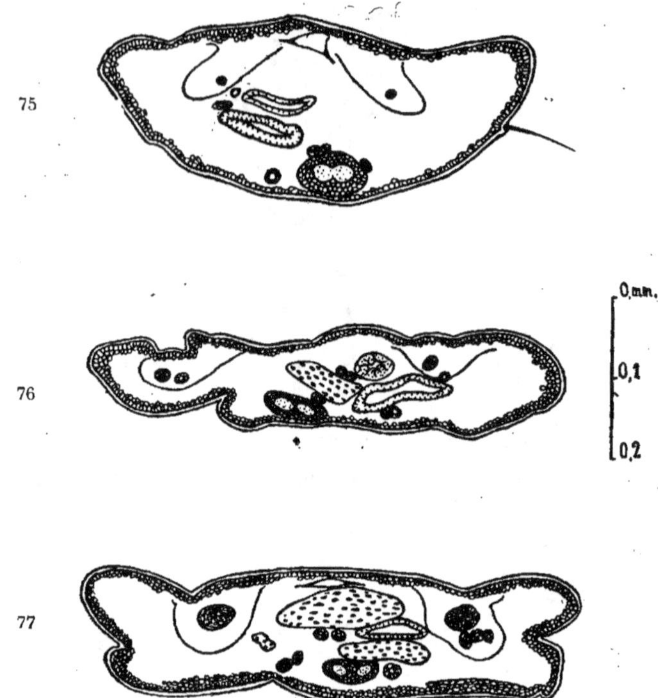

FIG. 75 à 77. — Coupes transversales des larves des trois castes d'*Eutermes matangensis,* au premier stade larvaire.

Chaque ébauche génitale est rattachée à la paroi dorsale, par du tissu adipeux formant un cordon longitudinal dans lequel elle est placée. On a représenté la section de celui-ci ; il peut être traversé par des tubes de Malpighi. En 75 et 77, vaisseau dorsal.

75, futur soldat ; 76, futur ouvrier ; 77, futur sexué.

cellulaire inférieur de chacune des deux glandes... Elle est séparée d'autres coupes semblables par des tranches qui ne contiennent aucune cellule génitale.

L'examen de ces organes à un fort grossissement révèle (fig. 78, 79, 80) une structure tout à fait semblable, respectivement, à ce que nous avons vu pour les mêmes castes au stade suivant ; on reconnaît déjà, sur la section de la gonade du futur sexué, l'indication du conduit génital. La distinction des deux sortes de cellules de l'ébauche génitale est encore faisable (fig. 78, 79, 80). Ainsi donc, nous ne pouvons pas douter du fait que les trois castes de l'*Eutermes matangensis* sont très nettement séparées par l'aspect des organes sexuels, bien avant la première mue.

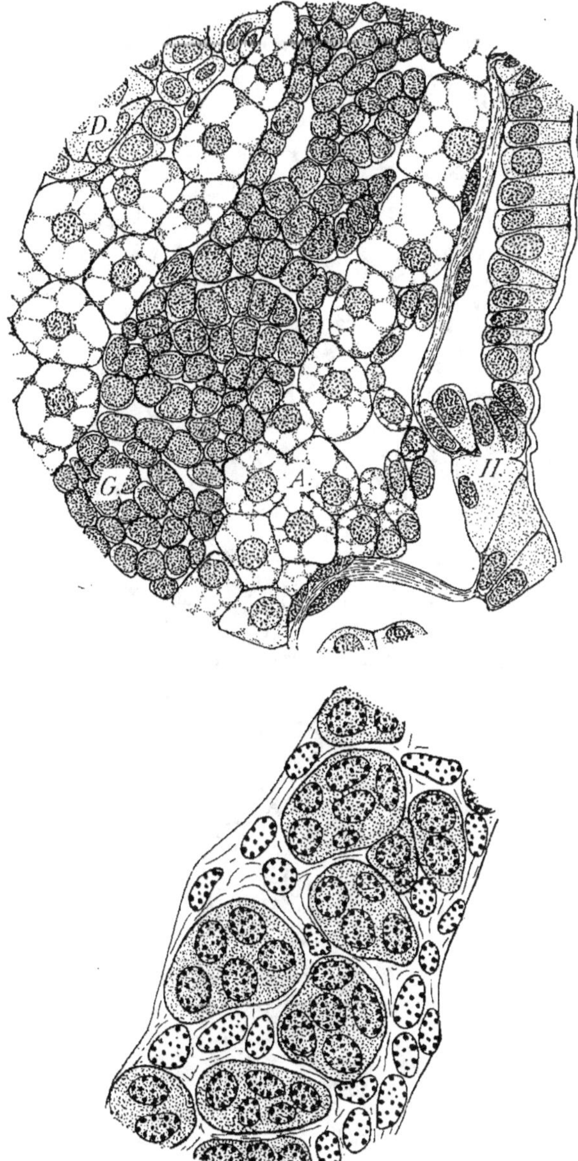

Fig. 78. — Ébauche génitale d'un jeune sexué d'*Eutermes matangensis* au premier stade larvaire.

En haut, coupe longitudinale de la partie moyenne de la glande ; remarquer, à la partie supérieure, la coupe oblique du canal génital ; en bas, détail histologique.

Mêmes échelles, mêmes conventions de lettres que précédemment.

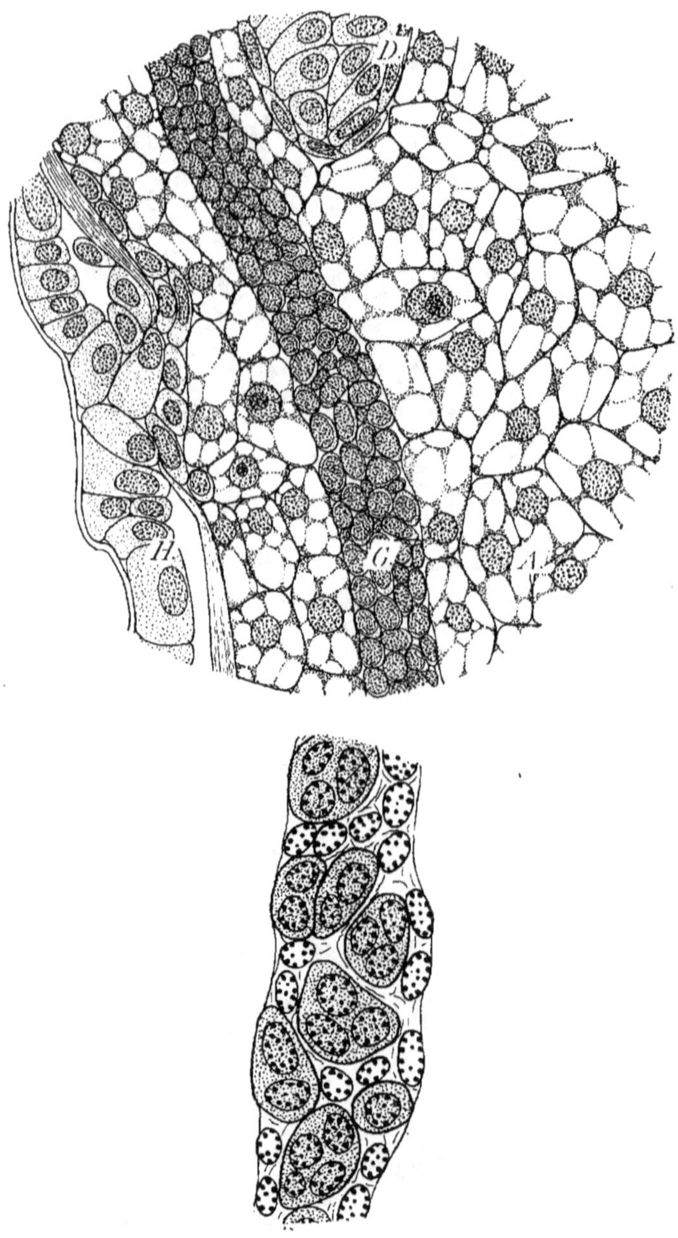

Fig. 79. — Ébauche génitale d'un ouvrier d'*Eutermes malangensis* au premier stade larvaire.

En haut, coupe longitudinale de la partie antérieure de la glande ; en bas, détail histologique.

Mêmes échelles, mêmes conventions de lettres que précédemment.

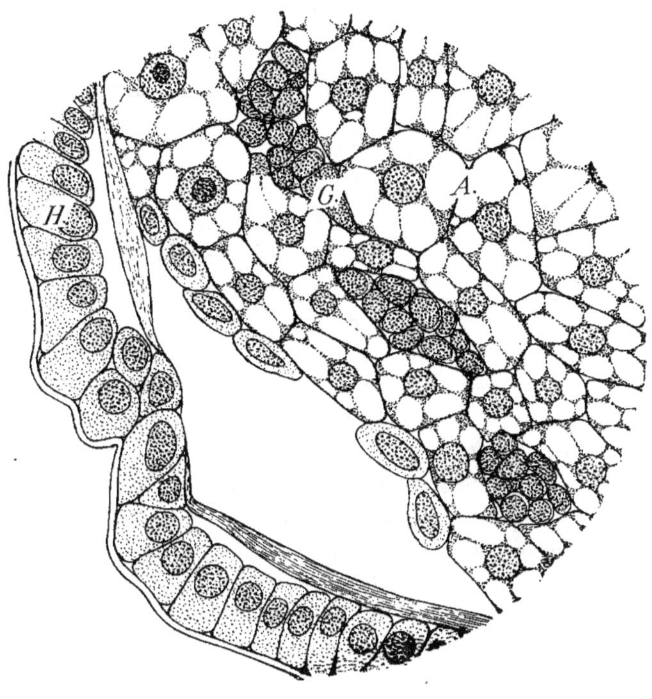

Fig. 80. — Ébauche génitale d'un soldat d'*Eutermes matangensis* au premier stade larvaire.

En haut, coupe longitudinale de la partie moyenne de la glande ; en bas, détail histologique d'un « nodule ».

Mêmes échelles, mêmes conventions de lettres que précédemment.

Étude du mécanisme de la détermination
des castes chez les Termites

Ceci et ce qui précède entraîne comme conséquence, que la caste des termites est déterminée avant l'éclosion, lorsque l'animal est encore enfermé à l'intérieur de l'œuf. Rapprochons de cette proposition les faits suivants, qui m'ont été montrés nettement par l'étude des termites indochinois.

1º La production des sexués est saisonnière. Au moment de l'envol des ailés et pendant les deux mois qui précèdent, on ne trouve pas de jeunes nymphes dans les termitières. Inversement, les neutres semblent alors produits en plus grande abondance.

2º Les œufs des termites que j'ai pu étudier semblent transportés les uns à côté des autres, par les ouvriers, de telle sorte qu'on les retrouve ensuite par petits paquets pondus presque ensemble. Or, lorsqu'on ouvre une termitière, on y trouve un mélange d'amas assez étroits, de bêtes de même âge et de même caste. Ainsi, les œufs seraient pondus par groupes restreints de même caste. La même idée est suggérée fortement par l'observation des insectes en cours de mue. Si l'on fixe instantanément la population entière d'une termitière, chose que j'ai faite bien souvent, on y rencontre, naturellement, relativement peu de termites en train de muer, parce que la durée des hypnoses est très courte, comparée à celle des périodes actives. De plus, les individus effectuant une certaine mue déterminée paraissent plus fréquents que les autres.

Autrement dit, nous avons saisi l'ensemble des castes à un instant donné, et il se trouve que cet instant correspond à une période bien saisissable, courte d'ailleurs, de la vie de nombreux insectes d'une caste donnée. Ceci implique nécessairement que ces insectes de même caste ont été pondus en même temps. C'est ainsi que j'ai examiné bien des termitières d'*Eutermes matangensis* avant de rencontrer celle qui me montra une grande quantité de formes ouvrières en train de donner, par mue, des soldats nasuti. Il me fallut, de la même façon, fixer bien des termitières de la même espèce avant d'en trouver une qui contint, précisément, le passage du premier au second stade de la forme nasutus. Inversement, cette même transition me fut fournie par une des premières colonies d'*Eutermes cuphus* que j'étudiai. Ainsi, les œufs semblent pondus par lots successifs de bêtes de même caste.

Je suis donc porté à admettre que la caste des termites est non seulement déterminée dans l'œuf qui va éclore, mais qu'elle l'est dès le premier instant de l'existence de cet œuf, dès la fécondation. Elle est due, si je ne me trompe, à l'action des circonstances extérieures (température, humidité, qualité, quantité de la nourriture) sur les progéniteurs, action dont je ne puis pas préciser les enchainements et qui aboutit à la production d'éléments sexuels différents.

On conçoit facilement que, par exemple, la saison sèche entraîne, par un tel mécanisme, l'apparition exclusive de neutres, tandis que la saison humide conditionne la production d'une certaine proportion de sexués. En ce qui concerne les neutres, on comprend aussi facilement que la réalisation des diverses castes soit due, de même, à la rencontre, dans une proportion donnée, d'éléments sexuels qualitativement différents. Et, pour préciser ma pensée, je dirai que, peut être, cette détermination des diverses castes, se fait par l'intermédiaire d'une répartition chromatique qualitativement ou quantitativement différente dans les diverses sortes de produits germinaux.

En résumé, je crois que la caste des termites est déterminée dès la fécondation, par la nature des éléments sexuels qui s'y mêlent ; cette nature étant, elle-même, conditionnée par les réactions du couple progéniteur aux circonstances biologiques du milieu ambiant.

Je vois dès maintenant l'objection qu'on ne manquera pas de dresser devant cette proposition. Il y a bien longtemps que Grassi a pu observer l'effet d'une nourriture appropriée sur des larves neutres de *Reticulitermes lucifugus*. Elles sont transformées, par ce procédé, en individus se rapprochant des sexués normaux par l'aspect, et dont les glandes génitales deviennent fonctionnelles. La même nutrition spéciale donnée à des nymphes les rend sexuellement mûres, sans qu'elles atteignent la forme adulte ; ainsi se forment les royautés néoténiques que l'on rencontre dans beaucoup de termitières. Jucci a démontré (1) que le métabolisme de ces royautés complémentaires diffère notablement de celui des neutres, et se rapproche de celui des vrais sexués. On est ainsi conduit à penser que l'aspect extérieur des jeunes larves de termites, indistinguables à l'éclosion comme on sait, n'est que l'expression d'une réalité ; elles seraient, en fait, absolument semblables, orientables dans un sens ou dans un autre. C'est la nourriture qu'elles reçoivent qui y déterminerait la caste et, par des enchainements divers, transformerait les unes en sexués, les autres en ouvriers, les autres en soldats.

Je ne doute pas de l'exactitude des faits signalés par Grassi. Rien ne m'autorise à récuser les observations d'un naturaliste aussi éminent, illustré par de belles découvertes ; observations d'ailleurs vérifiées par plusieurs autres travailleurs distingués.

Mais ces faits qu'il faut recevoir ne sont-ils pas susceptibles d'une explication plus large ? La théorie même par laquelle les observateurs les relient ne peut-elle entrer dans une autre plus générale ? Je crois que oui et vais m'efforcer de le faire voir.

Il me semble que dans cette discussion, on se laisse quelque peu prendre aux mots. Il ne faut pas oublier que les ouvriers et les soldats des termites ne sont pas des neutres à proprement parler, puisque leur sexe n'est pas indécis. Ils sont des mâles ou des femelles reconnaissables extérieurement pendant toute leur vie, chez les espèces que je connais. Nul ne doute que les soldats et ouvriers d'*Isoptères* n'appartiennent à l'un ou l'autre des deux sexes. Ces individus dits « neutres » sont, en réalité, des sexués imparfaits chez qui les glandes génitales, bien qu'existant, au moins pendant un certain temps de la vie, ne fonctionnent généralement pas. De la même façon, les individus reproducteurs obtenus à partir de larves neutres, par modification de la nourriture fournie, ne sont pas des sexués parfaits puisque la trace de leur origine reste toujours visible. On reconnaît, en effet, parmi eux d'anciennes larves de soldats (rares

(1) Jucci. *Su la differenziazione de le caste ne la Societa dei Termitidi*. I Neotenici. Atti. R. Accad. Nat. dei Lincei, Mem. (5) 14. 1924.

d'ailleurs), d'anciennes larves d'ouvriers. Et alors, les observations de GRASSI et de JUCCI n'admettent que la conclusion suivante : Sous l'influence d'une nourriture particulière, les nymphes et les larves de sexués imparfaits qu'on appelle habituellement neutres, peuvent, chez certaines espèces de termites, devenir fonctionnelles au point de vue sexuel. Il ne s'agit pas d'un changement de caste, mais seulement d'une exaltation de l'activité génitale dans des sexués imparfaits quant à l'âge ou au développement des gonades.

Y a-t-il, la dedans, quelque chose qui autorise à douter des faits que j'ai allégués plus haut et de la théorie de la détermination de la caste qui en découle ?... Je suis heureux, d'ailleurs, de pouvoir ajouter de nouveaux exemples à ceux qu'ont recueillis et classés les éminents naturalistes italiens. Il m'est arrivé plusieurs fois de capturer ou de détruire la reine de diverses espèces de termites, sans détériorer la termitière. J'ai fait l'expérience avec plusieurs nids de *Macrotermes gilvus*, d'*Eutermes matangensis* et une colonie de *Microcerotermes Bugnioni*. Chez les deux dernières espèces, j'ai pu constater que mon intervention avait pour corollaire l'apparition de nombreuses formes complétement chitinisées, intermédiaires entre les ouvriers et les sexués. La figure de la pl. X représente un de ces individus, que j'appellerais volontiers « gynécoïde », apparu dans une termitière d'*Eutermes matangensis* dont j'avais enlevé la reine, conservée dans l'alcool. Je pus en recueillir des dizaines...

On voit que cette bête est pourvue d'yeux comme un sexué, mais avec un plus petit nombre de facettes. Les antennes possédaient, en général, 14 articles comme celles des ouvriers normaux, mais le 3e était très long. Quelquefois, on le trouvait dédoublé en un élément normal et un petit article basal, ce qui reproduisait presque l'antenne des sexués vrais de cette espèce. Le thorax diffère légèrement de celui d'un véritable ouvrier ; le méso et le métanotum présentent de petites expansions latérales à la place où les sexués ont les ailes, et ces petites expansions rappellent singulièrement les premiers indices d'ailes que l'on trouve chez les premières nymphes reconnaissables.

Cet insecte mesurait :

Longueur totale ……………………………	6^{mm}08
Largeur de la tête, au niveau des yeux ………	1^{mm}47
Largeur de la tête, en arrière des yeux………	1^{mm}42
Largeur du premier anneau thoracique………	1^{mm}05
Largeur du métanotum …………………	1^{mm}31
Longueur du thorax ……………………	1^{mm}52
Longueur de l'abdomen …………………	3^{mm}68
Largeur de l'abdomen …………………	2^{mm}21

On voit, par ces dimensions, qu'il était notablement plus grand qu'un ouvrier ordinaire.

Ces « gynécoïdes » correspondaient au quatrième et dernier stade de l'ouvrier ; ils provenaient par le moyen d'une mue, d'une forme semblable, plus petite, pourvue d'yeux, correspondant au troisième stade de l'ouvrier ordinaire. J'ai recueilli un certain nombre d'exemplaires de ces deux catégories, j'ai pratiqué des coupes dans un échantillon de chaque sorte. Le plus âgé possédait un ovaire avec des gaines ovariques et des œufs qui paraissaient très avancés, le plus jeune montrait un testicule non douteux et déjà très volumineux.

Je n'ai rien observé de particulier dans les stades plus jeunes récoltés en même temps que les ouvriers « gynécoïdes » ; je pense que ceux-ci provenaient de larves blanches ordinaires. Ils traverseraient ainsi les mêmes phases actives que les ouvriers normaux ; il est logique de les considérer comme appartenant à cette caste, bien qu'ils présentent un aspect aberrant. Un grand nombre de ces pseudo-sexués apparurent dans les conditions que j'ai dites ; il s'agissait d'une termitière située près du Laboratoire, que je pouvais bien surveiller, de telle sorte que cette observation doit être considérée comme certaine.

J'ai noté l'apparition de formes semblables dans un nid de *Microcerotermes Bugnioni* que j'avais dévasté, mais, ici, je ne puis que supposer avoir détruit le couple royal, car je ne l'ai pas trouvé.

Le point par où ces observations se rattachent à celles de GRASSI est le suivant. Je suis très persuadé de l'exactitude de la théorie de l' « exsudat » de HOMLGREN, laquelle se rapproche beaucoup de la notion de « trophallaxis » de WHEELER. J'admets donc que la suppression des couples royaux entraine une profonde modification du régime alimentaire de la population des termitières devenues orphelines ; c'est par ce mécanisme que la plupart des auteurs expliquent, précisément, l'apparition des « sexués de remplacement ». Comme beaucoup d'autres naturalistes, j'ai eu l'occasion de constater que chaque reine de termites est nourrie d'une façon abondante et bien particulière par ses sujets. Elle est aussi, pour eux, une source d'aliments. Les ouvriers sont sans cesse occupés à lui tenailler les téguments avec leurs mandibules pour en faire sourdre du liquide ; j'ai vu quelquefois une goutte de fluide jaillir sous la morsure d'un neutre. Ces soins paraissent absolument nécessaires à la femelle fonctionnelle : une reine de *Macrotermes gilvus* ou d'*Eutermes matangensis* de laquelle on éloigne ses « infirmiers » paraît souffrir beaucoup. Au bout d'une heure de solitude, elle semble en danger de mort. Si on lui rend les soins de ses enfants, ceux-ci lui font subir l'opération de la saignée avec une vigueur inaccoutumée ; cela presse beaucoup plus que de lui donner à manger. Et c'est seulement sous leurs succions et leurs morsures que la reine retrouve l'apparence de la santé.

De la même façon, les œufs, les larves, sont léchés avec avidité par les ouvriers ; il y a, entre eux, de véritables batailles occasionnées par les compétitions pour le léchage des jeunes. On dirait qu'il s'agit pour nos insectes, d'une véritable friandise. Le 29 octobre 1923, j'arrachai à un ouvrier adulte d'*Eutermes matangensis*, une larve au deuxième stade qu'il portait. L'animal devint furieux, se jeta sur ses voisins, les mordit, finit par s'acharner sur une forme ouvrière de soldat nasutus dont il déchira le ventre et qu'il garda entre ses mandibules. J'ai renouvelé plusieurs fois cette expérience avec des résultats analogues.

La reine étant pour les neutres, une distributrice d'aliments recherchés, il semble que ceux-ci cherchent à y suppléer lorsque cette sorte de nourriture vient à leur manquer. Si on examine une termitière normale, on n'y observe jamais de larves blessées dans les nourriceries. Mais, lorsqu'on garde en captivité une population de termites dépourvue de mère, il se produit régulièrement un véritable massacre des jeunes par les adultes. On trouve chaque matin plusieurs larves décapitées, j'ai pu observer cette opération ; je suis porté à penser que c'est l'avidité des neutres pour les fluides organiques de leur propre espèce, qui déclanche des actes si contraires à leur conduite habituelle.

Il faut donc admettre qu'il y a un échange constant et considérable de nourriture entre les progéniteurs de chaque termitière et la population de celle-ci. Lorsqu'on supprime les premiers, la masse des termites en est réduite à chercher en elle-même une équivalence du couple disparu. Ainsi, les neutres doivent recevoir des soins semblables à ceux qui étaient donnés précédemment aux sexués fonctionnels. Adultes et larves, ils doivent être léchés, sucés, ponctionnés, ils doivent, de même, recevoir la nourriture, brute ou élaborée, que la reine et accessoirement le roi, absorbaient auparavant. Rien d'étonnant à ce que ce régime exalte le sexualité des neutres qui en sont l'objet, et fasse apparaître parmi eux, des sexués de remplacement comme ceux qu'a observés GRASSI, ou les formes que j'ai vues moi-même. Le mode d'action est le même sur les nymphes ; le résultat est la production de véritables néotènes.

A l'égard des ouvriers et soldats, on conçoit que leur excitation génitale par ce nouveau genre de vie, puisse avoir des degrés et n'aille pas nécessairement jusqu'au fonctionnement régulier de la glande germinale. C'est bien ce qui semble se passer pour la généralité des termites de l'Indochine. Les différents nids dont j'ai détruit les royautés n'ont plus mené qu'une existence végétative, ont paru décroître sans cesse en nombre, et finalement, ont disparu par extinction. Il en a toujours été ainsi, chez *Macrotermes gilvus*, chez *Eutermes matangensis*, et, en particulier, chez cette dernière espèce, pour la termitière dans laquelle j'ai observé les ouvriers gynécoïdes décrits ci-dessus. Les choses se sont passées de même pour le nid de *Microcerotermes Bugnioni* que j'avais saccagé et où j'avais vu des formes à allures semblables.

Ainsi donc, nos termites différeraient, sous ce rapport, du *Reticulitermes lucifugus* étudié par GRASSI. Ils appartiennent à des genres très spécialisés et ce sont surtout les formes inférieures qui paraissent produire abondamment les « sexués de remplacement ». C'est d'ailleurs un fait d'expérience commune, en Indo-

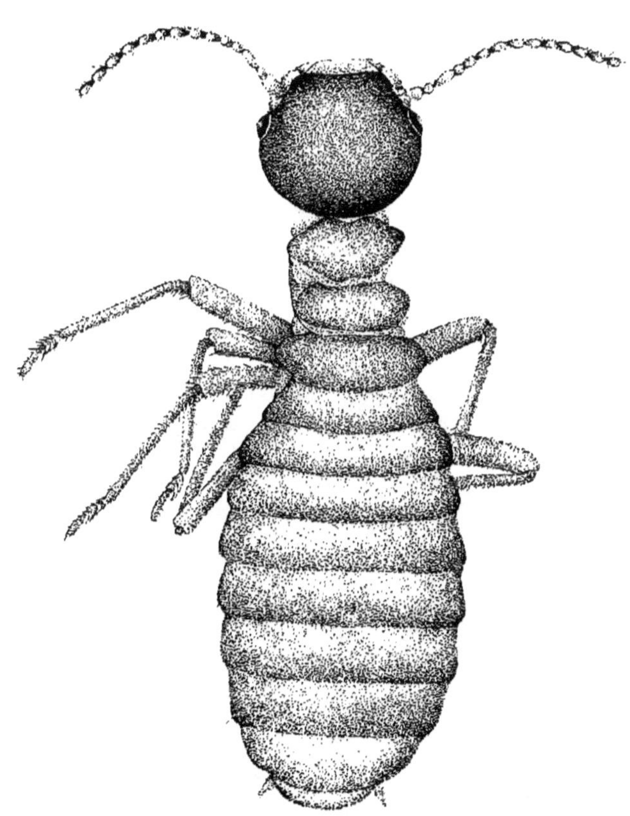

Forme ouvrière « gynécoïde » apparue, en abondance, dans une termitière d'*Eutermes matangensis* dont on avait supprimé le couple royal.

chine, qu'il est impossible de se débarrasser d'une termitière nuisible si on ne peut s'emparer de la reine, mais que la destruction de celle-ci entraîne celle du nid, quel que soit le nombre des neutres qui aient pu échapper.

Rien dans tout ceci n'indique un véritable changement de caste, au sens où ce mot est habituellement entendu, c'est-à-dire morphologiquement plutôt que physiologiquement. J'accorde aussi une grande importance au fait d'avoir toujours trouvé apparemment vide le tube digestif des larves et nymphes au 2ᵉ stade, donc déjà différenciées, de toutes les espèces que j'ai examinées. Les insectes, de diverses catégories ne recevaient ainsi qu'une même nourriture : les sécrétions des adultes. Je persiste donc à penser que la caste est déterminée dès la fécondation et ne se modifie plus par la suite.

CONCLUSIONS

Les principaux points mis en évidence dans ce travail peuvent se formuler ainsi.

1º Les espèces suivantes de termites existent en Indochine et y sont communes :

Calotermes (Cryptotermes) domesticus Haviland.
Leucotermes (Reticulitermes) Magdalenae Silvestri n. sp.
Coptotermes ceylonicus Holmgren.
Coptotermes curvignathus Holmgren.
Rhinotermes (Schedorhinotermes) malaccensis Holmgren.
Termes (Macrotermes) gilvus var. *malayanus* Haviland
Termes (Macrotermes) malaccensis Haviland.
Termes (Macrotermes) carbonarius Hagen.
Microtermes incertoides Holmgren.
Odontotermes (Cyclotermes) hainanensis Light.
Odontotermes Horni Wasmann.
Odontotermes (Hypotermes) obscuriceps Wasmann.
Hamitermes (Globitermes) annamensis Desneux.
Mirotermes comis Haviland.
Mirotermes laticornis Haviland.
Eutermes matangensis var. *matangensioides* Holmgren.
Eutermes (Trinervitermes) disparatus Silvestri n. sp.
Eutermes (Lacessititermes) cuphus Silvestri n. sp.
Microcerotermes Bugnioni Holmgren.

2º Au point de vue de la nature des constructions, on peut grouper les termites en deux séries divergentes. Les uns montrent une adaptation de plus en plus étroite à la construction au moyen des excréments (carton de bois). L'*Eutermes matangensis* représente, à peu près, le terme indochinois le plus élevé de cette série. Les autres montrent une adaptation graduelle à la construction au moyen de terre mise en œuvre par les mandibules. *Macrotermes gilvus*, *Macrotermes carbonarius*, représentent les termes indochinois les plus évolués de cette série.

3º Sous l'influence de conditions biologiques créées par le développement de la termitière, les *Isoptères* de certains genres *(Odontotermes, Macrotermes, Microtermes)*, substituent à la terre, des matières ligneuses mastiquées, pour édifier les cloisonnements internes des chambres où ils déposent les larves. On obtient, ainsi, ce qu'on appelle les « meules » ou « jardins de champignons ».

4º Chez les diverses espèces indochinoises que j'ai étudiées, je n'ai trouvé de débris de mycocètes que dans l'intestin des neutres adultes, de leurs larves à des stades avancés et chez les nymphes avancées. Les jeunes larves (deux premiers stades) et nymphes ont un tube digestif qui paraît toujours vide. Tous les jeunes seraient donc nourris de salive pendant un certain temps.

5º Le soldat nasutus d'*Eutermes matangensis* défend la colonie en projetant à distance, sur ses adversaires, le contenu de sa glande céphalique, contenu qui paraît très semblable à une résine.

6º Au cours de chaque stade larvaire, les termites subissent une évolution qui fait passer leur corps de la transparence à une opacité jaune crémeuse, augmente la taille apparente de leur cerveau et la proportion des glandes sexuelles, rudimentaires ou bien développées.

7º Le schéma général du développement des termites indochinois est le suivant :

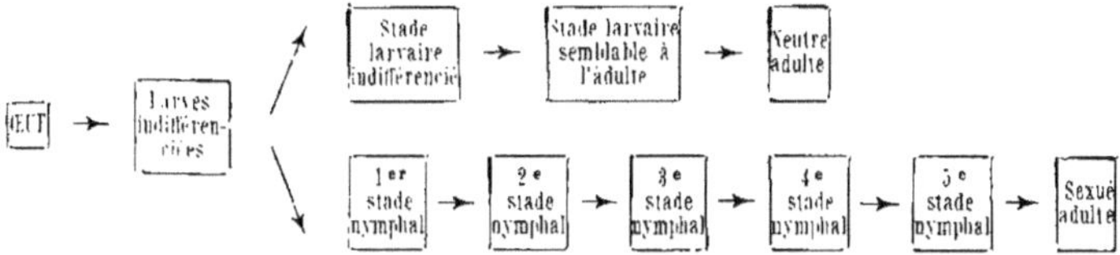

Les larves sont toutes semblables extérieurement, à l'éclosion ; celles des neutres conservent, pendant le deuxième stade, avec des tailles parfois inégales selon les castes, une forme indifférenciée. L'avant dernier stade est quelquefois assez fortement chitinisé pour partager les travaux communs, il ressemble toujours par sa forme, à l'adulte qui doit en sortir. C'est donc au début de ce stade, au cours de la deuxième mue,.qu'apparaît le soldat ordinaire ou soldat à mandibules en pinces. Le soldat nasutus des *Eutermes* apparaît à la troisième mue seulement, aux dépens d'une petite forme à allure d'ouvrier. Il exige un stade supplémentaire pour devenir adulte.

. 8° L'étude des ébauches génitales des diverses larves de *Macrotermes gilvus* et d'*Eutermes matangensis*, montre que celles-ci ne sont, à l'éclosion, semblables qu'en apparence. En réalité, la caste des termites est déterminée dans l'œuf, avant l'éclosion et, bien probablement, dès la fécondation.

La suppression des couples reproducteurs entraîne chez quelques termites indochinois qu'on a pu étudier, et probablement par modification du régime alimentaire, l'apparition de certains caractères des sexués chez les insectes appelés habituellement neutres. Cependant, cette tendance des neutres vers le type sexuel normal, ne paraît pas aller jusqu'au fonctionnement de la glande génitale.

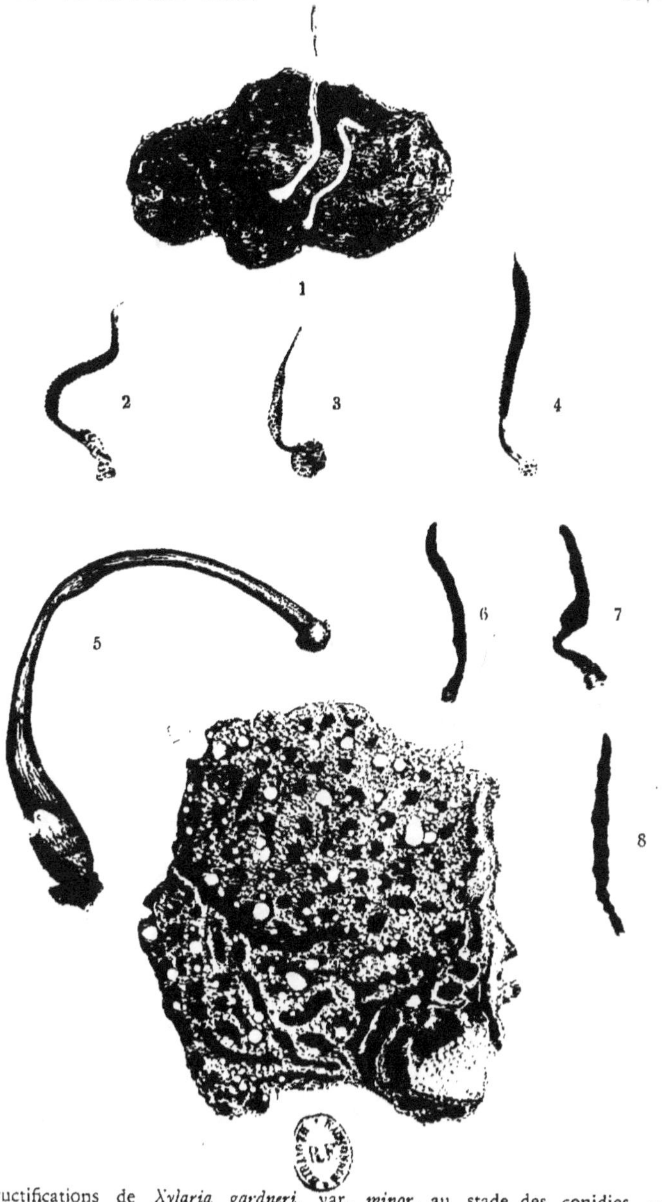

1. Fructifications de *Xylaria gardneri*, var. *minor*, au stade des conidies. — 2, 3, 4. Le même champignon développant ses périthéces. 3, montre l'aspect jeune ; 2, l'aspect un peu plus âgé ; 4, l'aspect de maturité. — 5. Basidiomycète avorté obtenu en expérience, à partir d'une grosse mycotète de *Macrotermes gilvus*. — 6, 7, 8. Fructifications vicillies de *Xylaria gardneri*, var. *minor*, trouvées à Saigon, sur un tronc de manguier mort. — 9. Meule de *Macrotermes gilvus* portant de grosses mycotètes en voie d'évolution.

NOTA : Toutes les figures de cette planche sont de grandeur naturelle.

IMP. CATALA FRÈRES, PARIS

LES CULTURES MYCÉLIENNES
DES TERMITES DE L'INDO-CHINE

Introduction.

On a parlé dans le précédent travail, des « meules » sur lesquelles les termites déposent leurs jeunes, meules qui, comme nous l'avons vu, sont formées de matières ligneuses mastiquées et mises en œuvre sur place, dans la termitière. Nous savons aussi que ces constructions (fig. 1 et 2, pl. I), bien que d'aspect différent d'une espèce à l'autre, ont cependant d'importants caractères communs. Toutes offrent un aspect velouté dû à un revêtement de très fins filaments mycéliens ; ce velours présente, sur certaines lignes, un enchevêtrement des tubes élémentaires, il se forme ainsi comme de minuscules cloisons disposées en un vague réseau, enserrant des sortes de petites dépressions polygonales, irrégulières. Elles portent, de distance en distance, de petites sphères blanchâtres dont le diamètre est souvent inférieur à un millimètre : ce sont les mycotêtes. Dans une termitière normale, les meules conservent longtemps le même aspect, des mois sûreméht et probablement plusieurs années, le ou les champignons qui y végètent demeurant aussi sous la même forme.

Divers problèmes se posent ici. Que sont exactement ces champignons ? Comment se développent-ils sur la pâte de bois ? Comment sont-ils maintenus sous cette forme constante bien particulière ? J'ai essayé d'éclaircir ces divers points en étudiant des termites champignonnistes indochinois communs et, en particulier, *Macrotermes gilvus*.

**Éssais de conservation à l'extérieur, de meules de ter-
mites.**

Le projet d'expérience qui se présente d'abord à l'esprit, est l'essai de conservation de meules dans des milieux aseptiques. On peut, par exemple, prélever une de ces constructions, la mettre sur du papier filtre humide, dans une boîte de fer-blanc close et observer ce qui se passe. Je l'ai fait souvent, et pour diverses espèces de termites en prenant des précautions d'asepsie minutieuse. J'opérais par un jour humide pour éviter l'envol de poussières, j'ouvrais rapidement une termitière et, au moyen d'une pince flambée fortement chaque fois, je prélevais une à une les meules à étudier puis les plaçais dans une boîte, stérilisée d'avance à l'autoclave, qu'un aide ouvrait et refermait aussitôt.

J'ai toujours observé l'enchaînement des mêmes phénomènes. Le fin velours qui recouvre les meules devenait peu à peu moins visible, caché par le développement progressif de nouveaux filaments mycéliens, d'aspect soyeux, blancs, paraissant droits, qui croissaient en nombre et en longueur jusqu'à former un voile serré. En même temps, les mycotêtes jaunissent, semblent se flétrir et se détachent facilement du support.

Au bout de quarante-huit heures, la meule, devenue complétement invisible, commence à produire une quantité considérable de cordons blancs pubescents, de dix centimètres de long sur trois à cinq millimètres de diamètre, qui se dressent perpendiculairement à sa surface. Ce développement est véritablement vertigineux et les termites, lorsqu'ils en sont témoins, paraissent le redouter beaucoup. Dès ses premiers débuts, ils abandonnent la meule et transportent leurs jeunes larves qui y reposaient, aussi loin que possible ; ils détachent un certain nombre de mycotêtes et les déposent dans un endroit sec, puis se retirent définitivement. D'ailleurs, les filaments soyeux apparaissant sur la meule, paraissent opposer à leur marche de grosses difficultés.

Si on laisse la culture à elle-même, dans les conditions que j'ai dites, la vitesse du développement se maintient quelques jours ; il se forme alors, de nouveaux cordons semblables à ceux que l'on peut observer à la surface du bois humide, dans certaines caves. Puis ces organes deviennent noirs et glabres à la base, l'extrémité seule demeurant blanche et pubescente, il se développe de nouvelles formations semblables mais de plus en plus grêles. Enfin, tout se flétrit.

J'ai parlé dans l'hypothèse d'un prélèvement aseptique des meules. Si l'on opère sans prendre cette précaution, la culture paraît cependant rester pure pendant plusieurs jours, tant que le champignon développe ses cordons avec vigueur. Lorsqu'il entre dans la période de dépérissement, il est, au contraire, souvent envahi par des moisissures au sens vulgaire du mot. J'ai remarqué fréquemment parmi celles-ci un *Penicillium* et un *Aspergillus*. D'ailleurs, même si les conditions de la récolte et de la conservation aseptiques sont réalisées, la culture peut montrer d'autres espèces, lorsque le premier mycélium a épuisé sa vigueur. Ces derniers existaient donc, au moins à l'état de spores, dans le substratum.

Si, dès le début de la formation des cordons, nous exposons à la lumière le champignon et la meule qui le porte, le développement de ces organes est beaucoup moins exubérant. Ils restent longs d'environ cinq centimètres avec un diamètre voisin de deux millimètres... Ils ne deviennent pas noirs, leur couleur est grisâtre et ils paraissent, après une dizaine de jours, couverts d'une très fine poussière. Ces cordons verticaux sont positivement phototropiques : ils s'inclinent du côté d'où leur vient le jour et ceci est bien d'accord avec le fait que la lumière limite leur croissance. En examinant ceux qui sont le plus nettement gris, nous trouvons qu'ils laissent échapper une très fine poussière de spores conidiennes, atteignant environ 3μ dans leur plus grande dimension.

Je n'ai jamais pu conduire plus loin mes cultures. En les conservant plus longtemps, je les voyais pousser de nouveaux cordons qui, de plus en plus lentement, se recouvraient de conidies. Puis la végétation s'arrêtait. Mais j'ai eu l'occasion d'observer, dans la nature la suite du développement de ce même champignon.

Observations correspondantes faites dans la nature.

Le 5 septembre 1922, j'observai qu'une termitière de *Macroter-
termes gilvus*, située au bord d'un fossé limitant le terrain de l'ancienne citadelle, portait une vingtaine de cordons gris, tout à fait
semblables à ceux obtenus au Laboratoire. La figure 1 de planche XI
en donne la représentation. Ils laissaient échapper, dès qu'on les touchait, une abondante poussière de conidies. Après en avoir pris un certain nombre, j'attaquai le « mur » de la termitière, pour voir jusqu'où
s'enfonçaient leurs bases. J'arrivai ainsi à un groupe de chambres, qui
avaient contenu des meules du type habituel. Celles-ci étaient abandonnées par les termites et avaient subi de notables altérations.
Elles étaient très friables, de couleur brun foncé, mais la structure
alvéolaire en était encore bien reconnaissable. Elles étaient couvertes de cordons noirs semblables à ceux obtenus en cultivant le
champignon dans des boîtes closes, c'est-à-dire très longs, très nombreux, repliés sur eux-mêmes, enchevêtrés ; ils remplissaient
l'espace compris entre les meules et les cavités qui les renfermaient. Plusieurs d'entre eux s'étaient insinués dans les fissures du
« mur » et, parvenus au dehors, avaient produit à leur extrémité l'appareil conidien figuré plus haut.

Mon investigation m'avait permis d'en respecter plus de la moitié. Je les laissai en place. En pratiquant des coupes transversales
dans les fructifications prélevées, je pus constater qu'elles possèdent
un axe central de 1 millimètre de diamètre, constitué par un stroma de filaments mycéliens, avec une zone centrale plus lacuneuse.
A la périphérie, se trouvaient, de distance en distance, des cordons
de tissu plus serré, jouant, sans doute, un rôle de soutien. Tout autour, étaient diposés sur une épaissseur de $0^{mm}4$, des appareils
conidiophores. Ceux-ci se composaient de filaments mycédliens de
longueur inégale, ramifiés, portant au sommet de leurs branches des
bouquets de conidies ovoïdes. L'aspect de l'ensemble était tout à
fait semblable à celui des mêmes organes de *Xylaria polymorpha*,

figurés par ENGLER(1). Le 2 octobre, je retournai à la même termitière et examinai les fructifications que j'avais laissées sur pied. Elles étaient à divers états de développement mais toutes s'étaient renflées sur leurs partie moyenne (fig. 2, pl. XI). Le quart inférieur avait un peu augmenté en épaisseur et se présentait avec une couleur grise et un aspect ridé. Il me parut tout à fait dépourvu de poils. La partie centrale offrait une couleur et un aspect sur lequel je reviendrai. Quant au quart supérieur, il était, en général, d'un gris plus ou moins sale et se montrait flétri, desséché, réduit en épaisseur.

Sur les cordons les moins évolués, la partie moyenne apparaissait plus épaisse que le pied, ayant un diamètre de plus de trois millimètres. (fig. 3, pl. XI). Elle était encore grise, un peu ridée, verruqueuse, marquée, sur les saillies des rides, de petits points en relief. La dissection montrait qu'ils correspondaient à l'ouverture au dehors, de petites cavités creusées dans l'épaisseur du stroma. Les cordons plus âgés (fig. 4, pl. XI) offraient une couleur à peu près noire dans leur partie moyenne. Les rides y étaient moins reconnaissables, disparaissant sous une ornementation composée d'un grand nombre de petits bourrelets circulaires proéminents. Ceux-ci entouraient l'ouverture des petites chambres, simplement marquée par une tache noire sur les cordons moins avancés. (voir fig. 81 à 84).

L'examen microscopique de coupes pratiquées transversalement dans ces organes, me démontra qu'ils étaient des appareils fructificateurs. On les trouvait formés par un stroma de filaments mycéliens fins, plus serrés et cutinisés à la périphérie, donnant ainsi à l'ensemble, une sorte d'écorce brune. Les petites cavités du stroma, dont la paroi constituait un faux-tissu serré, étaient autant de périthèces d'environ un demi-millimètre de diamètre. Ils portaient de nombreux asques tubuleux contenant, chacun, huit petites ascospores. J'en trouvai à divers états de développement. Certaines ascospores étaient en place ; le plus souvent elles avaient quitté l'as-

(1) Die Natürlichen Pflanzenfamilie, 1 Teil, Abp. 1, Leipzig, Engelmann, 1897, fig. 287.

que mais restaient groupées en files linéaires de huit. Il y en avait enfin, de plus avancées, éparpillées dans le périthèce ou au dehors, près de son ouverture. Leur aspect était absolument conforme à celui figuré par divers mycologistes et, en particulier, par F. Vincens(1). On les trouvait très petites (fig. 85), n'atteignant pas 10μ dans leur plus grande longueur, de contour ovale, aiguës aux extrémités, biconvexes et portant sur une face le sillon de germination.

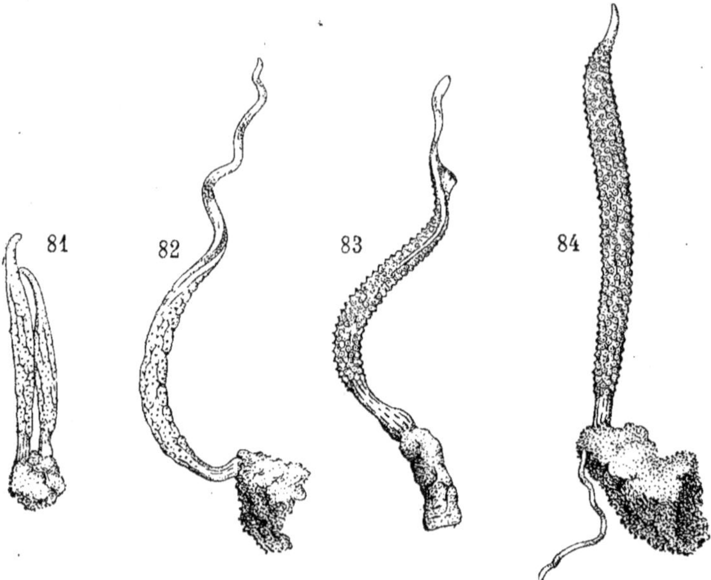

Fig. 81 à 84. — Diverses phases du développement apparent des périthèces de *Xylaria Gardneri*, var. *minor* grossi deux fois environ.

J'utilisais pour ces observations un objectif apochromatique de Zeiss, à immersion, d'ouverture numérique 1, 40.

Nous pouvons donc, à présent, considérer comme acquis le fait suivant : lorsque l'on retire une meule de *Macrotermes gilvus* de son milieu naturel, son aspect change notablement, un nouveau mycé-

(1) F. Vincens. Structure des ascospores des Xylariacées. *Bull. Soc. Myc. de France*, t. XXXIV, 1918, p. 101.

lium se développe et aboutit à la constitution de l'appareil fructificateur d'un *Ascomycète*. Le fait que celui-ci, avant de porter des asques, se recouvre de conidies classe le champignon parmi les *Xylaria*. M. HEIM, assistant au Laboratoire de Botanique cryptogamique du Muséum National d'Histoire Naturelle l'a déterminé comme *Xylaria Gardneri*, BERKELEY, variété *minor*. Le *Xylaria Gardneri* typique paraît équivalent à *Xylaria nigripes* KLOTSCH qui a été, précisément, rencontré par PETCH sur les meules d'*Odontotermes obscuriceps* à Ceylan. *Xylaria escharoïdea* BERKELEY paraît voisin

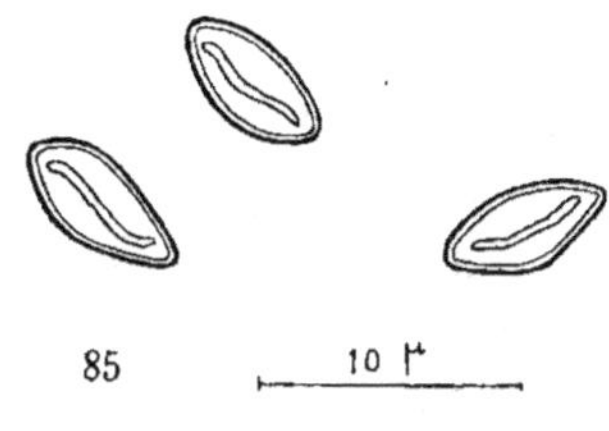

FIG 85. — Ascospores de *Xylaria Gardneri*, var. *minor*.

du précédent, mais non identique. Toutes ces formes rentrent dans le sous-genre *Xyloglossa* de COOKE.

J'ai des raisons de penser que ce *Xylaria* est assez répandu dans la nature, en Cochinchine. Le 2 mars 1923, j'observai qu'un manguier mort situé à Saigon, rue Rousseau, en face de la pépinière des Services Agricoles, portait, à la base, sur son écorce craquelée, une centaine de productions noires, allongées, de quatre à cinq centimètres de long (fig. 6, 7, 8, pl. XI). Elles étaient desséchées, dures et cassantes. Leur aspect me frappa, car il me rappelait singulièrement celui des fructifications âgées du *Xylaria* des termites, que j'avais laissées évoluer sur une de leurs constructions, à l'autre bout du terrain militaire. Par ailleurs, l'assistant annamite du Laboratoire, m'affirma que ces objets n'étaient pas rares et se recontraient fréquemment sur les arbres morts.

L'examen au binoculaire me révéla leurs rapports de similitude avec ce que j'avais observé sur une termitière ; j'y retrouvai les mêmes rides, avec les mêmes petits bourrelets plus foncés. Ici, la teinte générale était passée au noir brunâtre et la dessiccation s'était accentuée. La dissection montra que chaque bourrelet noir correspondait à l'ouverture d'un périthèce ressemblant complétement aux mêmes organes du *Xylaria* des termitières. Ils étaient seulement un peu plus avancés ; la cutinisation avait gagné leurs parois et ils ne contenaient plus d'asques, comme je pus l'apercevoir par la méthode des coupes. Par ailleurs, la correspondance était si exacte que je ne puis douter que ces fructifications appartiennent, en effet, au *Xylaria Gardneri*, var. *minor*. M. HEIM qui a examiné tous mes échantillons admet aussi cette identité. Ce champignon peut donc se développer librement dans la nature ; il est, dès lors, très possible que ses spores se rencontrent dans les débris végétaux avec lesquels les insectes édifient leurs meules.

Des thallophytes très voisins, sinon spécifiquement identiques, doivent exister sur la généralité des meules de termites dits champignonnistes. PETCH (1) a trouvé sur les meules des *Odontotermes obscuriceps* et *Redemanni*, le *Xylaria nigripes*, KLOTSCH, dont la différence avec le nôtre, paraît être de l'ordre des variétés.

Des meules fraîches de *Macrotermes malaccensis*, abandonnées en boîte close, à la température du Laboratoire, ont poussé, au bout de quelques jours, des cordons duveteux absolument semblables à ceux de *Macrotermes gilvus*. Ainsi, le champignon trouvé dans ce cas était encore un *Xylaria*. Je n'ai pas observé les périthèces et ne puis dire s'il s'agit de la même forme, ou seulement d'une proche parente. J'ai constaté la même chose avec des meules de *Microtermes incertoides*.

Au cours d'un voyage dans le Sud-Annam, j'eus l'occasion de recueillir des meules d'*Odontotermes obscuriceps*. Placées en milieu confiné, à la température ordinaire, elles donnèrent un feutrage épais de filaments nettement gris, avec des cordons verticaux noirs. Là encore, nous retrouvons, sans aucun doute, un *Xylaria*.

Développement des mycotêtes en expérience et dans la nature.

Ces *Ascomycètes* ne sont pas les seuls champignons qui végètent sur les meules de termites ; ce n'est pas eux qui forment les mycotêtes, et, à cet égard, ils apparaissent comme moins importants

---

(1) PETCH, *Annals of the Bot. Gard.*, Peradeniya, vol. III, Part. II, nov. 1906.

dans la biologie des insectes, que ceux dont il nous reste à parler. J'ai craint longtemps de ne pouvoir apporter aucun renseignement sur ces derniers, en tant qu'ils concernent les termites indochinois. Il est, en effet, très difficile d'observer l'évolution des mycotêtes. Dans la termitière, elles sont toujours à un même état cytologique bien fixe. Si on extrait les meules de l'habitation et qu'on les place en milieu humide, le *Xylaria* entraîne, comme on l'a vu, la destruction rapide des mycotêtes. En milieu sec, la meule se dessèche et rien ne pousse. Le seul moyen d'observer quelque chose consiste à mettre la meule étudiée en milieu légèrement humide, de façon à ralentir, autant que possible, le développement du *Xylaria*. Alors, on peut voir les mycotêtes grossir un peu et leur évolution, suivie au microscope, est très intéressante. Malheureusement, elle ne dépasse jamais un certain stade, l'*Ascomycète* prend bientôt le dessus... Je n'aurais jamais pu, avec ces seules constatations, arriver à des conclusions de quelque valeur, mais la nature s'est chargée de suppléer à l'insuffisance de l'expérimentation.

Le 10 juillet 1923, j'entamai une saillie d'une énorme termitière de *Macrotermes gilvus*, située sur le terrain de manœuvres militaires, au pied d'un arbre. Elle paraissait vieillie, ne s'accroissait plus, son mur était très épais et aussi peu résistant, en certains endroits, que celui des termitières mortes ; certaines parties se trouvaient très peu habitées. Je découvris ainsi, ce jour-là, quelques meules assez extraordinaires, très grosses, presque sphériques, formées de cloisons épaisses et comme gonflées (fig. 9, pl. XI). Elles portaient des mycotêtes énormes, pouvant atteindre un demi-centimètre de diamètre, de couleur légèrement jaunâtre et dont la surface offrait à l'œil, l'aspect de velours en réseau des meules elles mêmes. Je retournai le 13 juillet à cette station et découvris encore d'autres meules semblables, montrant, à côté de quelques fructifications de *Xylaria*, des mycotêtes en voie de développement, chose absolument nouvelle pour moi. Ces dernières évoluent ainsi : elles grossissent en s'allongeant et en prenant la forme subconique d'une petite toupie renversée. Puis, la couche superficielle de cette petite production est crevée ┃par la prolifération des éléments internes et ceux-ci s'allongent en une petite tigelle, d'abord courte et épaisse, qui

porte à son sommet une petite surface conique, séparée du support
à sa base, par un sillon (fig. 86 à 88).

J'essayai, ensuite, de cultiver ces mycotêtes dans une boîte rendue fortement humide. Le développement en fut immédiatement
arrêté par le *Xylaria*. Je vis, cependant, une mycotête plus avancée
que les autres, aller au-delà. Lorsqu'elle eût poussé sa tigelle, je
l'arrachai de la meule, mais la laissai dans la boîte. Elle devint en
quelques heures, une sorte de champignon à chapeau avorté dans
lequel M. HEIM a reconnu avec certitude un *Basidiomycète*. (fig. 5,
pl. XI).

FIG. 86 à 88. — Début du développement d'une mycotête
de *Macrotermes gilvus*, en un chapeau de *Basidiomycète*.
Grossi 2 fois, environ.

L'expérience me montrait donc que, si les meules de termites nou-
rissent, au dehors, un *Xylaria*, elles servent, normalement, de support
à un *Basidiomycète* ; les mycotêtes qu'on observe à leur surface pouvant, dans des conditions favorables, donner chacune naissance à
un « chapeau » mycélien.

Il faut noter que certaines de ces meules spéciales étaient revêtues
d'un enduit argileux solide, comme si les termites avaient voulu
empêcher la croissance des mycotêtes. Ils auraient donc, à l'égard du
Basidiomycète, la même attitude qu'à l'égard de l'*Ascomycète*.

Je retournai observer cette termitière le 20 juillet. J'y avais laissé un certain nombre de meules dans leurs alvéoles ouvertes. Les
mycotêtes n'avaient pas proliféré et, au contraire, des *Xylarias* vigoureux avaient poussé. Cependant, sur l'une d'elles, je trouvai une
masse mycélienne qui me parut rapportable à un *Basidiomycète* et
un chapeau à demi pourri.

Si j'apprenais avec certitude, par tout ceci, que les mycotêtes des
termites peuvent devenir des « chapeaux » de *Basidiomycète*, je ne

savais encore rien sur la forme que peuvent prendre normalement
ces organes de fructification.

Le 2 août 1924, en compagnie de M. Silvestri, Directeur
de l'École Royale Supérieure d'Agriculture de Portici, je me
rendis à Cay Bé dans la Cochinchine méridionale. Nous fûmes
reçus par l'Administrateur indigène de cette localité, M. Vinh,
en qui nous trouvâmes un fonctionnaire aimable, éclairé, fort
averti de tout ce qui touchait l'Histoire Naturelle pratique
de la région. Il nous parla des champignons des termitières,
ou, « champignons de termites », selon les Annamites. Je n'en pus
voir le jour même, bien qu'on me menât à trois places différentes où
on en avait trouvé la veille et l'avant-veille. Chacun de ces
endroits était occupé par une termitière d'*Odontotermes Horni*.
M. Vinh fit chercher des champignons devant moi. L'opérateur était
un garde indigène accoutumé à cette besogne. Il recherchait à l'o-
reille les chambres souterraines, en tapotant le sol avec les doigts
tombant à plat. Il écoutait soigneusement et décelait très bien ainsi
les cavités. Les termitières étaient très basses, recouvertes d'un peu
d'herbe et peu distinctes extérieurement.

Malgré ces investigations, je ne pus trouver ce que je désirais,
c'est-à-dire des chapeaux bien formés, ou, encore, des meules
portant de grosses mycotêtes, semblables à celles que j'avais
précédemment rencontré chez *Macrotermes gilvus*. M. Vinh
m'expliqua que les « champignons de termites » sont très communs
en cette saison ; le panier se vend, au marché de Cay Bé, dix cents
annamites. Ils apparaissent très vite, lors des bouffées de chaleur qui
suivent les averses ; ils sont en continuité avec les meules.

Le 9 août, étant rentré à Saigon, je reçus, de mon aimable inter-
locuteur, des morceaux de termitière d'*Odontotermes Horni*. Les chambres creusées par l'insecte, renfermaient des meules sur lesquelles des
chapeaux mycéliens avaient poussé. Je les fis photographier le lendemain ; ils étaient déjà un peu avancés. Les images ainsi obtenues
sont très démonstratives (pl. XII et XIII).

Ces champignons se développent à partir de grosses mycotêtes
qui deviennent coniques et laissent saillir le chapeau, tout comme
chez *Macrotermes gilvus* : il reste, à la base, un tissu squameux qui

recouvre le petit nodule formé par le pied. La tige est gris brunâtre jusqu'à la voûte de la chambre renfermant la meule ; ensuite, elle est tellement adhérente à la terre, que je n'ai jamais pu l'isoler, même en la lavant. Hors du sol, elle est gris très clair. La longueur totale dépasse dix centimètres ; il n'y a pas d'anneau. Le chapeau, lorsqu'il est jeune, est un peu recourbé au bord, ce qui lui donne un aspect cordiforme ; il est sépia clair en dessus. En vieillissant, il s'ouvre beaucoup, le contour en devient facilement elliptique, le bord est mince, s'ébrèche et se déchire facilement (fig. 1 et 2, pl. XII). La partie centrale ne participe pas à l'étalement et forme une sorte de saillie plus aiguë, un mucron. Elle conserve sa couleur sépia ; le reste devient plus clair. Les lamelles sont blanches. Les échantillons de ce *Basidiomycète* que j'ai apportés au Muséum National d'Histoire Naturelle, ont été reconnus par M. HEIM comme spécifiquement identiques au *Volvaria eurhiza* (BERKELEY et BROOME), récolté à Ceylan, par PETCH, sur les meules des *Odontotermes obscuriceps et Redemanni* (1). C'est également à cette espèce, qu'il suppose devoir rapporter le champignon avorté que j'ai vu se former sur une meule de *Macrotermes gilvus*.

Nous ne pouvons plus douter, à présent, du fait que les «mycotètes» des meules édifiées par les termites, soient des formes de début du développement de « chapeaux » de *Basidiomycètes* ; cette opinion ne fera que se confirmer par la suite et, de plus, nous pourrons expliquer avec vraisemblance, les particularités de cette évolution.

(1) Il sera bon de signaler ici, qu'un excellent naturaliste de Hanoï, M. DEMANGE, a recueilli, dans cette localité, au voisinage de termitières édifiées probablement par l'*Odontotermes Hainanensis*, des champignons, au sens vulgaire du mot, que M. PATOUILLARD a dénommés *Mycaena microcarpa*. Ils étaient bien plus petits que les nôtres et semblent identiques à l'*Entoloma microcarpum* BERKELEY et BROOME recueillis par PETCH au voisinage de termitières, mais sans rapport avec les meules contenues dans ces édifices.

Voici une courte bibliographie de la question :

PATOUILLARD, *Bull. Soc. Myc.* 1913, p. 206.

BERKELEY, *London Journal of Botany*, 6, 1847, p. 483.

BERKELEY et BROOME, *Journ. Linn. Soc.*, 11, 1870, pp. 494-567 et 14, 1875, p. 29.

ID., et ID., *Transactions of Linn. Soc.*, 27, 1871, p. 151.

PETCH, *loc. cit.*

Évolution microscopique des mycotêtes.

J'ai suivi la variation d'aspect des mycotêtes de *Macrotermes gilvus* en observant, d'abord, les cellules vivantes du champignon aux diverses phases de son développement, puis en pratiquant des coupes dans des mycotêtes à divers états, préalablement fixées.

La meule est, comme on l'a déjà vu, revêtue d'un fin velours de filaments mycéliens délimitant, à la surface, comme de minuscules alvéoles. Cet aspect, que nous avons retrouvé sur les mycotêtes exceptionnellement développées de *M. gilvus*, nous montre que ces filaments ne doivent pas être rapportés au *Xylaria*, apparent ensuite sur la meule, mais bien au *Volvaria*. Détachés par raclage, ils se montrent peu cloisonnés, remplis d'un protoplasma granuleux enserrant souvent des vacuoles claires. Il arrive que la cloison séparant deux cellules soit au contact sur chaque face avec une de ces vacuoles. La fig. 89 montre deux exemples de ces cas.

Çà et là, on trouve, sur la meule, des mycotêtes de tailles diverses. Il est facile de chercher les moins grosses et on arrive ainsi à de petites accumulations de mycélium qui ont environ 1 /3 de millimètre de diamètre. Elles représentent le début du développement de ces organes. Le microscope nous les montre formées de filaments enchevêtrés, étroits, ramifiés, à protoplasma très granuleux contenant seulement de petites vacuoles. Les cloisons apparaissent vers la base des filaments, mais les extrémités, parties où se fait la croissance, n'en présentent pas. (Fig. 91).

Si nous observons une mycotête un peu plus grosse, elle nous montre un état un peu plus avancé. Les filaments mycéliens se sont cloisonnés. La base est formée de grandes cellules à contour plus ou moins rectangulaire avec un contenu vacuolaire clair ; le protoplasma plus réfringent étant réparti le long de la membrane, (fig. 90). Ces grosses cellules basales portent des ramifications constituées par des cellules plus petites, à protoplasme granuleux, semblable à celui des filaments jeunes non cloisonnés, mais contenant plus de vacuoles. (fig. 92). Tant qu'elle est à cet état, la masse est compacte et résiste bien à l'écrasement entre lame et lamelle. Aux

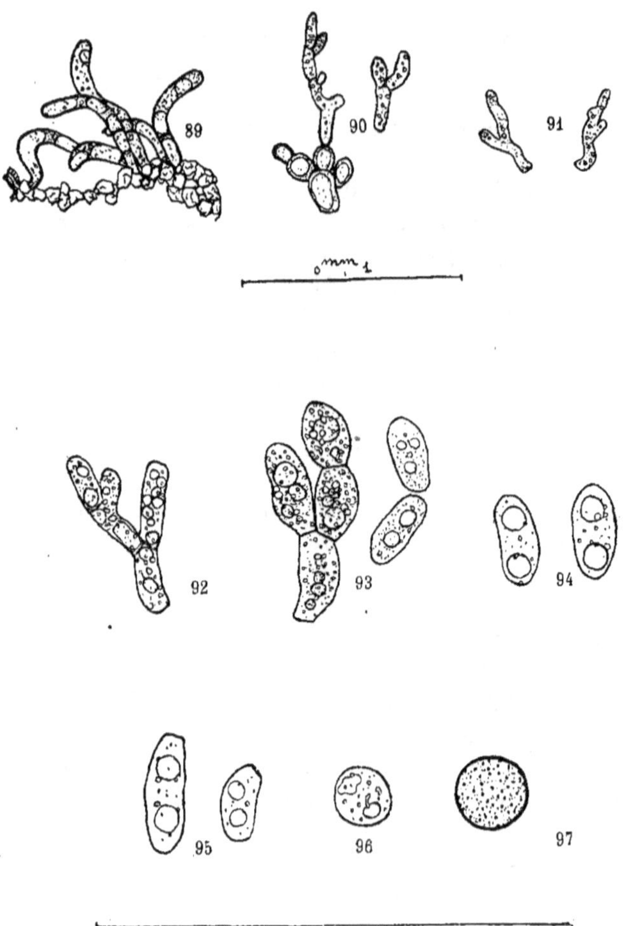

Fɪɢ. 89 à 97. — Divers stades de l'évolution des cellules des mycotêtes de *Macrotermes gilvus*.

89. Filaments constituant le « velours » de la meule.

90. Extrémité des filaments mycéliens d'une mycotête jeune.

91. Extrémité de filaments constituant une mycotête, à son début.

92. Éléments de même âge que ceux de la figure 90, plus grossis.

93. Extrémité des filaments d'une mycotête un peu plus âgée.

94. Stade des cellules à deux vacuoles.

95, 96, 97. Passage aux cellules sphériques prêtes à émettre de nouveaux filaments.

L'échelle est donnée pour chaque groupe de figures.

stades postérieurs, elle se pulvérise facilement. Ainsi, par ce caractère tout extérieur, on peut juger de l'état histologique de la mycotête.

Celle-ci, continuant son développement, nous voyons que les cellules qui la composent tendent à grossir et à s'arrondir (fig. 93). Le protoplasme granuleux y enserre des zones semblables à des vacuoles, plus ou moins sphériques et de taille irrégulière. Puis, il perd ses granulations, tout en restant réfringent et les enclaves hyalines se rassemblent en deux masses, disposées sur l'axe longitudinal de la cellule (fig. 94). Celles-ci sont sphériques, petites d'abord, puis deviennent plus grosses, arrivent presque au contact l'une de l'autre et perdent leur netteté. Ensuite, elles disparaissent et semblent laisser dans le protoplasme des fragments irréguliers, plus clairs. En même temps, la cellule se contracte et tend vers une forme ronde (fig. 96). Ces modifications cytologiques affectent simultanément presque tous les éléments de la mycotête. Comme les cellules basales sont encore plus grosses que les supérieures, bien que la différence se soit atténuée, il s'ensuit qu'on a des cellules à deux enclaves différant entre elles par la taille.

Les mycotêtes trouvées sur une meule fraîchement enlevée d'une termitière, ne montrent jamais un état plus avancé que le stade des cellules à deux grosses vacuoles. C'est à cette forme que s'arrête, normalement, leur développement. Pour observer ce qui se passe ensuite, il faut prendre de la meule et la maintenir en milieu confiné, sur de la terre légèrement humide. Les mycotêtes poursuivent alors, pendant quelque temps, leur évolution. Le premier et le second jour, nous pourrons observer la dégénérescence des deux enclaves et le passage des cellules à une forme plus arrondie. En même temps, elles acquièrent une membrane plus épaisse, tandis que leur protoplasme devient finement granuleux. Ce stade est difficile à saisir, je pense que pour un élément donné, il ne dure que peu d'heures. Puis, elles prolifèrent, elles poussent de tous les côtés des tubes cloisonnés, irrégulièrement granuleux et pourvus de vacuoles (fig. 98). Ces filaments ne sortent pas au dehors, ils s'entremêlent à l'intérieur de la mycotête elle-même. J'ai pu, en dilacérant par tapotement sous lamelle, la masse arrivée à cet état, obtenir des cellules isolées pourvues de leurs prolongements. Je n'ai pas pu les monter dans le baume de Canada et ai essayé de les conserver dans d'autres médium ; malheureusement, je n'ai pas réussi. Le début de cette

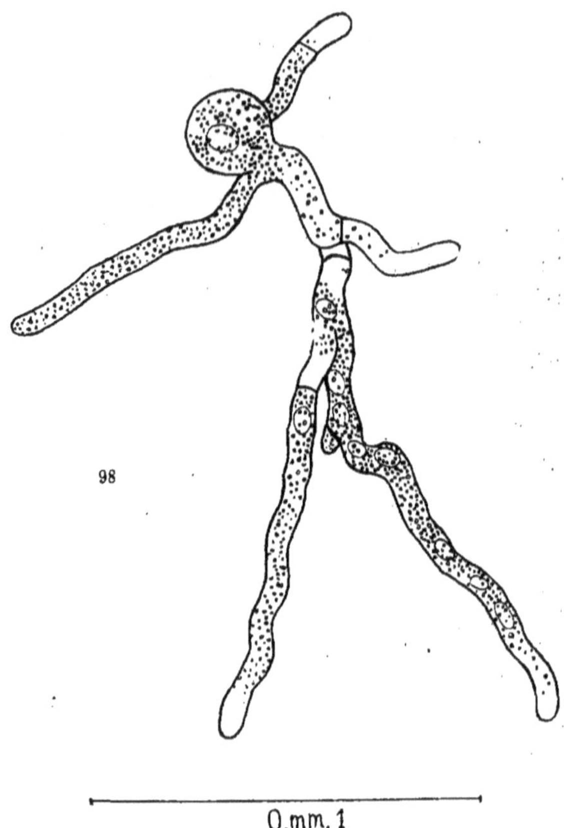

Fig. 98. — Cellule de mycotête émettant des filaments mycéliens.

prolifération est saisissable extérieurement : la mycotête jaunit et ne se laisse plus écraser entre lame et lamelle ; le début du feutrage des filaments suffit à lui donner de la cohésion. Je n'ai jamais pu, en expérience, dépasser ce stade avec le *Basidiomycète* de *Macro-*

Fig. 1. — *Volvaria eurhiza* Berkeley et Broome poussant sur des meules d'*Odontotermes Horni*. (Dans les deux figures, l'échelle est donnée par un décimètre.)

Fig. 2. — Le même champignon dont les rapports avec la meule sont mis en évidence. Cette construction repose dans sa loge originelle, ouverte aux deux bouts, pour permettre l'accès de la lumière. Le « mur » de la termitière est tranché, pour dégager entièrement le pied des chapeaux.

termes gilvus. Le prédominance du *Xylaria* s'établissant alors, m'en a toujours empêché.

Nous devons mentionner, ici, un fait bien digne de remarque. Lorsque les mycotêtes sont encore jeunes, tous les éléments cellulaires de la zone externe paraissent semblables. Tout au plus, les cellules terminales des filaments, qui forment le revêtement extérieur de la mycotête, sont elles un peu plus dilatées que les autres, étant relativement moins comprimées. Toutefois, leur évolution est bien différente. Tandis que les cellules de la masse de la mycotête passent par les stades que j'ai décrits et font apparaître, à leur intérieur, les deux zones claires caractéristiques, les cellules de la couche absolument externe deviennent sphériques, accroissent beaucoup leur taille et prennent un aspect languissant. Elles paraissent à peu près vides, leur protoplasme étant réduit à une mince couche pariétale qui contient le noyau avec les chromosomes. La différence qui les sépare des cellules sous-jacentes est profonde. PETCH a réussi, régulièrement, à obtenir, en culture, à partir de ces dernières, des développements de mycéliums ; il n'a rien eu à partir des cellules sphériques. Aussi, HOLTERMANN les considérait-il comme les éléments d'un péridium, enserrant de vraies conidies. Cette vue est manifestement erronée, mais fait bien sentir les rapports que soutiennent ces deux sortes d'éléments cellulaires.

Étude cytologique des mycotêtes.

J'ai recherché ce qui se passe dans le protoplasme du champignon lors de la formation et pendant l'évolution de la mycotête ; j'ai étudié cytologiquement les mycotêtes en train de donner des chapeaux de *Basidiomycètes*, que la nature m'a mises en mains, comme je l'ai dit plus haut. J'ai eu recours à des méthodes bien connues : fixation au BOUIN alcoolique, coloration à l'hématoxyline ferrique. En raison du chaud climat de Saigon j'ai du employer, pour l'inclusion définitive, de la paraffine dure, fondant à environ 65°. Pour examiner les filaments fins poussant sur la meule fraîche, j'ai fixé des fragments de celle-ci et ai coloré, en masse, par l'hémalun de Mayer. Je différenciais par l'alcool chlorhydrique à 0, 25 %, passais dans la série des alcools et le xylol. Enfin, je détachais par un léger raclage, les éléments du mycélium à observer et les montais dans une goutte de baume. J'ai pu observer que la région moyenne de chaque cellule qui, dans le filament frais, apparaissait comme plus réfringente est celle qui correspond au noyau (fig. 99, 100). La coloration à l'hématoxyline montre dans celui-ci un certain nombre de granulations chromatiques, fréquemment groupées en traînées irrégulières, baignant dans un cytoplasme granuleux lui-même. Le protoplasme est moins granuleux ; on y reconnaît souvent des vacuoles bien délimitées.

Passant, ensuite, à l'examen des mycotêtes les plus petites, je trouvai (fig. 101, 102) que les tubes mycéliens jeunes, non encore cloisonnés, avaient un contenu granuleux homogène, présentant çà et là des amas de grains de chromatine très nets, plus gros que ceux des filaments formant le « velours » de la meule. Un tube en voie de développement, montrait à son extrémité proliférante, un amas de chromatine plus considérable. Il est possible que ce gros amas, en se divisant à mesure que le tube mycélien s'allonge, constitue les groupes chromatiques occupant les parties plus âgées. Un fait très important frappe immédiatement l'observateur : dans les filaments non cloisonnés, les amas chromatiques sont, d'une façon générale, groupés deux par deux et, dans chaque paire, sont séparés par une distance égale sensiblement à leur épaisseur. Cette disposition géminée persiste et devient de plus en plus nette sur les filaments qui se cloisonnent : ainsi, chaque cellule nouvellement constituée contient deux amas chromatiques, semblables et bien séparés (fig. 103). J'ai essayé de compter les grains constituant une masse ; je n'ai pas pu y arriver parce qu'ils sont groupés sensiblement en une sphère. On en trouve beaucoup, en faisant jouer la mise au point du microscope et ils ont un diamètre voisin du demi-micron. Il y en a, au moins une douzaine par amas (fig. 104, 105). Avec un grossissement de cinq cents diamètres, chaque groupe apparaît comme une tache simple ; il faut employer un grossissement de mille diamètres environ pour le « résoudre » en granules. A mesure que les filaments vieillissent, les cellules formées grandissent. Elles conservent leur chromatine répar-

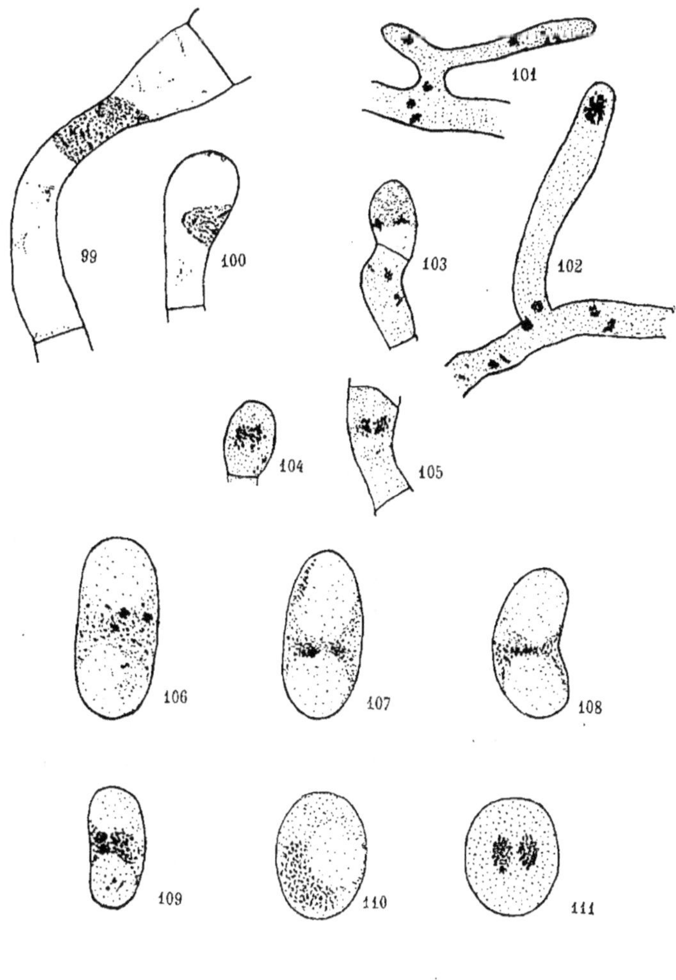

0   0,01   0,02

Fig. 99 à 110. — Évolution cytologique des cellules des mycotêtes de *Macrotermes gilvus*.

99 et 100. — Filaments composant le « velours » mycélien.

101, 102. — Extrémités des filaments se réunissant pour constituer une mycotête.

103, 104, 105 — Début du cloisonnement des filaments mycéliens, formant les « cellules » des mycotêtes.

106, 107, 108. — Cellules à deux zones claires.

109, 110. — Cellules où les zones claires sont en voie de disparition.

111. — Cellule prête à émettre des filaments mycéliens.

tie en deux amas (fig. 107), cependant ceux-ci se rapprochent parfois un peu. En général, la mycotête a un diamètre d'environ un millimètre lorsqu'apparaissent ce que j'ai appelé jusqu'ici les « zones claires » ou les deux « vacuoles » de chaque cellule ; ce sont deux régions sphériques, non colorables, où je n'ai pu observer aucune structure. Au début de ce stade, la chromatine est, comme on l'a dit, concentrée en deux masses ; elle paraît avoir augmenté en quantité, chaque grain élémentaire ayant sensiblement doublé son volume. Ensuite, la chromatine se répartit davantage dans le protoplasme granuleux compris entre les deux zones claires et, quand ces dernières disparaissent, on ne reconnaît plus en général, d'amas condensé.

Les deux parties non colorables, d'abord distinctes, se sont fusionnées en une seule masse qui rejette le protoplasme avec la chromatine, contre la paroi (fig. 110). Plusieurs observations m'ont montré, à cette période du développement, une membrane nucléaire mince enveloppant les chaînes de granules chromatiques. Puis la zone incolore diminue et disparaît graduellement, tout le protoplasme apparaissant granuleux et colorable. La chromatine qu'il contient est nettement divisée en deux groupes ; on peut trouver des cellules avec quatre amas chromatiques, disposés en croix. Il semble donc se produire une division du matériel chromatique. Les paquets de chromosomes s'engagent dans les tubes que la cellule émet alors, ils y restent associés par paires. Ces filaments non encore cloisonnés, contiennent, épars dans leur protoplasme, des groupements géminés de granulations chromatiques. Dans chacun de ceux-ci, la distance des deux amas est plus petite que dans les stades précédents.

Les grosses cellules sphériques externes paraissent inertes ; elles ne suivent pas l'évolution des éléments de l'intérieur de la mycotête.

En examinant les coupes de mycotêtes en voie de fructification, que j'ai recueillies comme il est dit précédemment, j'ai trouvé une structure qui fait suite naturellement aux précédentes. On reconnaît, tout autour de cet organe, comme des plus jeunes, un revêtement de grosses cellules sphériques, apparaissant complétement vides. Les cellules internes ont proliféré et leurs filaments feutrés ensemble, constituent la masse générale de l'organe; ils deviennent à mesure qu'ils se développent et se ramifient, de plus en plus minces. Leur chromatine est beaucoup moins colorable mais elle est toujours groupée en amas pairs. Le faux tissu formé par le nouveau mycélium est lacuneux. Cependant, une section méridienne y montre déjà une région beaucoup plus serrée, affectant la forme d'un croissant : c'est la première ébauche du futur chapeau (fig. 112).

Nous retrouvons ce croissant bien plus net, sur la section méridienne d'une mycotête plus avancée, ayant environ quatre millimètre de diamètre ; ici, le chapeau s'est bien individualisé : il est séparé par un espace vide, du faux-tissu périphérique qu'il s'apprête à crever (fig. 113).

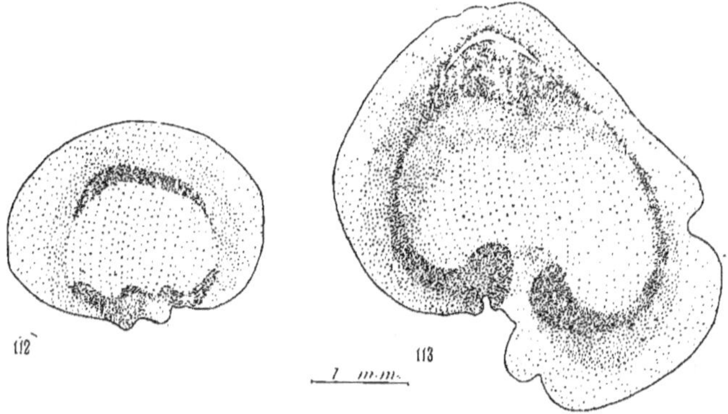

112 et 113. — Développement d'un appareil fructificateur de *Basidiomycete*, à partir d'une mycotête de *Macrotermes gilvus*.

En 113, les diverses parties de cet appareil sont constituées, le chapeau s'apprête à paraître au dehors.

Le pied s'ébauche à son tour, le protoplasma qui doit le former oriente ses tubes selon l'axe de symétrie de l'organe ; partout ailleurs les tubes mycéliens se mêlent et s'orientent dans toutes les directions.

Si nous comparons ce qui vient de nous montrer l'histoire d'une mycotête au schéma de l'évolution cytologique donné par les spécialistes pour les *Basidiomycètes*, nous pourrons relever plusieurs faits intéressants.

C'est avec la mycotête que se constitue le stade du champignon qu'on pourrait appeler « sporophytique » ; les cellules de cet organe sont les premières dont le capital chromatique soit groupé en un « syncharion ». (1) Il se continuera, on le sait, jusqu'aux cellules-mères des basidiospores, qui, subissant une réduction chromatique auront, à cet égard, un capital moitié moindre.

Dans l'évolution ultérieure, telle que je l'ai décrite, nous devons distinguer deux parties. La première, caractérisée par l'apparition des vacuoles et l'affaiblissement de la netteté des paquets chromatiques, se produit toujours dans la termitière. Puis, les choses en restent là ; il y a un temps d'arrêt : une sorte de paralysie parait frapper les énergides mycéliennes. La seconde partie, qui ne se réalise qu'au dehors des monticules, est marquée par la disparition des vacuoles, le regroupement des éléments chromatiques et la division du noyau. Il semble que les éléments histologiques du champignon retrouvent une activité momentanément perdue.

Une question accessoire se pose : que sont exactement les cellules rondes extérieures de la mycotête ?... Faut-il les considérer comme une espèce de revêtement, différant spécifiquement des cellules internes ?... Sont-ce des articles plus âgés, qui ont été arrêtés trop longtemps dans leur développement, à l'intérieur de la termitière et qui sont devenus inaptes à le reprendre, lorsqu'on les place dans des conditions plus favorables ?... Il serait-bien intéressant de savoir si le *Volvaria eurhiza* pousse ailleurs que sur les termitières, s'il montre alors des mycotêtes et si celles-ci sont revêtues de grosses cellules sphériques, à végétation ralentie.

L'avenir nous renseignera probablement bientôt sur ces divers points.

Les « méthodes de culture » des termites.

Essayons, à présent, de dégager ce que les faits précédemment signalés permettent de penser relativement à l'action des termites

____

(1) MAIRE, *Recherches cytologiques et taxonomiques sur les Basidiomycètes,* *Bull. Soc. Myc. Fr.*, 1903, p. 1952.

dans les « cultures » de champignons que l'on observe à l'intérieur de leurs habitations. Beaucoup d'esprits, amis du merveilleux, se plaisent à imaginer que cette culture est volontaire et intéressée, qu'elle résulte d'actes intelligents des termites, actes adaptés à cette fin, de telle sorte que, pour eux, nos *Isoptères* cultivent des champignons à peu près comme l'homme cultive du riz ou des pommes de terre. La considération des réalités nous fera adopter une opinion rationnelle.

Remarquons d'abord que la présence d'un *Basidiomycète* vivant sur les « meules » de termites est un phénomène absolument général. On a partout signalé sur ce substratum, l'existence de mycotêtes. Je les ai moi-même observées chez tous les termites à « meules » que j'ai rencontrés. Ces mycotêtes étaient rigoureusement identiques à celles de *Macrotermes gilvus* au point de vue cytologique ; elles montraient la même évolution, toujours arrêté au même stade dans les termitières. Elles ne différaient entre elles que par la taille. Et c'est ce fait du bloquage universel du développement du *Basidiomycète* à un état déterminé, état que j'ai appelé jusqu'ici, stade des «cellules à deux zones claires» qui me paraît hautement suggestif. A l'intérieur des nids, le champignon semble paralysé : il ne peut diviser ses noyaux, ramifier ses tubes et édifier son chapeau reproducteur. On comprend ainsi, pourquoi les « meules » ne paraissent pas évoluer et durent très longtemps, comme me l'a montré une longue pratique des nids de termites. Le champignon ne poussant pas, n'use pas la meule, ne lui emprunte aucun élément nutritif. Les cellules extérieures des mycotêtes sont broutées par les termites, peut-être sont-elles remplacées par de nouvelles cellules ; peut-être aussi, les mycotêtes mangées jusqu'à la racine sont-elles remplacées par d'autres. En tout cas, au point de vue du déplacement de la matière, cela est insignifiant. Les choses sont bien différentes lorsque *Volvaria* ou *Xylaria* arrivent à se développer. Alors toute la substance de la meule est assimilée par le champignon et convertie en tissu mycélien, elle se flétrit et se réduit à rien. Ceci ne se réalise pas dans une termitière normale ; notre meule s'y conserve pratiquement indéfiniment parce que le seul champignon qu'elle nourrisse, le *Volvaria curhiza*, est arrêté dans son évolution.

Un aspect tout à fait semblable à celui des mycotêtes, dû à la production d'énergides mycéliennes]gonflées, vacuolaires, se rencontre aussi dans les cultures de *Basidiomycètes* réalisées sur des meules, par les]fourmis. Je suis persuadé que cette condition représente la forme d'équilibre du champignon, dans le milieu particulier constitué par l'intérieur de la termitière ou de la fourmilière.

Quant au « bloquage » à cet état, ce n'est pas, tant s'en faut, un fait sans exemple. Dans le cours de biologie lumineux qu'il professait à la faculté des Sciences de Strasbourg, M. BATAILLON, dont je m'honore d'avoir été l'élève, citait le cas bien démonstratif des œufs d'*Ascaris*. Si, après la fécondation, on place ces œufs dans un milieu confiné, ils préparent cependant leur première division. Mais, ils s'arrêtent au stade de la plaque équatoriale ; ils sont bloqués en métaphase et ils y restent indéfiniment, tant qu'on ne débarrasse pas leur milieu du gaz carbonique en excès. La même chose peut se produire pour les divisions suivantes : un milieu exempt de produits d'excrétion est nécessaire aux cellules d'*Ascaris* pour dépasser la métaphase, au cours de leur division ; la présence d'une certaine quantité de gaz carbonique arrête, indéfiniment, toute division à ce stade caractéristique.

Le parallélisme est frappant.

Dans la termitière aussi, le milieu est confiné. Il est probablement relativement constant. Il est riche en vapeur d'eau, riche en gaz carbonique, forcément pauvre en oxygène ; il est logique de rapporter à ces conditions bien particulières l'arrêt d'évolution du *Basidiomycète* que nous avons observé.

Cette hypothèse est très explicative. Il y a toujours, comme nous l'avons vu, un *Xylaria* présent dans les meules des termites indochinois. Cependant sur les meules qu'on extrait d'une termitière, il n'est jamais visible : le velours réticulé qui couvre celle-ci appartient au *Volvaria*. Il faut deux jours, au moins, sous le climat de Saigon, pour que l'Ascomycète commence à pousser ses fructifications ; jusque là il n'apparaît que sous forme de filaments duveteux, se développant graduellement. Il est donc logique d'admettre que dans la meule, conservée à l'intérieur de la termitière, le *Xylaria* reste

FIG. 1 et 2. *Volvaria eurhiza* BERKELEY et BROOME poussant sur des meules d'*Odontotermes Horni*. Celle de la 1ʳᵉ figure est en place dans son alvéole; remarquer les grosses mycotètes en voie de développement.

indéfiniment à l'état de spores, cela aussi, parce qu'il ne trouve pas dans le milieu actuel, les conditions nécessaires à sa germination.

Si nous sortons une meule du nid où les termites l'ont édifiée, nous changeons brusquement toutes les conditions ambiantes, sauf celles qui tiennent au substratum : le *Basidiomycète* commence à poursuivre son développement au delà du stade des cellules à deux zônes claires. Mais les nouvelles circonstances de milieu sont toutes à l'avantage du *Xylaria* : il pousse avec une vertigineuse rapidité et étouffe le *Volvaria* qui végétait dans des conditions où lui même ne pouvait pas germer. Il en résulte que, pour obtenir régulièrement les chapeaux d'un *Basidiomycète* « cultivé » par une espèce de termite donnée, il faudrait placer les meules extraites de la termitière, dans un milieu qui permit le développement du *Basidiomycète*, sans être aussi favorable au *Xylaria*. C'est un problème que les mycologues seraient plus aptes à résoudre que moi ; peut-être n'admet-il pas de solution. Peut-être aussi réussirait-on en plaçant les meules dans un milieu confiné, contenant un peu moins de gaz carbonique qu'une termitière.

La nature réalise quelquefois les conditions nécessaires ; cela paraît arriver souvent pour *Odontotermes Horni* et se produire très rarement chez *Macrotermes gilvus*. Dans la nature comme au Laboratoire, il est rare que le *Xylaria* n'étouffe pas le *Volvaria* végétant sur la meule, lorsque celle-ci cesse d'être dans les conditions ordinaires de l'intérieur de la termitière. Que ce soit l'un ou l'autre des champignons qui arrive à maturité, la meule s'altère profondément et cesse d'être utilisable pour les termites.

Comment ces thallophytes sont-ils ensemencés sur la meule ? Ceci se conçoit sans peine. Nous avons vu précédemment que cette construction est faite de pâte ligneuse machée, nous avons vu aussi que, pour élaborer cette pâte, *Macrotermes gilvus* accumule dans certaines chambres de son habitation, de petits fragments secs de feuilles diverses et de tiges de graminées ; il est extrêmement probable que ces matériaux, récoltés à terre, entraînent avec eux des spores de champignons. Le fait que j'ai trouvé au dehors, sur du bois mort, le même *Xylaria* qui se rencontre chez *Macrotermes gilvus* à Saigon, vient à l'appui de cette manière de voir. D'ailleurs, je considère comme très probable, que ce *Xylaria* est commun chez tous les termites à meules du Sud de l'Indochine.

On conçoit cependant, que, les spores présentes variant avec le lieu, et d'autre part, la nature des éléments botaniques de la meule, l'action stérilisatrice de la salive pouvant différer d'une espèce de termite à l'autre, ce ne soient pas, obligatoirement, les mêmes espèces de champignons qui se développent chez tous les *Isoptères*.

On admet généralement que les cultures de champignons réalisées sur les meules des termites sont « pures ». Si on veut dire, par là, que les meules ne renferment pas d'autre champignon que le *Basidiomycète* qui produit les mycotêtes, cela est évidemment faux, puisque les meules récoltées et conservées dans les conditions d'asepsie les plus rigoureuses, donnent toujours des développements très vigoureux d'un *Xylaria*. Nous sommes donc conduits à dire que la meule des termites ne renferme pas d'autres champignons que le *Basidiomycète* auquel appartiennent les mycotêtes, et un *Xylaria* qui apparaît si l'on retire la meule de la termitière. Mais cette opinion même est erronnée ; la meule renferme les spores de plusieurs autres espèces de champignons.

PETCH a observé dans les meules d'*Odontotermes Redemanni et O. obscuriceps* des spores de *Diplodia* et d'*Helminthosporium* ; il a vu des traces non douteuses d'autres espèces. Ce fait confirme ma manière de voir : la meule est constituée par du bois mâché et non digéré, car PETCH remarque, de plus, que dans l'intestin des termites, les spores à parois épaisses de *Diplodia* sont complétement détruites. Le seul fait qu'on les rencontre, signifie encore que, dans la meule normale, elles n'ont pas pu germer; ceci, parce qu'à l'intérieur de la termitière, les conditions sont aussi défavorables à leur évolution qu'à celle du *Xylaria*. Il n'est nullement nécessaire que tous ces champignons soient inaptes à vivre dans la termitière normale; il suffit qu'ils soient moins favorisés que le *Volvaria* des mycotêtes. Celui-ci prend l'avance et empêche les autres développements.

Au dehors, le *Xylaria* qui fait disparaitre le *Basidiomycète* déjà végétant, empêche aussi l'évolution des spores étrangères.

Je garde, en terminant ce travail, le regret d'avoir compris trop

tard et, ainsi, de n'avoir pas pu réaliser les expériences faciles à imaginer, qui permettraient de joindre encore plus étroitement les
faits que j'ai signalés. Ceux-ci nous mettent à même, cependant,
de comprendre mieux ce qui se passe dans les termitières : ils dis-
sipent un peu du mystère qui entourait l'activité de nos acharnés
travailleurs, auxquels on est parfois tenté d'attribuer une conscience
et quelque chose qui ressemble à notre intelligence. Ce n'est là, on l'a
compris, qu'une apparence. Les termites sont déterminés, à chaque
instant, par les stimuli extérieurs, relativement peu nombreux, dont
le rapport avec leur comportement est immédiat.

CONCLUSIONS

Nous retiendrons de l'histoire des cultures mycéliennes des termites les points suivants.

1° Les mycotêtes que portent les meules des diverses espèces de termites dits champignonnistes, représentent le début du développement d'autant de chapeaux de *Basidiomycètes*. Avec la mycotête commence le stade diploïdien ou sporophytique du champignon. Il se poursuit jusqu'à un certain état cytologique fixe qui ne peut être dépassé, tant que le champignon reste placé dans les conditions réalisées par l'intérieur de la termitière normale. Le développement du champignon est donc, en général, indéfiniment bloqué à cet état Ces conditions paraissent pouvoir changer naturellement assez souvent pour certaines espèces de termites. Alors, les mycotêtes donnent des chapeaux de *Basidiomycète*, en se développant aux dépens de la meule qui les porte. Les mycotêtes des meules d'*Odontotermes Horni* appartiennent au *Volvaria eurhiza* BERKELEY et BROOME déjà rencontré par PETCH sur les meules des *Odontotermes Redemanni* et *obscuriceps*.

2° Les meules des termites renferment, de plus, un *Xylaria* commun, vraisemblablement à l'état de spores. Si l'on sort les meules de la termitière, il se développe avec une grande vigueur et étouffe le *Basidiomycète* qui végétait jusque-là. Le *Xylaria* présent dans les meules de *Macrotermes gilvus* est *X. gardneri,* var. *minor* BERKELEY. Il se rencontre probablement, chez beaucoup d'autres *Isoptères*.

3° Les meules des termites renferment encore des spores d'autres espèces mycéliennes qui ne se développent pas habituellement, parce que les conditions intérieures des termitières ne leur conviennent pas, ou leur conviennent moins bien qu'au *Basidiomycète* et qu'au dehors, leur évolution sur la meule, est empêchée par la rapidité de la végétation du *Xylaria*.

BIBLIOGRAPHIE

Nota. La bibliographie des deux travaux précédents, étant difficilemen*r*
séparable d'une façon logique, parce qu'un certain nombre d'auteurs se sont
occupés, à la fois, des deux groupes de questions, j'ai préféré la laisser indivise.

Banks et Snyder. Revision of the nearctic Termites, with notes on biology and
    geographic distribution. *Bull. 108 Unit. St. Mus. Smithsonian Instit.* Was-
    hington, 1920.

Bathellier. Note sur le rôle des soldats de l'Eutermes matangensis. *C. R. Ac.
    Sc.* Paris, T. 175, 1922.

— Note sur la nature de la « glu » des Eutermes. *Ann. Sc. Nat. (Zool.)* (10), 5,
    1922.

— Note sur les jardins à champignons de l'Eutermes matangensis. *C. R. Ac.
    Sc.* Paris. T. 176, 1923. Rectification : A propos des nids d'Eutermes, *C. R.
    Ac. Sc.* Paris, T. 177, 1923.

— Note sur le développement de l'Eutermes Matangensis. *C. R. Ac. Sc.* Paris,
    T. 179, 1924.

— Note sur le développement de Macrotermes gilvus, comparé à celui d'Eu-
    termes matangensis. *C. R. Ac. Sc.* Paris. T. 179, 1924.

— Note sur l'époque de la détermination des castes chez Macrotermes gilvus.
    C. R. Ac. Sc. Paris. T. 181, 1925.

— Note sur l'époque de la détermination des castes chez Eutermes matangensis.
    C. R. Ac. Sc. Paris. T. 181, 1925.

— Note sur les rapports d'un nid d'Eutermes matangensis, avec un nid de
    Macrotermes. *Ann. Sc. Nat. (Zool.).* Paris (10), 6, 1923.

Bequaert. Notes sur quelques fourmis et termites du Congo belge. *Rev. de
    Zool. Afric.* Vol. II, Fasc. 3, 1913.

Berkeley. *London journal of Bot.* 6, 1847, p. 483.

Berkeley et Broome. *Journ. of Linn. Soc.* 11, 1870, p. 494-567.

— *Journ. of Linn. Soc.* 14, 1875, p. 29.

— *Trans. Of Linn. Soc.* 27, 1871, p. 151.

Bouvier. Un câble télégraphique attaqué par les termites. *C. R. Ac. Sc.* T. 123, 1896.

Brown. The fungi cultivated by Termites in the vicinity of Manilla and Los Banos. *Philipp. Journ. of Sc. C. Botany.* Vol. 13, n° 4, July 1918.

Bugnion. Le termite noir de Ceylan. Eutermes monoceros. *Ann. Soc. Ent. Fr.* 78, 1909.

— Les Calotermes de Ceylan. *Mem. Soc. Zool. de Fr.* Paris, 1910.

— L'imago du Coptotermes flavus. Larves portant des rudiments d'ailes pro-thoraciques. *Mem. Soc. Zool. de Fr.* Paris. T. 24, 1911.

— Observations sur les termites. Différenciation des castes. *C. R. S. Soc. de Biol.* T. 72, 1912.

— Le bruissement des termites. *Proc. Verb. Soc. Vaudoise des Sc. Nat.* 3 avril 1912.

— Nouvelles observations sur le termite noir de Ceylan. *Bull. Soc. Ent. Suisse.* Vol. XII, Fasc. 4, 1912.

— Eutermes lacustris, sp. n. de Ceylan. *Rev. Suisse de Zool.* Genève, vol. XX, 1912.

— Le Termes Horni de Ceylan. *Rev. Suisse de Zool.* Genève, 1913.

— Liste des termites indo-malais, avec l'indication du nombre des articles, des antennes dans les trois castes. *Bull. Soc. Vaudoise des Sc. Nat.* Lausanne, vol. 49, 1913.

— Le Termitogeton umbilicatus de Ceylan. *Ann. Soc. Ent. Fr.* LXXXIII, 1914.

— Les pièces buccales des Eutermes de Ceylan. *Ann. Soc. Ent. Fr.* LXXXIII, 1914.

— La biologie des termites de Ceylan. *Bull. Mus. Hist. Nat.* Paris, 4, 1914.

— Instructions destinées aux collectionneurs de termites. *Bull. Soc. Nat. d'Acclim. de Fr.* Déc. 1917.

— Le termite lucifuge dans les Basses-Pyrénées. *Rev. d'Hist. Nat. appl.* n° 2, 1920.

— La guerre des fourmis et des termites, dans le livre de Forel. Le monde social des fourmis, Genève, Kundig, 1923.

Bugnion et Popoff. Le Termite à latex de Ceylan. *Mém. Soc. Zool. de Fr.* 1910.

Chaine. Les îlots de termites. *C. R. Ac. Sc.* Paris, t. CLVII, 1913.

Cockerell. Insects in Burmese amber. Amer. *Journ. of Sci.* 42, 1916.

Comstock. The wings of Insects. Ithaca, N. Y. 1918.

Croix (de la). Observations sur le Termes carbonarius. *Bull. Mus. Hist. Nat.* Paris, t. 6, 1900.

Desneux. A propos de la phylogénie des termites. *Ann. Soc. ent. de Belg.*, t. 48, 1904.

— Isoptera, Fam. Termitidæ, dans le Genera Insectorum de Wytsman. Fasc. 25, 1904.

— Un nouveau type de nids de termites. *Rev. Zool. Afric.* vol, 5, 1918.

Doflein. Die Pilzculturen der Termiten. *Verhandl. Deutsch. Zool. Gesellsch.*, 1905, traduction dans *Spolia Zeylanica*, 3, 1906.

Emerson. Development of Soldier termites. *Zoologica*, vol. VII, New-York, 1926.

Engler. Die Natürlichen Pflanzenfamilie, 1 T. Abt. 1, Leipzig, Engelmann, 1897.

Escherich. Die Termiten oder weissen Ameisen. Werner Klinkhardt, Leipzig, 1909.

— Termitenleben auf Ceylon. Fischer. Iéna, 1911.

Feytaud. Formation de colonies nouvelles par les sexués essaimants du termite lucifuge. *C. R. Soc. Biol.* Paris, 1910.

·— Contribution à l'étude du termite lucifuge. *Arch. Anat. micros.* vol. 13, 1912.

Froggatt. Australian Termitidæ. Prt. I, II, III, *Proceed. of the Linn. Soc. of New-S-Wales*, 1895, 1896, 1897.

Fuller. Observations on some South-African Termites. *Ann. of the Natal Mus.* vol. III, 1915.

Grassi et Sandias. Constituzione e sviluppo della Societa dei Termitidi. *Atti acad. gioenia di Sc. Nat. di Catania*, vol VI et VII, 1893.

Green. Catalogue of Isoptera recorded from Ceylan. *Spolia Zeylanica*, Prt. 33, 1913.

Hagen. Monographie der Termiten. *Linnea Entomologica. Stettin Entom. Ver.* X, 1855 ; XII, 1858 ; XIV, 1860.

Handlirsch. Die fossilen Insekten und die Phylogenie der rezenten Formen. 2 vol. Leipzig, Engelmann, 1907-1908.

Haviland. Observations on Termites, with description of new species. *Journ. Linn. Soc.*, London, B. 26, 1898.

Hegh. Les Termites, Partie générale, Bruxelles, 1922.

Holmgren. Termitenstudien. *Kûn. Svensk. Vetensk. Handl.* I, Bd. 44, 1909 ; II, Bd. 46, 1910-1911 ; III, Bd. 48, 1912 ; IV, Bd. 50, 1913.

— Termiten aus Sumatra, Java, Malacca und Ceylon. *Zool. Jahrb.* B. 36, 1914.

Imms. On the structure and biology of Archotermopsis, together with description of new species of intestinal Protozoa. *Phil. Trans. roy. Soc. of London*, B. 209, 1919.

Jucci. Su la differenziazione de le caste ne la societa dei Termitidi. I, Neotenici. *Mem. R. Accad. Naz. dei Lincei.* (5), 14, 1924.

Jumelle et Perrier de la Bathie. Termites champignonnistes et champignons des termitières de Madagascar. *Rev. Génér. de Bot.* Paris, t. XXII, 1910.

Knower. Origin of the nasutus-soldier of Eutermes. *J. Hopkin's Univ. Circ.* XIII, 1894.

— The development of a Termite. *J. Hopkin's Univ. Circ.* XV, 1896.

— The embryology of a Termite. *Journ. Morph.* XVI, 1908.

Lespès. Recherches sur l'organisation et les mœurs du termite lucifuge. *Ann. Sc. Nat. (Zool.)* (4), V, 1856.

Light. Notes on Philippine Termites. *Philipp. journ. of Sc.* I, vol. 18, 1921 ; II, vol. 19, 1921.

— The Termites of China. Description of six new species. *China journ. of Sc. and arts.* Shangaï, t. 2, 1924.

Maire. Recherches cytologiques et taxonomiques sur les Basidiomycètes. *Bull. Soc. Myc. Fr.* 1902.

Moller. Die Pilzgärten einiger Südamerikanischer Ameisen. *Bot. mittheil. aus den Tropen.* Heft 6, Iéna, 1893.

Morstatt. Uber Pilzgärtenbei Termiten. *Ént. mitteil.* 11, 1922.

Oshima. Notes on the Termites of Japan, with description of one new specie. *Philipp. Journ. of Sc.* vol. VIII, n° 4, 1913.

— A collection of Termites from the Philippine islands. *Philipp. Journ. of Sc.*, vol. XI, Ser. D, n° 6, 1916.

— Notes on a collection of Termites from Luzon. *Philipp. Journ. of Sc.*, vol. XII, Ser. D, n° 4, 1917.

— Formosan termites and methods of preventing their damages. *Philipp. Journ. of Sc.*, vol. XV, n° 4, 1919.

Patouillard. *Bull. Soc. Myc. de Fr.* 1913, p. 206.

Perez (J.). Sur la formation de colonies nouvelles chez le termite lucifuge. *C. R. Ac. Sc.* Paris, CXIX, 1894.

— Sur les essaims du termite lucifuge (même référence).

Perez (C.). Les Termites dans le Sud-Ouest. *Bull. Soc. Zool. Agric. de Bordeaux*, 1907.

Petch. The fungi of certain Termite nests. *Ann. Roy. Bot. Garden of Peradenyia*, Ceylon, 1906.

— White Ants and fungi, *Ann. Roy. Bot. Gard. Peradenyia*, 1913.

— Note on the emergence of winged termites. *Spolia Zeylanica*, vol. X, Pt. 39, 1917.

Quatrefages. Notes sur les termites de la Rochelle. *Ann. Sc. Nat. (Zool.)*, XX, 1853.

Scudder. The tertiary insects. *U. S. Geol. survey.*, Washington, 1890.

Semichon. L'emploi des colorants nitrés et les substances neutrophiles. *Bull. Soc. Zool. de Fr.* XXXVII, 1913.

Silvestri. Operai ginecoidi de Termes. *Atti R. Accad. Lincei. Rendiconti (5)*, 10, 1901.

— Contribuzione a la conoscenza dei Termiditi e Termitofili dell' America meridionale. *Redia*, vol. I, Portici, 1903.

— Isoptera, dans : Die Fauna süd-west Australiens, Michaelsen und Hartmeyer, Bd. 2, Lief. 17, 1909.

— Contribuzione a la conoscenza dei Termiditi e Termitofili dell' Africa occidentale. *Boll. Lab. di Zool. Gen. e Agr. dell. R. Scuol. Sup. d'Agr. in Portici.* Vol. IX, 1914 ; vol. 12, 1917-18 ; vol. XIV, 1920.

— The Termites of Barduka Island. *Records of the Ind. Mus. Calcutta*, 1923.

— Descriptiones termitum in anglorum Guiana. *Zoologica*, vol. II, n° 16, 1923.

— Descrizione di particolari individui (Myiagenii) di Macrot. Gilvus. *Boll. Lab. di Zool gen e agrar. dell. R. Scuol. Sup. d. Agric. in Portici*, vol. XIX, 1926.

Sjostedt. Monographie der Termiten Africas. *Kungl. Svenzk. vet. Akad. Handling.* I, B. 34, n° 4, 1900 ; II, Bd. 38, n° 4, 1904.

— Uber Termiten aus dem inneren Congo, Rhodesia, und Deutsch Afrika. *Rev. de Zool. Afric.*, t. II, 1913.

— Neue Termiten aus Tripoli, Ober-Egypten, Abyssinien, Erythrea, der Galla und Somaliland. *Arch. f. Zool.* Bd. 7, n° 27, 1911-13.

— Voyage de Ch. Alluaud et Jeannel en Afrique orientale. Résultats Scientifiques, Termitidés. Paris, 1915.

Snyder. The biology of Termites of the United States. *Bur. of Entom. U. S. Dept. of Agric. Bull.* 94, Febr. 1915.

Snyder Adaptations to social life, the Termites. Isoptera. *Smithson. Miscell. Coll* 76, no 12, 1924.

Snyder et Thompson. The question of the Phylogenetic origin of Termites castes. *Biol. Bull.* 36, 1919.

— The third form ; the wingless reproductive type of Termites, Reticulitermes and Prorhinotermes. *Journ. of. Morphol.* vol. 34, Washington, 1920.

Thompson. The brain and the frontal gland of the white Ant « Leucotermes flavipes », *Journ. Comp. Neur.* 26, 1916.

--- Origin of the castes of the common Termite, « Leucotermes flavipes ». *Journ. of Morphol.* Vol. 30, 1917.

-— The development of the castes of nine Genera and thirteen species of Termites. *Biol. Bull.* 36, 1919.

— The castes of Termopsis. *Journ. of Morphol.* 36, 1922.

Uichanco. General facts in the biology of Philippine mound-buildings Termites. *Philipp. Journ. of Sc.* T. XV, 1919.

Vincens. Structure des ascospores des Xylariacées. *Bull. Soc. Myc. de Fr.*, t. XXXIV, 1918.

Von Rosen. Die fossilen Termiten. *Trans. Intern. Congr. entom.* 1912 (1913).

— Studien am Sehorgan der Termiten. *Zool. Jahrbuch.* (Abteil. Anat. Ont.) 35, 1913.

Wasmann. Termiten von Madagascar und ost-Africa. In *Abhand. Serkenb. Naturforsch. Gesellsch.* XXI, 1897.

— Termiten von Madagascar, den Comoren und Inseln Ostafricas, in Reise von Pr. Voeltzkow ; Wissenschaft. Ergeb. Bd. III, Heft II.

— Zur Kasten bildung und Systematik der Termiten. *Biol. Zentralbl.* 28, 1908.

Wheeler. Les Sociétés d'insectes. Paris, Doin, 1926.

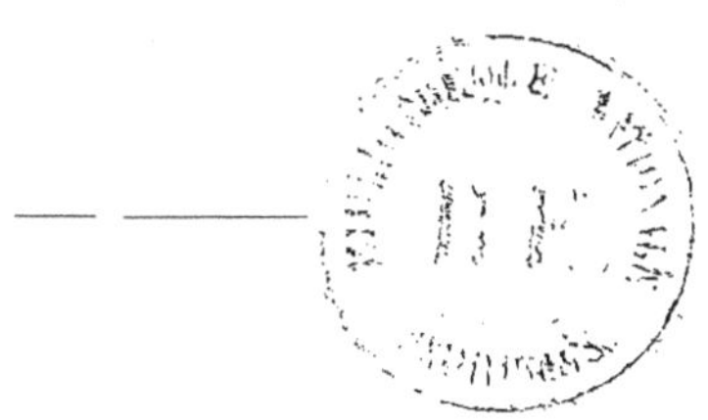

DIJON — DARANTIERE

www.ingramcontent.com/pod-product-compliance
Lightning Source LLC
LaVergne TN
LVHW021641060726
842527LV00003B/753